山のきもち

森林業が
「ほっとする社会」をつくる

「森林」：書道家 山本玲葵

序　章　鳥取県智頭町の挑戦

森のようちえん
まるたんぼう

木の駅プロジェクトで
年配者もいきいき

町が主催した自伐型林
業の講習会

第１部　活発化する林業・林産業

都会でも木造建築が増えてきた（東京・表参道のサニーヒルズ南青山店）

注目される自伐型林業（高知県で）

中国へ輸出される丸太（鹿児島県・志布志港で）

木材が目を引く金沢駅
前の鼓門

チップが燃えるバイオ
マス発電炉

手入れ不足で昼なお暗
い人工林(滋賀県内で)

第２部　木の底力と森の歴史

共生の里山の知恵「木守り」（兵庫県佐用町で）

ヤマに大漁旗がはためく森は海の恋人植樹（岩手県一関市で）

他の生命も受け入れる紀元杉（鹿児島県・屋久島で）

草木塔は自然共生のシンボル（山形県飯豊町提供）

活躍する林業女子会（もりラバー林業女子会@石川提供）

樹木の寄付を受けて完成した平和大通りの街路樹（広島市で）

第３部　「ほっとする社会」へ新たな価値観

注目される子供の野外活動（山梨県小菅村で）

山村の知恵に期待が集まる（岩手県一関市の集落）

緑のシャワーが都会人を癒す（青森県の白神山地で）

林業の実演が注目されたチャイムの鳴る森（奈良県王寺町で）

発想の転換で成功した葉っぱビジネス（徳島県上勝町で）

はじめに

日本は400年ぶりに豊かな森林資源をいま、手にしているという。日本が唯一自慢できる、再生可能な資源だ。江戸から昭和の時代まで見ることがかなわなかった豊かな緑をいま、目の当たりにしている我々は、近世以来の幸せ者だ。

日本の山々がかつて、はげ山だったことはあまり、知られていない。災害や水不足に悲鳴を上げた先人は、急峻な山々に登り裸苗を一本一本植え、戦後は国策としての植林によって、森林を増やしてきた。日本のヤマは、自然に生えた緑ではなく、苦労して育ててきた貴重な森林なのだ。

一方、里山では、雪形や田の近くの桜を見ては春の訪れを知って農耕を始め、紅葉の色合いの変化に冬ごもりの準備をした。里に獣の気配を見るや、奥山のエサ不足を知り、濁り水が出ると、水源部の荒廃を察知して木を植えてきた。自然と対話し、山の気持ちをくみ取ると、山は常に応えてくれた。「自然を守れば、自然が守ってくれる」のスローガンを掲げ、インドのハイデラバードでCOP11（生物多様性条約第11回締約国会議）が開催（2012年）される、ずっと以前から、日本では里山の知恵として受け継がれてきた。

臥薪嘗胆、外国産材を輸入してまで成長をじっと見守ってきたヤマがいま、ようやく利用適齢期を迎えた。ところが、ふたを開けてみると、ヤマの管理と薪炭林で暮らしてきた里山の住民はヤマを降り、手入れ不足によって針葉樹も広葉樹も荒廃が叫ばれている。緑の量は成熟したものの、今度は質的な問題が指摘されている。しかも、60年代以降は植林が年々減り、豊かな森林資源はこのまま減少の一途を辿っていく。人口減少時代にヤマを次の世代にどうつなぐか、大きな課題を突きつけられている。

人が自然と対話しなくなり、ヤマを忘れたとたん、ヤマは脅威となって人を襲う。いにしえの時代からヤマと海のつながりが知られ、水害や渇水は下流域の住民を悩ませ、漁業不振に陥れることは、歴史が示している。そればかりか、自然は人智を超えた存在で、何が起こるか人類がそもそも予測できるはずもないにもかかわらず、「想定外」の言葉が当然のようにまかり通る。自然を制御できると思い込み、予想外のことが起きたから仕方がない、と言わんばかりの表現に、自然と向き合うことを忘れた傲慢で尊大な人間の姿を見る思いだ。森林を乱伐し、自ら消滅していった古代文明が想起される。

「日本人は森の民か」が時々論議される。製鉄や塩田などの産業や古代都市の造営に森林が伐採され、文明が築かれてきた一方で、山村では自然と折り合いを付けて暮らす里山の知恵と技術を磨き、結いや道普請などの互助の仕組みを確立させ、各地で地域文化を育んできた。文明と文化。少なくても、里山の知恵を継承してきた地域文化は、「森の民」を育んできたと言えるだろう。

高度経済成長によって、日本は経済大国に発展し、我々は物質的に豊かな便利な社会に生きている。しかし、都市は地方の人材と資材を飲み込んで肥大化する一方、里山文化を継承してきた山村は萎縮していった。文明が栄え、地域文化が先細りしていく。林業の世界も、バイオマス発電や高性能林業機械をはじめ、CLT（直交集成板）、耐火材など文明の利器が登場し、明るい兆しが見えだした。ヤマに新たな需要が生まれたことは素直に歓迎したい。

しかし、人工林の成長を待つ、長いトンネルを歩む過程で、すでに自然と人の乖離が進み、コンクリートと鉄とプラスチックで覆われ、高度に成熟した都会では、木材はもはや異質な存在となっている。木造住宅ですら都市部では、木材を覆い隠す大壁方式の住宅が一般化し、木のぬくもりに触れる機会も奪われている。無垢の木材を拒絶しているかのようだ。「コンクリートの社会から木の社会へ」が叫ばれ、コンクリートか木材か、択一が迫られ、文明の利器を支えるコンクリートや鉄と、木材の競合が起きている。

都市は貪欲に利便性を追求して発展するあまり、都市部内で完結してしまう。買い物や遊びの場、カルチャーセンター、コミュニティーホールなどがそろった大型商業施設がいい例だ。外の世界に出向く必要がなくなり、外部の刺激を遮断してしまう。一方、里山文化がかろうじて受け継がれている山村では、木のぬくもり、無垢材にこだわり、地域の木材を地域で消費する地産地消が叫ばれ、これまた地域内で完結しようとし、都市と相反するような動きも出ている。文明と文化が離反、対立しているかのようだ。

ヤマを忘れ、文明の利器に依存し過ぎると、自然を荒廃させる懸念につながり、一方、自然共生型の里山の知恵を育む地域文化は、人口減少化の時代の趨勢で先細りの運命に晒されている。地域性を問わない文明が都市を発展させるアクセルなら、地域文化は、自然荒廃まで突き進む文明のブレーキ役となり得る。どちらが欠けても、現代社会は維持できない。自然の循環機能が途絶え、社会の持続可能性が失われると、やがて都市は、生きる場を他に求め、先住者と対立し紛争の火種となる。歴史は繰り返されてきた。

文明と文化をどうつなぐか。また、豊かな森林を次世代にいかに引き継ぐか。その接着剤、橋渡し役となるのが、森林であり木材であると考える。文明の利器を導入した林業や山村に営々と受け継がれて来た里山の知恵を、ともに盛り込んだ、新たな価値観に基づく生業を「森林業」と呼びたい。このことを考えるのが、筆者が本書を執筆する動機だった。

幸い、文明の利器となる機械化や木材の技術開発、若者の就業で林業や山村に再生の兆しが見え、特に若者が、ヤマの継承を意識しているのがうれしい。さらに、都市住民が、メンタルケア対策や教育の分野で森林や木材を再評価する動きが広がっていることも歓迎したい。本書は、ヤマに目を向ける若者たちや都市住民の応援歌でもある。

筆者は、林学や生態学の研究者でもなければ、林業に従事したこともない。ここ10年間、植樹や間伐など森林整備活動を企画、実施し取材してきただけだが、本書では、林業や森林に関するさまざまな動きや暮らしとの関わりを、事例を示すことで分かりやすく紹介することに努めた。中には、読みやすくするため、ルポルタージュや談話形式で紹介した部分もある。それだけに、事例紹介にとどまるきらいがあり、読者に戸惑いを生じさせる可能性があることを事前に承諾願いたい。

「山の日」が2016年８月11日、初めて国民の祝日になり、ヤマに目を向ける機会も多くなる。斜陽産業の筆頭格と言われ続けた林業だが、伝統的な林業地を除けば日本の林業の歴史は始まったばかりだ。機械化や技術開発が進み、欧米と肩を並べるまで進展する可能性も十分にある。本来、林業は先進国型の産業だといわれる。里山の知恵を林業や森林保全に生かした森林業として考えれば、さらに都市も活性化させ、国際的にも貢献できると確信している。都市と山村、森林の利活用を考える際の参考になれば、幸いである。

なお、本文中の時期や登場する人物の年齢は、2016年１月１日を基準にしている。

山本　悟

山のきもち――森林業が「ほっとする社会」をつくる

目　次

はじめに………9

序　章　鳥取県智頭町の挑戦………25

（1）木の駅プロジェクト………25

胸張って、次の世代にヤマを渡せる………25

樹齢50年のスギが、大根より安い………26

山主の気持ちをヤマに戻す………27

高度経済成長の陰で………28

（2）地域材の活用と保全………29

地域材を売り込む………29

地域の森林資源を守る………29

（3）自伐（型）林業………30

関心高まる自伐型林業………30

（4）森のようちえん………31

園舎も時間割もない、森のようちえん………31

自然の中で解決力引き出す………33

大人の感覚で作ったプログラム………34

第１部　活発化する林業・林産業………37

第１章　国産材が動き出した………38

（1）国産材活用………38

ヤマに工場も技術も戻ってきた………38

国産材の出番がやってきた………38

国産材活用に積極的な合板業界………39

国産材利活用の優等生………40

国産材普及のビジネスモデル、製材業………41

環境保護の動きが外材の流れを変えた………42

なぜ国産材は使われなくなったか………43

外材一挙に流入したバブル期………43
待ち望んだ「伐って使う時代」の到来………44
ヤマが生み出す51兆円の資産………45
利用間伐と伐り捨て間伐………45
Ａ材の需要喚起が焦点………47
（２）サプライチェーンの動き………47
ヤマがつながり始めた………47
連携で生まれる競争力………48
下流の注文に即応………49
プロダクトアウトとマーケットイン………49
国産材で乗り込む、10万戸市場………50
川上から川下まで８事業体が一直線に………51
木材の取扱量はケタ違いに飛躍………52
ウッドファースト社会へ共同宣言………53
（３）輸出も伸びる………54
ヤマが海を渡る………54
原木輸出４年連続一位の志布志港………54
品目では丸太、輸出先では中国が突出………56
製材輸出が課題に………56
安定輸出に広域連携の動き………57
製品輸出に取り組む………58
民間輸出も好調………58
（４）バイオマス発電………60
ヤマに人の動きが戻ってきた………60
急増するバイオマス発電………60
待ち望んだ需要先への期待――FIT 制度………61
低質材が、雇用を生み出す――第１号発電所………61
発電所は地域のエンジン――国内最大級の発電所………62
ヤマに雇用が戻ってきた………63
ヤマを次の代につなげられる――経済効果………63
バイオマス活用で5,000億円産業に………64
安定供給が課題に………64
丸太の綱引きも………65

CO_2排出量がゼロカウントになる？………66
（5）バイオマスの熱利用………67
ヤマが熱を取り戻した………67
重荷のエネルギー購入費――北海道下川町………67
60年前から循環型林業………68
エネルギーの完全自給も目前………69
貿易収支は大幅に改善………70
拡大する木質利用ボイラー………71
地球温暖化対策とバイオマス利用………71
第2章　林業の現場も活発化………73
（1）稼げる林業………73
ヤマにお金が回ってきた………73
57人の集落で年収1,000万円超………73
年収と自由度が高い林業………74
補助金なくても、稼げる………75
兼業なら経営は安定………76
「もうかる林業」より「食える林業」………77
（2）若者の参入………79
若者がヤマに戻ってきた………79
成長著しい若者による林業会社………79
伝統林業地「吉野林業」でも若手連携の動き………80
「山武者」の活躍………81
若者はなぜ、ヤマを目指すか………82
（3）女性の参画………84
女性もヤマにやってきた………84
「林業女子」の活躍で男性も奮起………84
ヤマと街をつなぐ林業女子会………85
（4）自伐（型）林業………87
ヤマに活気が戻ってきた………87
夢は、子供と一緒にヤマ仕事………87
政府のお墨付きも………88
森林整備が回らない………89

いまは作業道づくり………90
いつまでも、あると思うな親と補助金………91
行政も熱いまなざし………91
自伐型林家を育てる行政支援とは………92

第3章　課題を考える………94

求められるコスト削減………94

（1）解決迫られる目前の課題………95

圧倒的に多い零細林家………95
高齢化と技術者不足………96
迫られる安定供給策………97
国産材も品質や供給で外材並みに ………98
需給の調整弁が機能………99
突出する生産経費………100
進む集約化の流れ………101
大口需要が一挙にやってきた ………102
路網整備に走る………104
拡大する高性能機械による素材生産………105
スギが「世界一安い木材」に………107

（2）最重要課題の再造林………107

喫緊の課題、林齢構成の平準化………107

差し迫った課題は再造林………107
期待される伐採、植林の一貫施業………109
需要の急増で苗木不足が深刻化………111
新植地での食害も深刻………112

（3）基盤整備の問題………113

土地、人、モノの充実を………113

林地の境界が分からない………113
遅れ目立つ地籍調査とGPSへの期待………115
人口減少時代の林業………117
GISに、あのドローンも活躍………118

（4）人材の養成………119

専門教育か即戦力養成か………119

自然の循環システムに基づく林業教育……119
相次ぐ林業学校の設立………121
課題解決型の人材養成………122

第４章　木材活用の動き………124
都市に広がる「木志向」………124
（１）木材利用………124
安らぎ感じさせる木造建築………124
木造の中層や大規模建築も………125
巨大アリーナを木材が支える………126
見直される木製貯水槽………126
壁が立ちはだかる地域材活用………128
風穴開けた喜多方の学校体育館………129
なぜ、木造なのか………131
（２）木材革命………132
国産材利用を加速させる木材革命………132
都市の木造化に期待されるCLT………133
14階建ての木造ビルを実現可能にした耐火材………135
高層ビルに大量の国産材を投入する………136
（３）木造禁止の歴史………137
木造化拒んだ法制度があった………137
木造が禁止された公共施設―木造禁止制度………137
木造の冬の時代に終止符………138
ヤマが回ってこその成長産業………139

第２部　木の底力と森の歴史………141

第１章　見直される木の力………142
イメージ一新、木の底力引き出す知恵………142
（１）木の威力………142
木材は鋼鉄の４倍の強度がある………142
軽いわりには強い………144
丸太は腐らず、液状化を防ぐ………145

建設分野で木を再評価する動きも………146
木は燃えやすいのか………147
夢の新素材・セルロースナノファイバー………148
（2）健康、教育効果………149
実証される「木は人に優しい」………149
人にも目にも優しく、ブルーライト遮断………149
子供の発達を促す木質環境………150
小学2年生までは、木の環境を………151
（3）人を動かす力………152
悠久を生きる生命体への敬意や畏れ………152
大イチョウは、残った………152
人はなぜ、木に寄り添うのか………153
「木と同じ生き物同士、感じるものがあるはずだ」………154

第2章　日本人は「森の民」か………156
自然共生の心………156
（1）里地の習慣と心根………156
感謝と供養――「草木塔」………156
「想定外」は、自然と向き合わない気持ちを隠す言い訳だ………157
譲り合いの心――「熊の道」………159
他者に配慮する心――「木守り」………160
（2）里山、奥山のしきたり………161
排除せず棲み分け………161
棲み分ける石垣の知恵――「シシ垣」………161
奥山に苗木を植える――「実生苗植樹」………162
日本人と森林文化………163
文明と文化………164
（3）里山の知恵………164
快適な暮らしを彩るもの………164
里山の知恵を磨く………165
里山の礼儀「伐ったら植えるのが、作法だ」………166
縄文の知恵が生きていた島………167

新たな受難の時代………168
命のはかなさを、いとおしむ感性………169
いのち、って何？………170

第３章　はげ山緑化の歴史………171
困難な、一度失われた緑の再生………171
（１）苦闘の緑化………171
集団移転も検討された、「襟裳砂漠」………171
植林の前に強風対策………172
雑海藻が、緑化の立役者に………173
戻ってきた海の幸………174
たった１％の森林荒廃で居住地を失う………175
100年以上続く足尾銅山跡の森林再生………176
女性も50kg担いで緑化に貢献………177
（２）はげ山の歴史………178
日本の山々は、はげ山だった………178
３大はげ山県………179
森林の荒廃で住民移転も………180
近世以来400年ぶりの豊かな森………181
（３）近世以降の日本の森林………182
（４）拡大造林政策………184
はげ山植林から針葉樹への転換………184
広葉樹伐採しスギ、ヒノキを植林………184
復員者の雇用、ヤマが受け入れ………185
（５）古代文明の滅亡………185
森林乱伐し自ら消滅した古代文明………185
森林伐採による食糧難で崩壊したメソポタミア文明………185
新たに森林求め、移動したギリシャ文明………186
森の神を殺害した伝説の王………186
森林伐採でアメリカに移住………187

第４章　森に学んだ共助の発想………188
皆集まり森づくり………188

（1）**献木運動**………188
植樹木の寄付呼びかけ………188
献木運動で造った永遠の杜——明治神宮………188
献木で誕生した100m道路の街路——広島市平和大通り………189
（2）**復興は森づくりから**………190
希望喚起する植林作業………190
戦災復興の広島、仙台………190
震災復興の広村堤防と神戸震災復興記念公園………191
生死の淵に立つと緑を求める………192
国土と人心の再起かけ、全国緑化運動………192
（3）**森林ボランティア**………194
「実践」で示した草刈り十字軍………194
浜のお母さんが立ち上がる………195
工場排水とヤマの荒廃………196
森が成長し海が蘇る………196
森は海の恋人植樹………197
巨大魚付林で植樹する………198
「土から遠ざかることを、高度で高尚とする現代文明」………199
（4）**森林整備に新たな力**………200
新システム開発し地域リーダーも………200
増加する森林ボランティア………200
自活するNPO法人も………202
活躍する「緑の募金」の「卒業生」………203

第3部　「ほっとする社会」へ新たな価値観………205

第1章　緑化の原点に学ぶ………206
次世代につなぐメッセージ………206
筑波山麓で道普請プロジェクト………206
習った知識が森の中でつながった………207

第2章　持続可能性を求めて………209
後世まで続く、持続可能性は緑がつくる………209

（1）期待される森林資源………209
温暖化対策と森林………209
化石燃料への依存度低減に道………210
自然の猛威に、しなやかさで対抗――グリーンインフラ………211
大津波に耐えたマサキの茂み………212
企業の永続性は「木」が支える………213
ESD と学校の森子どもサミット………214
森のようちえんとアクティブラーニング………215
（2）循環型林業………216
生物多様性がいいヤマを作る………216
豊かな自然は経済林を育てる………217
針葉樹か広葉樹か………218
ワラビ栽培で下刈りの負担軽減………219
食害防止に獣道………220
野生動物との共生………221
SATOYAMA イニシアティブ………222
里山の知恵を世界に発信………223
里山と豊かな感性………223
（3）環境保全型林業………224
環境保全型が林業を鍛える………224
科学的林業経営に道拓く――FSC 森林認証………224
地域や林業に誇り――SGEC 森林認証………225
再造林にあの手この手。川中側が動き出した………226
放置される枝が利益循環を生む。川下も動き出した………227
ヤマと都市に循環の輪を回す新システム………228
第３章　山村が走り出した………230
地方創生に求められるもの………230
（1）地方創生………230
山村支える林業との兼業化のススメ………230
林業×IT 産業のシリコンフォレスト………231
都市のストレスを緑で緩和………231

中山間地は「国土の管理人」………232
「選択と集中」で山村が選別される？………232
「林業は地方創生の要」………233
（2）都市と連携し自立探る………234
林業が山村と都市を結び、持続性を生む………234
群馬県川場村の木材コンビナート事業………234
世田谷区との縁組み協定が素地………236
「上質な田舎」売り込む西粟倉村百年の森構想 ………237
（3）村長の叫び………238

第4章　自然資本の考え方………242
新たな価値生む「天恵物」………242
（1）山村ビジネス………242
自然資本が新たな価値生む………242
「二束三文」を正当に評価する………242
年間2億6,000万円の葉っぱビジネス………243
パソコンやタブレットを駆使………244
若者の定住者も………245
都市住民救う「スギ枝葉ビジネス」………245
間伐も推進、一石二鳥………246
（2）森林ビジネス………247
都会の安心・安らぎの需要がヤマに向く………247
アロマオイルで、人もヤマも元気に………247
世界遺産・白神山地を守るアロマ………248
クロモジから学ぶ防災意識………249
都会の安心や安らぎに森林の株が上がる………250
森のビジネスセラピー………251
（3）「雑木」を生かす………252
見直されるモノを大事にする知恵と感性………252
「キズもの」にも価値………252
特徴から用途見出し何でも売る姿勢………253
同じ生命を持つものへの共感………254
里山の価値観が、環境分野で世界を先導………255

第５章　ヤマと都会………257
直接交流で見えてきた課題と新たな需要………257
（１）林業が都会に接近………257
都市に乗り込む東京チェンソーズ………257
ヤマが流通をコントロールする………258
加子母の完結型林業………259
東京マネーを吸い上げる………261
（２）都会が林業に接近………262
大学が動き出す………262
九州各大学の「天神西通り木質化プロジェクト………262
もっと木造が見直されていい………263
名古屋大学の「都市の木質化プロジェクト」………264
過疎化する中心市街地の活性化に木が活躍………265
木材は環境、防災両面で威力………266
失われた半世紀を取り戻す「木匠塾」………267
建築家を目指す学生4,200人が巣立つ………268
（３）都会と木材………270
都会的空間に木を導入する新たな意味………270
都会のオフィスで木が存在感………270
都会で異質な存在も、デザインで克服………271
おしゃれの向こう側にあるもの………272

第６章　都市と里山の交流………274
お金では得られない価値………274
（１）ヤマと里のアクティブシニアが立ち上がる………274
ヤマも人もいきいき、木の駅プロジェクト………274
人に喜ばれ、意欲がわく………275
木も人も役に立てる………276
「それぞれに、与えられた役目がある」………277
（２）次世代につなぐアクティブシニア………277
都会の子供に苗木づくりを伝授………277
社会は持ちつ持たれつ………278
（３）文明と文化つなげる森林業………279

里山の知恵花開く新国立競技場………279
里山文化を科学する………280
都市とエンクロージャー………281
地域と都市結ぶ森林業………282
日本のヤマが投資の対象になる？………282
人口減少、地域のヤマは誰が守るのか………283

第７章　模索する新たな価値観………285

（１）チャイムの鳴る森………285

林業と若者、模索する同士が奈良で交流………285

２ha の里山に5,000人の若者たち………285
都市林業………286
林業の可能性×若者の発想………286

（２）ヤマ、里山から響く生の声………287

文明のほころび………287

大きな幸せより小さな幸せ………287
誰かが決めた「大丈夫」を信じた結果は………287
新しい価値観を森林に求める若者たち………288
高度成長で途切れた里山の知恵が、シェアの形で復権………290
森林業が新時代を拓く………291

戦後日本林業関連史………293
参考文献………303
『山のきもち』を読んで………307
おわりに………319

序　章　鳥取県智頭町の挑戦

（1）木の駅プロジェクト

胸張って、次の世代にヤマを渡せる

「バリバリ、ズッドーン」。チェンソーのエンジン音が変わった瞬間、高さ20m余りのスギの木が勢いよく地面を叩く。地響きが足元に伝わり、頭上からはまばゆいばかりの陽光が差し込む。400年に及ぶ林業の歴史を持つ「智頭杉」の産地、鳥取県智頭町。駅前から車で30分ほど、埴師地区の35aのスギ林で、小林悟さん（66）はヤマ仕事を再開させ、４回目の間伐に入った。樹齢45年。1970（昭和45）年に父親が植えた林だ。都会に人口が流れ都市部に住宅が急増した高度経済成長期で、木材需要がピークに迫る時期だった。小林さんも会社勤めのかたわら、下草刈りや枝打ち、間伐を手伝い、親子２代で手入れしたヤマだ。青空がのぞく林の天井を見上げ、「手入れしてやれば、きれいになる。次の世代に胸張ってヤマを渡せる」と喜び、次の世代につなぐバトンを磨くような心境をのぞかせた。

団塊世代の小林さんが、ヤマ仕事を再開したのは、同じ地区の知人から誘われた「木の宿場（やど）プロジェクト」がきっかけだった。生コン会社の定年退職を間近にひかえ、自身が打ち込めるものを探していた時だった。プロジェクトは、素人山主でも手軽に小遣い稼ぎができるとあって、全国的に広がりを見せている「木の駅プロジェクト」の智頭版だ。2010年のスタート当初から参加し、間伐作業にあたる５月から半年間で30万円分を稼ぎ、いまや「木の宿場（やど）長者」の一人だ。経費は軽トラックとチェンソーの燃料代など半年では３万円ほどで済む。

鳥取県智頭町で始まった木の駅プロジェクト

木の駅プロジェクトは、「軽トラとチェンソーで晩酌を」を合い言葉に始まった林地残材の収集システムだ。第3部で詳しく述べることにしよう。智頭の収集システムは、林地残材や間伐材を、プロジェクトを運営する実行委員会が買い取り、地域の契約商店で使える地域通貨で支払う仕組みだ。1トンの丸太を実行委員会が指定する土場に出すと、1枚1,000円分の買い物が出来る地域通貨を6枚、計6,000円分を受け取ることができる。集まった丸太は実行委員会が町営の温水プール用薪ボイラーの燃料として販売する。6,000円の原資は、3,000円分がボイラーの燃料の売り上げから、2,200円分が町の補助でそれぞれ賄われ、残り800円が実行委員会の収入から補てんされる。

樹齢50年のスギが、大根より安い

2010年にスタートした「木の宿場プロジェクト」は、過疎化に悩む町が生き残りをかけ、住民から知恵を借りようと組織した「町百人委員会」の農林部会のアイデアから生まれた。「木の駅プロジェクト」を参考に、運営主体の実行委員会を結成。藩政時代に参勤交代の宿場が町に置かれたことから、プロジェクトに宿場の文字を入れ、地域通貨も「杉小判」と命名した。実行委員会には、智頭町森林組合の幹部や町の職員も名を連ね、参加登録者は、約8割を占める定年退職者に、土日作業の会社員、Uターンした若者らが加わる。作業の度に仲間同士で打ち上げ（飲み会）を開いて交流し、温水プールへの出荷も、宴席で浮上したアイデアだった。

プロジェクトのユニークなところは、搬出した丸太の量は、検量せずに自己申告制をとっていることだ。導入当初は異論も出たが、「同じ町民同士、信じ合う」ことで決着。結局、全員が過少申告している状況で、余った代金は実行委員会の会計に入れ、買い取り金の補てんにあてている。小林さんは「いい仲間も増え、健康にもいいし、おまけに小遣いまでできる。ヤマの手入れをする意欲がわく」と喜ぶ。

智頭のプロジェクトの実績は、初年度（2010年度の6カ月間）は29人が参加して196トン、4年後の2014年度は、50人が参加して345トンを出荷した。杉小判が使える商店も、スーパーやガソンリンスタンド、理髪、電機、パンの店など町内39店舗に増え、200万円近くが商品と交換され、地域振興に役立っている。

退職の1年前に父親を亡くし、小林さんは「退職後のヤマ仕事には興味が薄かった」と正直に話す。樹齢50年近い、直径25㎝ほどのスギを市場に出しても、手数料を引かれ手元には、１本あたり500円しか残らない。「オヤジと一緒に半世紀近くも手入れして、この値段。大根（の束）より安い」と嘆き、「（この値では）ヤマを手入れする意欲がわかんし、定年後の林業なんか、やっとれんかった」と振り返る。

１本500円にしかならなかったスギは、プロジェクトの土場に出すと１㌧6,000円、１本当たり3,000円で引き取ってくれる。小林悟さんは、代々引き継がれた５haの山林を抱え、今では、15mも木に登っての枝打ち作業など、多い時は月の半分はヤマに通う。実行委員長の小林一晴さん（63）は「晩酌どころか、参加者の多くが奥さんにも杉小判を渡し、家族からも喜ばれ、さらにやる気を出している。やりがいにつながっていて、お金以上の価値を得ている」と説明する。

山主の気持ちをヤマに戻す

埴師地区の山林で、腰ほどの高さの苔むした石垣が目を引く。緩斜面の林地は、石垣で区切られた水田跡、棚田だった場所だ。小林悟さんによると、小学生の頃は稲作と炭焼きをやって暮らしていた。燃料が薪や木炭から石油に変わった、1950年代半ばの燃料革命によって炭焼きは需要を失って途絶え、代わって材価が高かったスギを植え、稲作の副業として林業に力を入れた。ところが、深刻さを増すイノシシ被害に音を上げ、水田を畑に変え、大根など野菜づくりを始めたが、被害は収まらず畑作に見切りをつけ、スギを全面的に植えた。

町内の農家は、水田のイノシシ被害と格闘しながら米づくりを続けた。そこに襲いかかったのが、1970（昭和45）年に始まった国の減反政策だった。小林さんの父親が、埴師地区で植林した年だ。他の農家は遅れて林業に本腰を入れたが、1980（昭和55）年をピーク

林床の石垣が農地だったことを物語っている

に、今度は木材価格が急激に下がっていった。下刈りや間伐などヤマを整備するだけの資金が出せず、全国の山村と同様に、「杉のまち」の智頭町でもヤマは放置されていった。

間伐材が、利用されることなく林内に放置される現状に、「(放置された間伐材はやがて朽ち果て）他の杉を成長させる肥料になる」と自身に言い訳していた小林一晴さんは、「代々にわたって手塩にかけて育ててきた木が、(プロジェクトによって）世の中の役に立つ。これ以上の喜びはない」と素直に喜ぶ。

高度経済成長の陰で

海外から奇跡と言われ、日本を「経済大国」に押し上げた高度経済成長。都会に人口が集中し、「豊かさ」が広がっていく陰で、多くの林業地帯を抱え、中央に燃料や資材と人材を提供し、高度成長を支えた山村地域はどうなったか。国が「もはや戦後ではない」と経済白書（1956年）にうたった頃に始まった燃料革命で、それまで薪や木炭を供給し都会の暮らしを支えた山村は一挙に失業状態に陥り、減反政策が衰退に拍車をかけた。活路を求めた林業だったが、戦後復興を海外に印象づけた東京オリンピックの年（1964年）に丸太が完全自由化され、円高のバブル経済期に外国産材の製材品が一挙に流入したことで、国産材価格が下落、山村の疲弊に追い打ちをかけた。

プロジェクトを提案し、初代の実行委員長を務めた綾木章太郎さん（64）は、水源涵養や大気浄化、洪水調整などの森林の持つ公益的な機能を例に掲げ、「田舎のパワーで生み出された、きれいな水や空気で都会は生きている。田舎の力がなくなれば、都会もぽしゃる（だめになる)」と、山村が今でも都会を支えていることに対する自負心を示し、かつてのヤマの勢いを取り戻そうと躍起になっている。

智頭のプロジェクトは、U・Iターンの若者といった林業初心者をヤマに誘い、また、小林さんたちのように、持ち山に見切りをつけた山主の気持ちをヤマに戻し、智頭林業の底上げの機能を果たしている。さらに、地域存続の要である商店を目に見える形で支援し、経済を地域内で循環させることで、地域づくりに自ら役立てることへの誇りと居場所づくりにもなっている。

平成の大合併では鳥取市との合併を拒否し、さらに、「消滅可能性自治体」に名指しされた智頭町は、森林業に町の存続を託した。

（2）地域材の活用と保全

地域材を売り込む

「すぎの町」と書かれた看板が、町内の道路に散見され、杉の精霊をまつる杉神社まで持つ智頭町。都市住民に対し、町と連携して地域材の活用を積極的にアピールするのは、智頭町森林組合（組合員1,200人）だ。合併を重ね、規模と生産の拡大を図る森林組合があるなかで、小規模ながらも首都圏向けの新企画を打ち出し、地域林業を牽引する。

「苗木から住宅まで」をキャッチフレーズに、生産から販売までの一貫システムを導入したのは、1991年。植林や下刈り、枝打ち、作業道を開設して伐採、搬出するほか、製材、プレカットなどの加工まで施して販売。さらに、植林用に地元に原生する杉の挿し木苗も生産している。苗木の生産まで一貫して手がける森林組合は全国でも珍しい。こうした６次産業化は、付加価値を付け、智頭材のブランド化を図るのが目的だが、木造や智頭杉の良さがエンドユーザーに理解される一方、住宅に対する要望や考えなどユーザーの情報が逆に川上部門に伝わり、双方向の情報交流が図られる。

智頭杉は、年輪が均等に詰まった木質や、淡紅色に染まった心材が特徴で、建築用材をはじめ、内装材としても広く利用されている。そこで、組合が取り組んでいるのが、「智頭杉でマイホームを!!」プロジェクトだ。県内をはじめ、大阪、京都両府や兵庫、岡山の各県の設計事務所や工務店計26社と連携し、智頭杉10㎥以上使って住宅を新築する場合、10万円助成するほか、リフォームでも助成する。

地域の森林資源を守る

2014年からは、森林見学ツアーを始め、春と秋の２回開催している。杉林や製材所、町内の新築住宅を見学するほか、木工体験や町の散策などを通して木に触れ町を知ってもらう。参加者が、住宅を新築するとな

智頭は、400年の歴史を持つスギの町だ

れば、要望を取り入れて伐採、加工する。森林見学ツアーは初回は15人の参加だったが、2015年11月のツアーには、県内をはじめ関西圏から30代、40代の比較的若い世代を中心に定員（20人）に達する参加があり、確実に木造志向が増えている。

組合の方針は、他の森林組合と生産量を競い合うように皆伐に走るのではなく、個々のヤマの状況を見ながら森林の成長量に合わせて間伐を実施する。年間の取扱量は多くはないが、それでも組合の努力が実り、2004年度3,500㎥だったのが、10年後の2014年度には1万2,000㎥と3倍増となり、2015年度は1万5,000㎥に届くという。

1960年から実施している苗木の生産は、他地域の苗木の流入を防ぎ、年月を掛けて引き継がれてきた智頭杉の遺伝子を保全するのが目的だ。間伐主体であるため、植林も多くはないが、現在は5,000本を用意している。「地域の実情やヤマの身の丈にあった森林組合を目指している」（玉木勝美参事）という。

（3）自伐（型）林業

関心高まる自伐型林業

林業の底辺拡大に向け、智頭町は2015年10月、所有林を自ら伐採し収入につなげる自伐林業家の育成を始めた。町民や自伐型林業に興味を持つ住民のほか、移住希望者らを対象に、チェンソーをはじめ、伐倒・搬出、森林経営などに関する知識や技術を学べる現場研修や講習会を、初年度は土日コースと平日コース合わせて計8回開催。鳥取県内をはじめ、岡山、広島、兵庫など他県からも参加者があり、自伐型林業に対する関心の高さをうかがわせた。

2015年12月に開催した作業道開設の研修会では、「壊れにくい作業道づくり」で定評のある橋本林業（徳島県那賀町）の橋本忠久さん（42）を講師に招き、約20人が参加した。場所は、先に触れた埴師地区の町有林。橋本さんは、降雨の時の水流を1箇所に集中させず、流れを分散させることで、いかに水の勢いを抑えて崩落を防ぐか、など水流を制御し管理することで、「なるべく自然に逆らわずに」（橋本さん）、丈夫な道をつくる工夫を伝授した。

岡山市から参加した介護士、松島淑子さんは、「自然に配慮した林業は、生態系や水源涵養地を守る。都会の人間にも大いに関係する」と話し、「ヤマ仕事は楽しいだけでは済まないことは分かっている。ヤマを守り、次の世代につなげる手伝いがしたい」と参加の動機を説明した。

智頭町が開いた自伐林業の講習会

作業道研修会には、3カ月前の9月に発足したばかりの自伐型林業家集団「智頭ノ森ノ学ビ舎」のメンバーも参加した。学ビ舎は、20代、30代の若手を中心に会員は11人。うち5人が、関東、近畿地方からのIターン組だ。山林を所有していない林業志望者も技術を磨けるよう、町が埴師地区の町有林（58ha）の管理を委託した。

学ビ舎は、代表の大谷訓大さん（34）が2014年にオーストリアでの林業研修に参加し、持続性のある林業に対する地元住民の思いに感動。帰国後、「住民が、持続的な林業を学べる場がほしい」と寺谷誠一郎町長に直談判し、実現した。町有林で行われた学ビ舎の発足式には、寺谷町長も出席、町の期待感を示した。大谷さんは「先人がつないでくれたヤマを、いい形にして後世に渡す、大事な役目を自分が持っている、と思えることが、林業の醍醐味かな」と話した。

町は、翌10月には、シンポジウム「自伐型林業がひらく『地方創生』in智頭」を主催し、「智頭の山林は宝の山」をテーマに討論。自伐型林業の普及を図った。智頭林業地では、林業再興に向け、若者や年配者が行政を突き動かしている。

（4）森のようちえん

園舎も時間割もない、森のようちえん

「がんばれ、がんばれ」「もう少しだよ」。ヒノキ林に囲まれ、陽光を浴びた落葉樹林に、子供たちの元気な声が響く。サクラやクリ、カエデなどの天然木が林立する広場。その一角に建つ木造小屋が声の発信源のようだ。小屋のベランダにいる4人ほどの子供たちが、眼下の男児に木の枝を差し出し、必死に声援を送っていたのだ。男児は、ベランダに立てかけた1本の丸太を

登ろうと必死だ。地面からベランダまでの高さは1.3m。男児が無事、ベランダに這い上がると、「やったあ」。みんなで歓声を上げて喜んだ。

JR智頭駅から直線距離で5㎞ほどの西谷地区。幼児25人ほどが、森の中で好き勝手に遊ぶ。小屋の回りを走る子供たちに、追いかけっこをする3人組。さらに男児の1人は地面を覗き込んで身じろぎもせず、女児たちはツルで編んだリースを頭に乗せて喜び合う。先生役とみられる4人の大人たちは、八面六臂に活躍する子供たちの動きをただ見守るだけだが、ちゃんと統制がとれているように見える。

「森のようちえん　まるたんぼう」は不思議な幼稚園だ。園舎もなければプログラムもない。どこまでも伸びる、広々とした森林だけが舞台。あるのは①遊びは子供に徹底的に任せる②保育士は、手出しせず見守ることに徹する③「危ない」「汚い」「ダメ」は保育士の禁止言葉——の大人に対する厳格な方針だけだ。スギなどの人工林を舞台にした「森のようちえん」は全国的にも珍しい。

雨や雪の日でも休園しない。雨の日はカッパのまま川に入って泳ぎ、夏は裸になる子供もいる。ドロ沼にはまれば、ドロや落ち葉を投げ合い、雪の積もった斜面を転がって雪を蹴散らし、全身で森に浸かる。個々自由に遊ばせるといっても、帰り際には、歌遊びや絵本の読み聞かせなど全員が参加する。また、ミツバなど食べられる草花を薪を燃料に天ぷらにして食べることもあれば、地元のお年寄りの施設を訪ね、交流するなど、全員参加の催しもあり、時には父母が参加することも。

午前9時、弁当や着替えなどを入れたリュックサックを背負い、リュックに取り付けた熊除けの鈴を鳴らして森に登園し、全員で弁当を食べ、午後1時半ごろまで遊び回って現地解散。近くに専属のマイクロバスが待機し、父母の待ち合わせ場所まで送り届ける。3歳男児の母親（35）は「子供を管理せず、個性を最大限に尊重してくれるの

助け合って遊ぶ子供たち

がうれしい」と評価する。

自然の中で解決力引き出す

森林は、子供たちが楽しむ格好の遊び場だ。しかし、川や崖があり、動物も生息、さらに人間にとっての毒虫がいて毒草もあり、何が起こるか分からない。森で遊ばせるのは、リスクも多い。ところが、危険を伴うからこそ、身も守る術を体得し、森で楽しく遊ぶ知恵を学び、全員で助け合う重要性を知る。森林の中では、些細なことを気にせず、仲間たちと仲良くしないと、楽しく遊べないのだ。ほどよい緊張感の中で、互いに楽しく遊び、自分たちで「生きる力」を育んでいくようだ。保育士の一人は「これまで病院のお世話になったのは、片手（５人）ぐらいだ」と話した。

保育士は、一つの事例を示した。山林の中の道沿いに投棄されたゴミを見つけ、子供たちは立ち止まった。お互いに顔を見合わせ、様子をうかがう。保育士は何も言わない。「どうしようか」「拾おうか」。結局、「ゴミは森にない方がいい」との意見がまとまり、数百ｍの道のりにあるゴミを回収した。森は、「子どもたちのゆりかご」（保育士）であり、身に降りかかった問題を仲間と一緒に解決する力を育む場でもある。

「森のようちえん　まるたんぼう」が誕生したのは、2009年４月。東京都町田市出身の西村早栄子さん（43）が、鳥取県出身の夫と06年に智頭町に移住し、デンマークの子育てに関する本を読んだのが、きっかけだった。当時、３番目の子供を出産し、育児にストレスを感じていた時だっただけに、「赤ちゃんと一緒に森に行ったら、リフレッシュできるだろうな」と思い、さらに、「子供が感じるままに、知りたいことや、やりたいことをやりたい時にさせてあげられる場を作ろう」と開園に踏みきった。

また、「育児で狭い部屋に閉じこもって、うつうつとしているお母さんにもいいはずだ」と当時を振り返り、開園は母親のためでも

森のようちえん　まるんぼう。子供は元気だ

あったという。西村さんも実は、町が設けた百人委員会の委員の一人として、「森のようちえん」を提案した。

園児は現在、３歳から５歳までの29人。町内（８人）よりも、鳥取市内が20人と最多で、隣県の岡山県の美作市から１人が通う。子供たちを見守るスタッフは８人おり、うち５人が資格を持つ保育士だ。

遊び場の森は町内14カ所あり、専属のマイクロバス計４台で、子供たちの住む地域まで送迎する。運営は、保護者から集める保育料と町の補助金で賄っている。2014年、NPO 法人となり、西村さんが理事長に就いた。

大人の感覚で作ったプログラム

西村さんは「人間も動植物もすべて自然の生態系の中でつながっているのに、都会はすべて小間切れで、つながりを感じられなくなってしまっている」と、都会に住む人の漠然とした不安感に言及し、「自然とつながっていることの安心感を大事にしたい」と話す。現在の公教育にも及び、「大人の感覚で作ったプログラムを子供に押しつけていないだろうか」と疑問を投げかける。

「混沌とした現代社会で、言われた通りのことしかできない子供より、自分で考え、人と調整して解決する体験をいっぱい持っている子供の方が、これからの社会を担えるはずだ」と力説する。

公教育のあり方を問う西村さんだが、理事長を務める NPO 法人が2015年、町の新田地区に「新田サドベリースクール」を開園した。サドベリースクールは、授業もカリキュラムも評価もない。新田サドベリースクールは、小中高校生を対象に、学校に籍を置いたまま、毎日、スクールに通学する。学校では不登校扱いになるが、子供たちが自ら進んでやりたいことを学ぶ、意欲や積極性を重視。薪割りや農作業、木登りのほか、蜂の巣取りやシカの解体などの体験を通して、自分で考え判断し、解決する力を養う。

森のようちえんとサドベリースクールは、国の地方創生に向け、智頭町が2015年９月にまとめた町の総合戦略の中に盛り込まれ、町も支援していく。

「森のようちえん」は全国に広がっている。全国的な動きについては第３部で紹介するが、まるたんぼうは開園して６年間で、東京、神奈川、大阪など首都圏から20家族が移住して子供を入園させ、2016年も、さらに６家族が子供の入園のために移住することを打診しているという。

「自然に抱かれ、近所同士が助け合いながら暮らすことが喜びであり、幸せだった時代が、この国にあった」と西村さん。自然と乖離した都市のあり方も問われている。

林業や森林をめぐり、様々な先進的な取り組みが展開する智頭町だが、国内林業は、人工林が利用期に入り、眠りから覚めたヤマが動き出した。新たな動きとヤマの可能性について考える。

第１部

活発化する林業・林産業

第１章　国産材が動き出した

（１）国産材活用

ヤマに工場も技術も戻ってきた

ヤマが動き出した。これまで、斜陽産業の代名詞のように言われた林業だが、ここ最近は大規模な製材所や合板工場が山間地域にもでき、さらに、放置されてきた林地残材を燃やすバイオマス発電も全国に拡大、その結果、雇用も増え、林業地は活気がでてきた。林業は裾野が広い産業だけに、林業の復活は、地域経済に与える影響も大きい。さらに、森林所有者が自ら伐採したり海外へ輸出したりする動きも慌ただしくなっている。政府は、新成長戦略基本方針（2009年）の中で林業を成長産業と位置づけ、2014年に発表した「日本再興戦略」に林業の成長産業化の方針を示した。斜陽産業からいまや成長産業へと期待も膨らむ。これまでの林業のイメージが払拭されるような、ヤマ側の動きを追ってみた。

国産材の出番がやってきた

31.2％。2015年９月29日、この数字が林業、林産業界を一気に駆け巡った。木材自給率（国産材比率）が30％を突破したのだ。実に26年ぶりだ。バイオマス発電の需要増が背景にあるものの、国産材需要は着実に回復しつつある。国産材比率は2002年に18.2％で下げ止まり、木材自給率は底を打った。国産材を出材し技術開発につなげるなど、林業や製材、加工業界の努力のたまものでもある。林野庁も、東京オリンピック・パラリンピックが開催される2020年までの自給率（国産材比率）50％達成の目標を掲げ、勢いづいている。

国産材に期待が集まり、ヤマが動き始めた

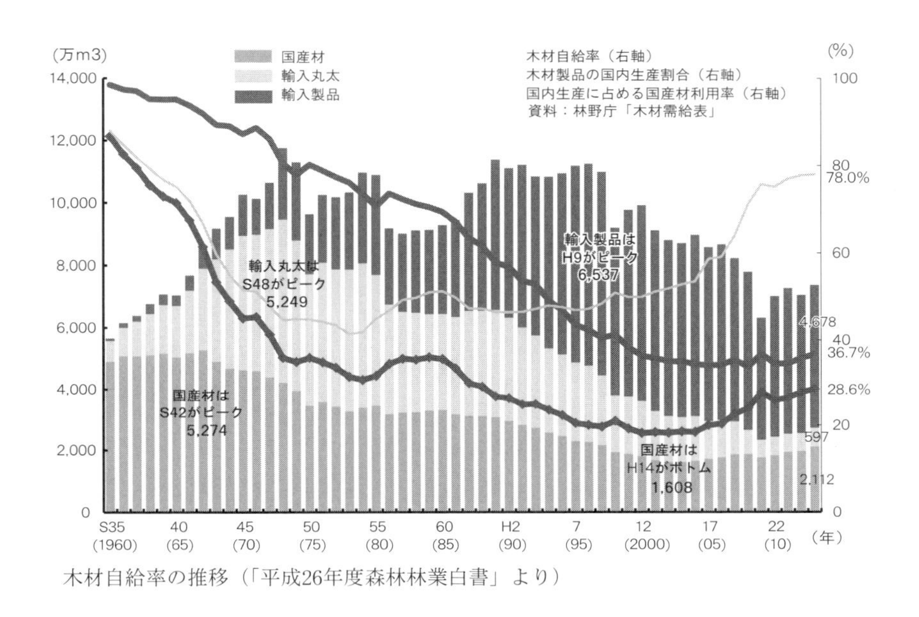

木材自給率の推移（「平成26年度森林林業白書」より）

国産材活用に積極的な合板業界

国産材をいかに使うか。外材輸入で沿岸立地が多い加工工場が、内陸部に進出する動きも目立つ。合板、製材の事例を通して、各分野の取り組みを見ていきたい。

「日本のヘソ」とも呼ばれる列島の中央部、岐阜県は中津川市加子母地区。伊勢神宮式年遷宮に使われる東濃ヒノキの産地として知られる。東日本大震災の直後の2011年４月、地区の入り口近くの山林の中に、「全国初の山間立地の合板工場」とうたわれた、「森の合板工場」が完成、稼働を始めた。しかも、国産材100％活用だ。国内最大手の合板メーカーのセイホク（東京都）と岐阜県森林組合連合会、県素材流通

岐阜県中津川市の山間に立地した森の合板工場

協同組合などで構成する「森の合板協同組合」が事業主体となり、年間10万㎥の原木を使い、木造住宅1万戸分にあたる年間300万枚の合板を生産している。10万㎥といえば、発足当時、岐阜県の素材生産量の3分の1にあたる量だ。

原木の樹種はスギとカラマツが各4割ずつで、残りはヒノキやアカマツなどだという。合板は外材を使用し沿岸立地のイメージがあったが、国産材を使う場合は、ヤマに近い方が、コストがかからないばかりか、安定的に確保できるのは当然だ。では、国産材の合板活用を可能にしたのは、何か。斎藤強専務理事によると、同じスギでも、秋田スギや九州地方のスギでは身の締まり具合や弾力性などが大きく異なる。合板は、大根の桂むきのように、丸太に刃を当ててむき出した薄く平らな単板を貼り合わせて製造するが、樹種や樹木の特徴を捕らえた芯むきや乾燥、接着、プレスの技術について、業界全体で技術開発に取り組んだ成果だという。

国産材利活用の優等生

特に芯については、むき芯の小径化が進み、間伐材などの小径木でも採用できるようになり、むき芯は直径3㎝以下まで細くむくことができるようになったという。

合板業界は、国産材の活用に積極的で「国産材利活用の優等生」と言われる。日本合板工業組合連合会（日合連）によると、東京オリンピックに沸いた1964年、合板用原木の入荷量493万3,000㎥のうち、外国産は433万7,000㎥で87.9％を占めていた。それが50年後の2014年（入荷総量440万5,000㎥）は、121万4,000㎥（26.7％）まで外材は減少し、方や国産材は319万1,000㎥で72.4％を占めるまでになった。国産材と外材が逆転したのは、2008年（国産材53.6％）だった。

しかも、国産材の素材供給量（1999年～2014年）を樹種別に見ると、合板に不向きだといわれ最も使用されなかったスギは、1999年に1,000㎥しかなかったのが、15年後の2014年には211万1,000㎥と躍進、全体（319万1,000㎥）の66.2％を占め、首位の座にいる。この15年間に2,000倍を超える供給量となった背景には、業界の技術開発のたまものとみられる。また、合板の国産材活用の動きが、自給率が2002年に底を打ちＶ字回復した瞬発力の一つになったと考えられる。

日合連加盟の工場のうち、内陸型（2015年４月現在）は岐阜（森の合板協同組合）と静岡、岩手、北海道の４工場になり、このうち、岐阜、静岡、岩手のそれぞれある３工場が国産材を100％活用している。井上篤博・日合連会長によると、材料費として330億円が全国の林業地に還元されたという。

国産材普及のビジネスモデル、製材業

製材部門も国産材比率を大きく伸ばしている。平成26年度森林・林業白書によると、製材用の原木供給は、2003年以降は国産材が輸入材を上回るとともに、増加傾向に転じた。人工林の成熟によって国産材が供給されるようになったことから、高知県大豊町に進出した四国最大規模の製材会社「高知おおとよ製材」を紹介したい。こちらも、乾燥、強度の技術を生かした品質が売りものだ。

JR高知駅から車で北上すること約40分。四国山地の峰々に抱かれた嶺北地域は、スギの年輪が詰まった良質材で知られ、森林県・高知を象徴する林業地域だ。集成材大手の銘建工業（岡山県真庭市）と高知県森林組合連合会、地元の大豊町などが出資し高知おおとよ製材を設立、操業を開始したのは、2013年だった。この地への進出は、国産材が使える時代になりスギの強みを生かすのが狙いだ。地元雇用中心の60人態勢で、2015年から、高知県の素材生産量（2013年度・49万5,000㎥）の２割にあたる、10万㎥の製材品の生産態勢に入った。

岡田繁工場長によると、木材に含まれる水分比率を表す含水率は、天燃乾燥させても30％まで低減させるのが限度で、人工乾燥が主流になっている。しかし、25％～30％程度では特にスギの場合は、変形したり割れたりすることがあり、20％以下に抑える必要があるという。人工乾燥技術で含水率を抑えた製品を生産、さらに、強度の水準を維持するため、製材の１本ずつ含水率と強度を計測し、品質管理に務め

安定生産を目指す高知おおとよ製材の製材機

利用期を迎えたヤマ。安定供給が求められる

ている。もちろん、JAS（日本農林規格）認定製品だ。

高知おおとよ製材は、製品を使う川下側がほしい時に望む量に対応できる、国産材のビジネスモデルを築き上げることを目指している。

銘建工業を生んだ岡山県北部の美作林業地は、乾燥技術を高めて産地化に成功した土地柄で、良質材の伝統を引き継ぐ嶺北地域に、美作林業地の遺伝子が引き継がれているようだ。さらに、森の合板工場のある加子母林業地は製材の二度挽きで知られるほど品質にこだわる伝統を持つ。この二つの林業地に、合板と製材の大規模工場がそれぞれ進出したことは偶然であろうか。

環境保護の動きが外材の流れを変えた

木材の自給率が上昇している要因はこれまで見てきたように、①伐採できるまでになった人工林の成長、②国産材の弱点を克服できる技術の確立——がある。これに加えて、③国際的な環境保護の流れによる海外の輸出事情の変化——も挙げられよう。供給量の低下で木材価格が急騰した、1990年代初めのウッドショックだ。「21世紀は環境の世紀」と言われる契機となった地球サミット（92年）にあい前後して、環境保全の機運が国際的に高まり、マレーシア政府による大幅な伐採規制と米国の天然林伐採規制により、南洋材と米材がそれぞれ高騰した。

日本の合板業界は、南洋材から、植林によって再生しやすい外国産針葉樹に原料の転換を図ったが、ロシア政府が2007年から、針葉樹原木の輸出関税を段階的に引き上げた。外国産材が日本に入りにくくなった国際環境の変化も、加工業者の目を国産材に向けさせる背景になっている。

極東開発に力を入れるロシア政府の動きを警戒する声も根強い。木材の輸出関税を優遇してでも日本の市場を狙っている、と見ているのだ。ほかにも、日本向けの木材輸出を準備している国もあるようで、川下側のニーズに応じた供給態勢が国内にできなければ、また、外材に戻ってしまうと懸念する声も上がっている。

なぜ国産材は使われなくなったか

ところで、なぜ、国産材は使われなくなったのか。国産材比率が18.2%（2002年）で下げ止まったことは先述したが、半世紀前の1960年には国産材比率は86.7%もあった。ここで、国産材の歴史を振り返ってみよう。国産材の需要が減少した、一般的な理由として挙げられているのは、木材の貿易自由化による安価な外国産材の流入だ。国産材よりも価格の安い外材が日本に入ってきたことで、国産材が売れず需要がなくなっていった、というのだ。そして、国内林業は衰退の一途をたどった、と言われる。

そうなのだろうか。日本は1960（昭和35）年から木材貿易は段階的に自由化され、前回の東京オリンピックが開かれた64（昭和39）年に完全自由化された。その３年後の67年には国産材の供給量はピーク（5,274万㎥）を迎え、頭打ちになる。その後一挙に下落していく。

ところが、国産材価格はどうなったか。立木価格がピークを迎えるのは、1980（昭和55）年だ。木材自由化がスタートしてから、実に20年間は国産材の価格は上がり続けた。確かに供給量は減っていったが、価格は上がり続けた。高度経済成長期の住宅需要が背景にあるが、木材の自由化で外材が流入したことが、国産材の需要を減少させた直接的な要因ではないようだ。自由化で国内に流入してきた当初の外国産材は、質的に評価されていたわけではない、との声は多い。

日本がかつて、里山から奥山にかけて禿げ山が目立っていたことは後述するが、1950年代に入り、戦後復興に向けて真っ先に植林政策に取り組むほど、人工林事情は深刻だったのだ。つまり、戦後復興やそれに伴う住宅整備などの木材需要に対応するだけの、十分な木材がなかった。伐り出したくても、伐れるほどまでに成育したヤマ、人工林がなかったと考えられる。

外材一挙に流入したバブル期

林業に陰りが見え始めた時期について、様々な見方がある。木材輸入の段階的自由化を始めた1960年以降とする見方は、外国産材の流入とともに、ヤマの人件費の高騰を挙げる。東京オリンピック（1964年）前後の高度経済成長の始めに、地方から首都圏に特に若年人口が流出したため、地方の人件費が高騰し、ヤマの採算が合わなくなった。

一方、本書では、林業が不振に陥ったのは、1970年代から、と考える。1973（昭和48）年、戦後復興や高度成長による住宅着工数のピーク（191万戸）とともに、木材需要も1億1758万㎥でピークを迎え、落ち着きを取り戻した矢先に第1次オイルショックに襲われた。さらに同年、1ドルが360円の固定相場だった円相場が変動相場制に移行し、日本経済は不況に見舞われ、住宅着工数は急減していった。

追い打ちをかけたのは、プラザ合意（1985年）だ。為替が円高基調に誘導され、安価な外材が一気に流入した。この年が国際森林年だったのは、日本にとっては皮肉だ。プラザ合意によってもたらされたバブル景気で国内経済は沸き上がったが、その陰で林業は衰退し、ヤマの存在は影が薄くなっていく。

外国産材は、60年代から日本向け木材の乾燥技術や加工技術を向上させ、1970年代後半には、外材に対応したプレカットや合板が国内で伸びを示し、流入した外材の受け皿になった。

戦後植林した人工林は、70年代後半でも、まだ20年生ほどまでしか成長しておらず、わずかながらも出荷した国産材は、変動相場制移行やプラザ合意による為替の影響を受けて、安価な外材に圧倒された。見方によっては、外国産材を輸入し国内供給をつないだことで、人工林を十分に成長させることができた、とも言える。

待ち望んだ「伐って使う時代」の到来

長いトンネルを出た。敗戦後の植林から半世紀。21世紀に入って、ようやく待ちに待ったヤマが成長し伐れるまでになった。人工林はこれまでの「植えて育てる時代」から、いよいよ「伐って使う時代」に移行した。これにより、合板や製材の各メーカーの動きに加え、乾燥や加工の技術開発も急速に進展している。

しかし、伐採から製材、木材加工、ユーザーといった流れは、川中、川下の各分野に外国産材が一度定着してしまうと、国産材に置き換え直すのは至難のわざだ。木造住宅を作ることができる設計士や建築士、国産材を調達でき扱える工務店が半世紀の間で激減した。

外国産材が歓迎された理由は、価格だけではないという。外材は、数万トンもの大型船で大量に定期的に輸入されるため、長さや太さが一定にそろった木材が安定的に供給される。また、製材所や工務店では、人工林の多くを占めるスギについて、柔らかく曲がりやすい、といった特徴を欠点ととらえ、用材としては外材に劣るとの声も聞く。一度外国産材を使ってみると、外材は使い勝手がいい、というのだ。

ところが、輸入当初、評判は芳しくなかった外材が、日本への売り込みを図るため、海外メーカーが乾燥、加工技術の向上に努めたように、国内でも今後、乾燥や加工の技術開発をはじめ、強度や含水率を瞬時に計測する装置の普及で、外国産材と遜色ない木材が生産できるはずだ。阪神大震災をはじめ、東日本大震災や熊本地震などを反映し、ユーザーの防災意識も高まっており、川下側の意識も変わり、JAS（日本農林規格）認定材の活用が増えることによって、国産材も広がっていくとみられる。

ヤマが生み出す51兆円の資産

森林林業白書（平成26年度版）によると、全国平均のスギ立木価格は2014年には１㎥あたり2968円だが、約20年前の1996年は１万810円で１万円を超えていた。すでに触れたが、変動相場制やプラザ合意の円高の影響で木材価格はこの20年間で４分の１近くまで下落した。ところが、現在の為替（2016年３月～５月の月平均109円～113円／ドル）はその20年前の水準（1996年月平均105円～113円／ドル）に戻ったとの見方もある。林野庁によると、日本の森林は毎年7,000万㎥ずつ成長しており、森林の総蓄積量（2015年４月現在）は約51億㎥に及ぶ。立木価格を20年前の水準（１万円／㎥）に戻すことができれば、51兆円の資産がヤマに生まれる。莫大な資産価値を持っていることになり、考えようによってはヤマはまだ、見捨てたものではない。1995年の森林総蓄積量は35億㎥だったことを考えれば、この20年間で16億㎥も成長しており、「日本の木材の競争力は20年前に戻ってもおかしくはない」と期待する声も聞かれる。

利用間伐と伐り捨て間伐

ここで、間伐について触れておきたい。「間伐材＝低質材」との誤解があり、利用間伐された国産材が低品質と一部で思われているからだ。

間伐とは、スギの人工林でいえば、林の中に陽光を入れて明るく保ち、スギをまっすぐに育てるために、抜き伐りすることだ。陽光が差し込むことによって下草が生えて表土流出が抑えられ、水源涵養や地盤保持などの機能が高まる。間伐によって伐り出された木材が間伐材だ。一方、木材の収穫の目的で行う伐採を主伐と言う。

間伐は一般に、30年生前後までは、育ちのよい他のスギを育成する、保育目的に行われる。それ以降は、木材として伐り出し利用する目的で行われ、これを「利用間伐」という。30年前後までは、間伐材は直径が小さい小径木のため、住宅用材には使えず、用途は限られる。用材に活用できない意味で、低質材と言われるのだろう。ところが、30年生以降の間伐材、例えば、40年～50年生になれば、住宅用材としても立派に活用できる。このため、建築用材として利用する目的で、丁寧に伐採、搬出した間伐材（丸太）と、主伐による丸太は同じだ。市場に出されても、同じ扱いになる。

利用間伐による丸太は、販売して収入が得られるため、ヤマを経営する中間資金となる。ところが、木材価格が低下し、採算が合わなくなると、伐採した丸太を搬出する経費が捻出できないため、間伐材を林内にそのまま放置する、「伐り捨て間伐」が増える。捨て間伐で放置される間伐材は、活用されないのが前提のため、「林地残材」であり、「未利用材」でもある。

伐採された丸太の部位について、説明しておこう。1本の立木を用途別に仕分けると、幹の部分で太さがあまり変わらない通直な部位はA材と呼ばれ、主に製

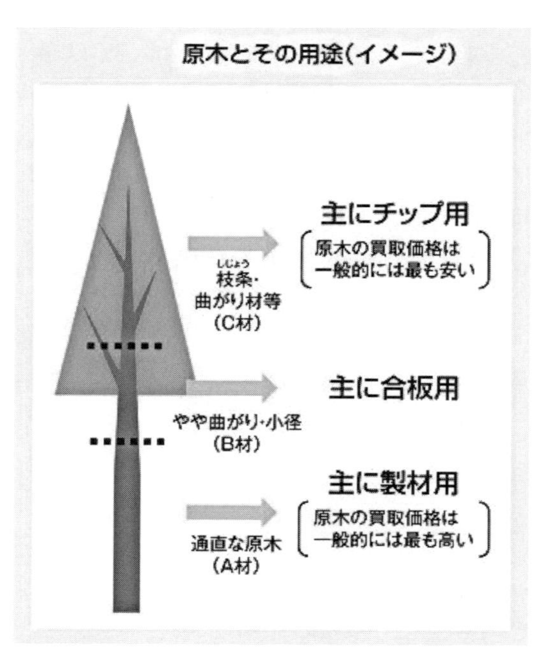

原木とそのイメージ図（「平成26年度森林林業白書」より）

材に活用される。それより先の少々細めで小径の幹はＢ材として、主に合板用に使用される。また、枝の付いた幹の部分や曲がり材はＣ材と称され主にパルプ用だ。そのほかの枝葉や根株などはＤ材と呼ばれて、これまで、林地残材として林内に放置されてきた。伐り捨て間伐による間伐材と同じだ。

Ａ材の需要喚起が焦点

国内のヤマは、製材用のＡ材の収穫のために仕立てられてきた。現場で伐採すると、その場に放置されるＤ材以外は原木市場に出され、市場で製材用のＡ材、合板用のＢ材、パルプ用のＣ材にそれぞれ仕分けられ、販売される。当然、Ａ材が一番高く売り買いされ、次いでＢ材、Ｃ材の順番で値段が下がっていく。従って、一番安いＣ材目的に伐採することはない。Ｂ、Ｃ材は、伐採したＡ材と一緒に搬出されるもので、いわばＡ材の副産物だ。ヤマ側の森林所有者や素材生産業者は、Ａ材の需要によってＢ、Ｃ材とともに、川下側へ安定的に供給することで、ヤマに利益が還元されると同時にヤマの供給バランスが保たれてきた。

ところが、住宅着工率の低下などでＡ材需要がなくなると、Ａ材ばかりか、Ｂ、Ｃ材も供給されなくなる。ヤマの供給バランスが崩れ、合板やパルプの製造に影響を与える。Ｂ材～Ｄ材を安定供給させ、ヤマの供給バランスを保つためには、Ａ材の需要が不可欠だ。

そこで、林野庁が目をつけたのが、木造住宅。在来工法による木造住宅の場合、外国産材の使用割合は、柱材が６割、梁材は９割、筋交いなど羽柄材は７割を占める。国産材の割合は４割しかない。高品質な製材品の安定供給などを図ることで、外材を国産材に置き換える方針だ。国産材が活用されることで、森林整備が進み、防災や貯水など森林の公益的な機能が高まることから、「国産材時代を取り戻す」（林野庁の沖修司次長）と躍起になっている。

（２）サプライチェーンの動き

ヤマがつながり始めた

人工林が伐採適齢期を迎え、2000年ごろから材木が市場に出回るようになったことで、伐採から市場売り、製材、加工など、いわゆる川上から川下までの各部門の事業体が連携する動きがでてきた。背景には、単に効率化によるコスト削減のほかに、木材流通の体質を根本から問い直す動きでもあるのではないか。まず、九州地方の事例から。

連携で生まれる競争力

江戸時代は伊万里焼の積み出し港として栄えた伊万里港（佐賀県伊万里市）。この港湾を渡る大橋に通じる幹線道路を挟む形で、木材関連の工場が集まる。その広さ35万9,000㎡。大型トラックが行き交い、何台ものフォークリフトのエンジン音や丸太を降ろす音が響き、活気に満ちている。橋の付け根部分に、原木市場を営む伊万里木材市場（林雅文社長）があった。その南西隣りには、集成材の製造に使う、ひき板（ラミナ）専門の西九州木材事業協同組合の製材工場、幹線道路を挟み、木材市場と製材工場の真向かい側に、集成材工場があった。港湾に面した広大な敷地を抱える中国木材伊万里事業所だ。港湾の専用岸壁から、年間７万㎥（2014年度）の集成材を関東や関西方面に大量出荷している。

原木調達から加工、製造と集成材づくりの各部門の企業が、約36万㎡の土地一カ所に集まっている形だ。港湾部の工業地域に、生産性を上げるために石油の原料タンクや処理加工、石油精製の各企業の工場を集め、有機的につないだ石油コンビナートに似ている。

その名も「伊万里木材コンビナート」。集成材製造に関わる企業集団で、2004年に設立された。ちょうど、人工林が育ち、伐採時期に入ったころだ。製材の西九州木材事業協同組合は、伊万里木材市場と中国木材、地元の森林組合が出資して立ち上げた。伊万里木材市場は集成材の原木専門ではなく一般の原木市場だが、コンビナートの原料調達を担っている。さらに、08年から森林所有者と契約し伐採、搬出する森林整備事業も始めたことから、コンビナートの構成３社で、伐採から木材調達、ラミナ製材、集成材製

伊万里木材市場の土場は活気に満ちている

造、出荷の安定生産ラインが整った。

山側とのサプライチェーンが課題になっている

下流の注文に即応

林社長によると、コンビナートのメリットは、①コスト削減、②安定価格と安定供給、③需要への即応——だ。３施設が隣接していることから、すべてフォークリフトで搬送でき、従来のトラックを使った荷の上げ下げもなく、大幅なコスト削減になっている。さらに各部門の様々な要求にすぐに対応できる。ほしい時に望む量と品に速やかに応じることができるのだ。こうした機能集結で、高品質で低価格を実現し競争力を高めている。

林社長がコンビナートを考えた狙いは、スギの安定生産だ。原木市場は大量に丸太を必要とする。会社の永続性を考えたら、ヤマが健全でなければならない。そのためには、ヤマに利益を還元し、出口となる需要先を作る。ところが、建設業も経験した林社長は当初、林業、林産業に対しては「ぶっ切り（ぶつ切り）でやっている」印象だった。伐採から市場売り、製材、加工、消費者への一連の流れがあるにもかかわらず、各部門がそれぞれ独自で経営、完結し、他部門と連携を取っていない。それぞれが職人気質のような独自の思い入れや哲学を強調し過ぎて、需要に結びつく、ビジネスとしての取り組みができないのだ。

現状に慨嘆するより、林社長は、そこに可能性を見いだした。流通の仕組みを作れば、需要が生み出せ、コストを減らし、安定価格、安定供給の道が開ける。需要側のニーズを把握することでマーケットを広げられる、と。流れをうまく切り替えれば、ビジネスになり、ヤマにも利益を返せる、と考えたのだ。

プロダクトアウトとマーケットイン

ここで、話が変わるが、よく耳にする「プロダクトアウト」と「マーケットイン」という言葉について考えてみたい。1950年代半ばの神武景気から第一次オイルショック（1973年）ごろまでの高度経済成長期を林業関係者の間で「木材バブル」との呼び名がある。戦後復興やその後の住宅需要の中で木材が大量生産された時代だ。その当時を知る素材生産や製材業者は「あの頃は伐れば売れ、挽けば売れる時代だった」と懐かしむ声さえある。需要側、消費者サイドのニーズにかかわらず、経験と勘に裏打ちされた技能や哲学を持った職人気質など上流の供給部門の論理を強調する考え方は、プロダクトアウトの発想だ。

これに対し、需要者、消費者の立場に立って、ニーズを考えて供給する考え方である、マーケットインの発想が重視されるようになった。70年代に入って高度成長が終息し、一通りのモノを持つ時代になったことから、消費者のニーズを考えないと、モノが売れなくなったことが背景にあるようだ。

林社長が直面した林産業の体質は、まさにプロダクトアウトの発想であり、林社長が目指したのは、マーケットインの世界ではないだろうか。

プロダクトアウトの世界では、供給側と需要側では時に対立する。その象徴的な例が、価格をめぐる利害の対立だ。供給側にとっては、できるだけ高く売りたいが、需要側は逆に安く買いたい。供給する側には、職人気質で成果品には自信があり思い入れも強いだけに、値引きは自身の技能の安売りにつながるし、プライドもある。一方、需要者はその先の購入者と近い分だけニーズが理解しやすく安価を求める。こうしたプロダクトアウトの発想が、部門間の連携を妨げてきた要因の一つではないか。同じ部門の中での横の連携はあっても、部門を横断する縦の連携は難しかったのだ。プロダクトアウトの発想を全面否定しているわけではないことは、後述する。

国産材で乗り込む、10万戸市場

マーケットインの考え方を徹底させ、部門間連携の利点を最大化させる試みが、2015年10月に工場を稼働させた「さつまファインウッド」（鹿児島県霧島市）だ。ツーバイフォー（２×４）工法による住宅用の部材製造に特化した工場で、伊万里木材市場と地元の製材会社の山佐木材、鹿児島県木材協同組合連合会が出資して設立した。伊万里木材市場が南九州地域で集材した原木を、山佐木材をはじめ鹿児島県内の製材所で製材し、さつまファインウッドで部材製造する。九州地方をはじめ、関西、関東地方の２×４の住宅メーカーなどに出荷する。

原材料の調達から製材、部材製造の各部門の事業体は一カ所に集まってはいないものの、互いに鎖のようにつながって連携している点は、まさにサプライチェーンの典型だ。さつまファインウッドの社長でもある林・伊万里木材市場社長によると、２×４工法による住宅の国内での年間着工数は10万戸を超えるが、部材は９割強が外国産材だという。この10万戸市場に、国産材を持って乗り込むために着想したのが、サプライチェーンだ。外材輸入はどうしても為替の影響を受けることから、安定生産に安定供給、高品質でしかも外材に引けを取らない低価格を実現し、国際競争力をつけるのが狙いだ。

２×４住宅用材専用のさつまファインウッド

これまでの勉強会を通して得られた、ユーザーが要求する品質をどう実現していくか。マーケットインの発想で、原木の造材方法や低質原木の利用方法などについて検討する中で、むしろ、サプライチェーンが可能になったとも言えるのではないか。

ファインウッド社によるサプライチェーン構想は、２×４工法のJAS（日本農林規格）が2015年６月に改定された動きを先取りしたものだ。これまで、ベイマツやトウヒなど外国樹種の強度などを基準にした、２×４のJAS認定は、スギなどの国産材は事実上、使えなかった。それが基準改訂され国産材が使えることになり、JAS認定工場になった。年間６万㎥の生産体制で、住宅市場の規模拡大が続く中国や東南アジアへの輸出も視野に入れている。

川上から川下まで８事業体が一直線に

ところで、消費者は自身が欲するものを明確に把握しているのだろうか。エンドユーザーのニーズは漠然としている時もあろう。いくつかの選択肢を供給する側から提案され、その中から消費者が選ぶケースもあるはずだ。そう考えると、プロダクトアウトの考え方を真っ向から否定はできない。田園地帯特有の伝統的な互助態勢を基盤に、上流、中流、下流の各部門の企業体が、一カ所に集中立地している、「森林のくに遠野・協同機構」（岩手県遠野市）のケースを見てみよう。

この協同機構が設立されたのは、2005年だ。森林組合や製材、乾燥加工、集成材、プレカット、内装、家具、住宅メーカーの８事業体が、約27haの遠野木材工業団地に集まっている。川上から川下までの林業、木材、住宅関連の各部門の事業所が一カ所にそろい、有機的に結びつくことで生産の合理化とコスト削減を図っている。

協同機構の佐々木徹事務局長によると、最も大きいメリットは、情報の共有だという。毎週火曜日に各事業体の代表者による定例会があり、意見交換する。例えば、供給側がアカマツの利用について需要側に照会したり、逆に需要側からはまとまった量の間伐材の要望が出たり、と川上、川下双方の情報の交流が生まれている。もちろん、消費者のニーズに関する情報も重要なテーマだ。

機構が誕生したきっかけは、遠野市の地域住宅計画づくりだった。行政のほか、地域の林業や木材、住宅関連の事業所が参画したが、議論の過程で、木材の付加価値によってヤマや地域に利益還元する仕組みづくりに対する意見が集中した。機構の紹介文を見ると、「自然を守るバランスと自然を育てるシステムの構築という視点」や「自然の大いなる循環を生き生きと巡らせる一翼としての使命」がうたわれ、あくまでもヤマ側の基本姿勢を強調している。その上で、情報交流から得られた消費者ニーズを基に、例えば、「できるだけ柱や梁を見せ、木の持つ自然で素朴な材質感を大切にした」健康住宅や「良好な町並みづくり」などを提案している。

柳田国男の「遠野物語」で知られる遠野市は、農作業を地域住民同士で手伝い合う「結いっこ」と地元で呼ばれる習慣がある。結いとは、「つながる」「結ぶ」「連携する」の意味があり、機構の設立でも、お互いに連携する素地があったのだろうか。

木材の取扱量はケタ違いに飛躍

連携の成果はどうか。森林のくに遠野・協同機構の加盟８事業体の売り上げについて見ると、機構が設立された05年度はまだ木材工業団地に８事業体は立地していなかった段階だったが、当時の８事業体の売上を合計すると

15億9,000万円だった。これに対し、2014年度は17億3,000万円、13年度は20億9,000万円だった。機械の新規導入などで14年度は前年度より売上げは減少したものの、東日本大震災（2011年）があったにも関わらず17億円〜20億円の売上げを堅持しており、健闘している。今後は、被災地の復興事業も基盤整備から各戸の住宅建設の段階に入ることから、機構のメリットは数字の上からも明らかになる。

一方、伊万里木材コンビナートの成果は、原木の取扱量に顕著に表れている。導入前の2003年の伊万里木材市場の取扱量（４万5,400㎥）に対し、導入して10周年の2014年は33万3,997㎥と７倍以上に増えた。スギに限れば14年は26万4,218㎥で03年（１万8,400㎥）の14倍を超える。林社長によると、コンビナートへの移行前は、入社を希望する新卒者は皆無だったのが、近年は毎年10人〜15人が希望するようになり、2015年春は３人が入社。従業員数も19人から84人に増えた。

ウッドファースト社会へ共同宣言

上流と下流の連携といえば、特筆しなければならないのは、上流部門の全国森林組合連合会と下流部門の全国木材組合連合会の両会長が調印した、ウッドファースト社会の実現に向けた行動宣言だ。2014年10月だった。木を優先的に活用するウッドファースト社会を実現するために、林業と木材産業関係者が一体となって課題を共有し取り組む決意を示したものだ。両連合会は、木材を供給する側と供給される側をそれぞれ代表する、いわば大御所で、利害が相反する関係にあることから、これまで接点がなかったと言われる。その辺の心情が、簡潔に書かれた宣言文で「大局的見地に立ち」の文言が２カ所登場することでも推測できる。宣言には、木材の利用拡大と林業の活性化に対する国民

ウッドファースト宣言した全森連の佐藤重芳会長（中央）と全木連の吉条良明会長（右端）

理解への取り組みや国と自治体への働きかけなど５項目が盛り込まれた。

ウッドファーストとは、カナダのブリティッシュコロンビア州で2009年、ウッドファーストアクト法が成立し、州政府発注の公共建築物はまず、木造での建築を検討することを義務化した。ブラジルのリオデジャネイロで開催された地球サミット（1992年）を契機に、国際的な環境意識の高まりを反映し、木材が再生可能な資源として注目され、また二酸化炭素の吸収・固定化機能の面でも再評価され出した。さらに、ヨーロッパでは新たな建材としてCLT（直交集成板）の技術開発が進むなど、需要側と供給側の双方に動きが出てきた。2000年代に入ると、ヨーロッパでCLTを活用した木造の中高層建築物の建設が始まったことなどが、ウッドファーストアクト法の背景になっているとみられる。

国内でも、可能な限り木造、木質化を図る、とする公共建築物の木材利用促進法が2010年に施行され、ウッドファースト社会への動きが始まっている。宣言が、供給側と需要側が同じテーブルに着く雰囲気づくりの契機になっており、行動宣言の意味は大きい。

（３）輸出も伸びる

ヤマが海を渡る

薬師寺の金塔に台湾ヒノキが使われるなど、日本の文化財の修復が輸入材で支えられているのがニュースになり、反響を呼んだ。太い大きな木（大径木）が国内で見つからないための苦肉の策だが、外国産材の流入が、文化財まで及んでいることに驚いたものだ。ところが、日本の木材は今や、輸出量を急激に伸ばしている。アジアの経済発展が背景にあり、円安も手伝って、特に中国への丸太の輸出量は５年前の46倍も増やした。国内一の丸太の積み出し港、志布志港（鹿児島県志布志市）に立つと、日本はいつの間にか、木材の輸出国になったように見えるほどだ。

原木輸出４年連続一位の志布志港

丸太を鷲づかみにしたアームを振りながら移動する重機の間を、フォークリフトが縦横無尽に走り回る。5,000㌧級の中国・上海籍のバルク船が、200ｍもある岸壁に接岸した第２突堤。丸太の束が大型クレーンで次々に積み込

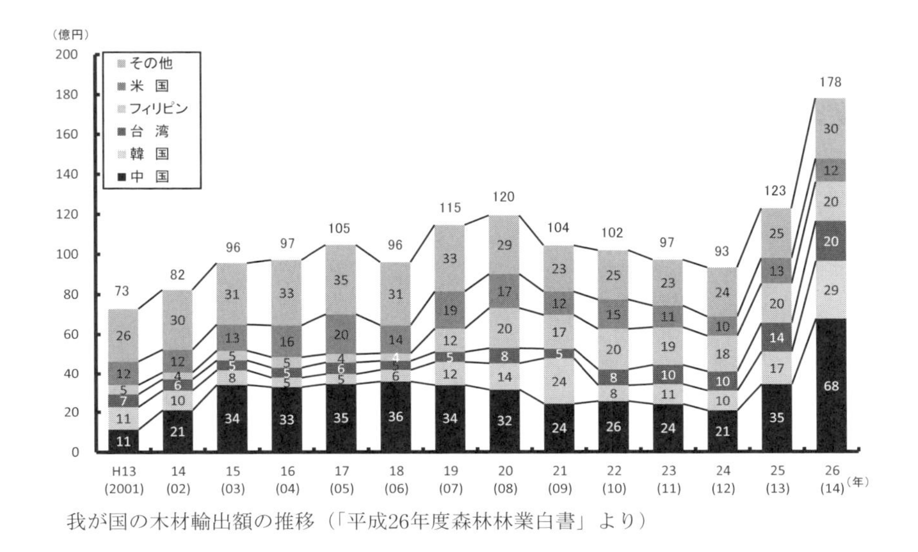

我が国の木材輸出額の推移（「平成26年度森林林業白書」より）

まれ、傍らに高さ６ｍほどに積み上げられた丸太の山は、あっという間に片付けられていく。岸壁に待機したタンクローリーに、フォークリフトが次々にやってきては給油し、また慌ただしく作業現場に向かう光景は、早送りのビオデ映像を見ているようだ。

志布志港は、海上交易が盛んになった江戸時代には薩摩藩の交易港として栄え、「志布志千軒」の言葉が残るほど街がにぎわったという。今では南九州地方の国際物流拠点港として発展し、丸太輸出（2013年）は国内輸出港全体の39.7％を占める10万4,107㎥で10年から４年連続で首位を走り、14年上期はすでに前年の８割を超える勢いで伸びている。輸出先は、全体の６割を占める中国に次いで台湾が３割で、韓国１割の順だ。鹿児島県河川港湾課志布志市駐在機関によると、生産現場のヤマが比較的近く、税関など輸出手続きの関係機関が集まっていることが扱い量の多い要因だという。

志布志港で中国船に積み込まれる原木丸太

品目では丸太、輸出先では中国が突出

それでは、全体の輸出状況はどうだろうか。林野庁によると、特に丸太の輸出が目立っており、2010年に6万5,482㎥だった丸太輸出量は15年には69万1,830㎥と10.6倍に増えた。中でも中国は、2010年に1万232㎥だったのが、15年には45.9倍の46万9,685㎥と急増している。特に、スギ材の輸出が多く、機械類を傷つけないように運搬するための梱包材や、マンションなどの壁の下地材に活用されているようだ。韓国も15年に14万4,623㎥と5年前の12.8倍と2ケタ増加を示した。中国のスギに対し、韓国はヒノキが目立つ。空前のヒノキブームらしい。壁や床にヒノキ材を取り入れたマンションや木造住宅の建築が好調だという。中でも学習に集中できるとか、アトピーによいなどとして、木材の効能が宣伝され、健康志向や教育熱の高まりを反映し、学習机やベッドなど木造家具も生産を伸ばしているという。

薬師寺の金塔修復で台湾ヒノキを輸入した台湾でさえ、15年の輸出量は7万4,586㎥で5年前の1.8倍となった。

輸出額でみると、全体では15年は229億円で10年比2.2倍の実績だ。内訳は中国が88億7,600万円で全体の38.7%を占め、次いで韓国が37億8,500万円で16.5%、フィリピン34億7,800万円で15.2%の順で、中国がいかに突出しているか、が分かる。

製材輸出が課題に

気になるのは、製材の数字だ。品目別の15年の輸出額を見ると、やはり丸太が突出して全体の41%を占めているのに対し、製材と合板はそれぞれ14%と13%と拮抗している。伸び率を見ると、合板が前年14年の2.23倍と急伸し、丸太も前年対比37%増と数字を伸ばしているものの、製材は前年比2%増と伸び悩んでいる。

製材の輸出量（15年）は、中国が5年前の10年と比べ66.4%増の2万6,774㎥だが、特にフィリピンの落ち込みが著しく1万8,853㎥で10年（3万7,383㎥）と比べ逆に半減している。要因は、フィリピン国内の業者が、ほぼ完成品の住宅部材を日本に輸出しているとみられている。韓国も、内装材業者がヒノキを日本から輸入し、床材や壁材を生産し、日本の内装材製品の半値ほどで国内販売しているが、高所得者向けの戸建て住宅などは依然として日本

製品が好調のようだ。

中国政府が、日本の建築基準法にあたる木構造設計規範を改正する動きがあり、日本の木造軸組工法が事実上認められそうだ。木造住宅は、ツーバイフォー（２×４）工法が主流で、木造軸組工法は認可対象になっていなかった。改正ではほかに、スギとヒノキ、カラマツの３樹種も構造材として認められることで、今後は、日本から中国への輸出に拍車がかかるとみられる。

林野庁も、相手国ごとのニーズに合わせた規格づくりを16年度スタートさせる。中国、台湾は日本と同じように無節が好まれるが、韓国は節は気にならないらしく、お国柄で好みに温度差があるという。

安定輸出に広域連携の動き

ところで、日本はかつて、木材輸出は盛んだった。1960年から80年までは年間300億円～400億円の輸出額で推移し、最高は1968年の414億円だった。現在の輸出額（15年、229億円）の２倍近い。しかし、プラザ合意（85年）で為替が円高基調に推移すると、輸出は低迷し01年には73億円まで下がった。それが、2013年から前年比30％～40％台の増加で伸びた。輸出を押し上げた要因は何か。地元の森林組合や行政の地道な努力が背景にあり、広域連携の動きが加速している。規模拡大によるコスト削減と安定供給により、国際競争力を高めるのが狙いだ。

その森林組合の地道な努力の中で注目されるのは、連携の動きだ。曽於地区森林組合（鹿児島県志布志市）と南那珂森林組合（宮崎県串間市）、都城森林組合（宮崎県都城市）の３組合が県境を越えて団結し2011年、木材輸出戦略協議会を設立し、志布志港からスギ丸太を中国と韓国に輸出している。2015年度の輸出量は４万㎥で、スタート当初（11年度・4,600㎥）の９倍近くも輸出を伸ばしている。中国向けが７割を占める。

大分港でも九州北部の丸太輸出が増えている

３組合が団結して輸出に取り組んだのは、在来軸組工法による住宅着工件数が減少する一方、各管内の立木が成長し大径木化して国内取引がなく、売り先に困った揚げ句の窮余の策だった。

製品輸出に取り組む

九州西北部の県も黙ってはいない。素材生産量の少ない福岡、佐賀、長崎の３県は丸太の合同輸出に向けて2014年９月、原木出荷の研究会を設立し、中国の大口需要に対応する構えだ。これに連動し、伊万里港から中国へスギとヒノキの丸太を輸出している長崎県森林組合連合会を中心に2015年３月以降、福岡、佐賀両県の森林組合連合会と連携し、15年３月には佐賀、長崎両県の森林組合連合会が1,500㎥を合同輸出したのを手始めに、これまで15年度末までに計4,200㎥を合同で輸出した。

一方、製材品の動きも活発になっている。日本フローリング工業会の久津輪光一会長は、丸太は１㎥約6,000円だが、フローリング材に加工すると㎥換算で20万円で売れる、と話し、付加価値を付けることによっていかにメリットがあるか、を説明する。スギの生産量が国内トップの宮崎県は、2003年から中国をターゲットに「飫肥杉」の生産県をアピールし、厦門市にモデルルームを作り、攻勢をかけてきた。15年度からは、軸組み工法を紹介する冊子を作成するなど、製材品輸出に本格的に取り組み始めた。特に建材需要の高まりを見せている韓国に対しては、2014年に河野俊嗣知事が訪問しトップセールスを展開した。

民間輸出も好調

民間輸出も堅調だ。宮崎県日南市の吉田産業で

民間の動きとして、韓国への輸出を伸ばしているのは、日本フローリング工業会の久津輪会長が社長を務める池見林産工業だ。国産のスギやヒノキを使ったフローリング材や壁板など内装材を製造・販売しており、年間79万2,000㎡生産し国内一の生産量を誇る。韓国

へは2006年から輸出しており、製品を取り扱う販売店を開拓してきた。韓国のオンドル（床暖房）使用に合わせたフローリングを開発し、健康志向による韓国のヒノキブームに乗り、輸出量を一気に伸ばした。2011年には建材商社と独占販売契約を結び、内装材を輸出している。また、2003年から中国に輸出している。

今後も日本製ムク材の内装材の需要は伸びる、と見ており、シンガポールやタイなど、国産針葉樹による内装材のアジア輸出の拡大を図る計画だ。

また、交易の歴史を背景に、輸出を再開させた企業がある。宮崎県日南市の製材会社・吉田産業だ。韓国には、2006年から日本の軸組構法住宅を輸出し奮闘している。吉田利生社長によると、韓国にアメリカやカナダの住宅メーカーが戦後直後から進出した影響で、年間１万戸建つ住宅の大半がツーバイフォー住宅だという。比較的広い間口が取れる軸組構法のメリットを生かし、集成材をプレカット（事前加工）した住宅部材をパッケージ化し、韓国で売り出した。

吉田産業は、飫肥杉の原木調達から集成材用ラミナの製材、乾燥を担い、飫肥杉の集成材を製造するのは、吉田産業が主導し他の製材業者と設立したウッドエナジー協同組合（代表理事、吉田社長）だ。吉田産業の敷地内にあり、互いに連携しており、サプライチェーンの流れができている。

日南地方で育成される飫肥杉は、江戸時代初期から約400年の歴史をもち、建築材に用いられたが、軽くて浮力があり、粘り気が強く弾力性や耐久性に優れていることから、弁甲（造船用）材として近畿、瀬戸内海地域のほか、韓国にも出荷された。日南地方ではかつて、カツオ、マグロの海の幸に対し、山の幸といえば弁甲材で「植えよ、栄えよの時代があった」（吉田社長）という。吉田産業も、国内の木造船需要が下火になったことから先代が1965年ごろに木造船資材を韓国に輸出し、2001年まで続けていた。

弁甲材から、住宅部材に商品を変えて輸出を再開した吉田産業が留意したのは、マーケットインの考え方だ。産地の一方的な都合で飫肥杉の建材を輸出すのではなく、韓国側の需要に視点を置き、市場を開拓しながら軸組構法住宅を浸透させていった。プレカット部材を現地で組み立てる方式は、熟練した技術がさほど問われないことから現地で普及し、14年は110棟、15年は150棟に実績を伸ばした。

（4）バイオマス発電

ヤマに人の動きが戻ってきた

急増するバイオマス発電

これまでは、丸太を伐採しても、買い求める需要先があまりなく、あっても、購入価格が安いことから利益を出せず、林業は不振続きだった。丸太が売れないから、いまある人工林の間伐や枝打ちなどの手入れもできず、ヤマは荒廃する。補助金で間伐しても、搬出経費が捻出できないため、林内にそのまま放置する「伐り捨て」が多い。林野庁によると、伐り捨て間伐が７割を占め、伐出して利用するための利用間伐は３割に止まるのが現状だ。さらに、林業地域にとっては、林業の不振で雇用はしぼみ、若者は働く場を求めて都市部に流れ林業地は衰退する。人口の減少が、さらなる衰退を招くという、悪循環を繰り返してきた。

そこへ大きな風穴を開けたのが、木質バイオマスのエネルギー利用だ。木質バイオマスとは、樹木や枝葉、樹皮のほか、製材所の削りくずや木造住宅の解体材など木質系の資源のことだ。製材して建築用材などとして使うマテリアル利用が、これまで一般的だったが、木を燃やして発電や熱のエネルギーを取り出して利用するのが、エネルギー利用だ。発電した電力を売って利益を上げるバイオマス発電と、熱エネルギーを地域に配給し暖房や給湯に使う動きがでてきた。中でも、バイオマス発電は、活発な動きを見せている。ヤマや製材所から集められる木質バイオマスを活用して製造したチップを燃料に、ボイラーで燃やし蒸気タービンを回して発電する。

林内に置かれた間伐木。伐り捨て間伐は７割に及ぶ

待ち望んだ需要先への期待―― FIT 制度

このバイオマス発電の大きな旗振り役となっているのが、2012年７月に導入された、固定価格買取制度（FIT）だ。太陽光や風力、バイオマスなどの再生可能資源を利用する電気事業に対し、固定価格での買い取りを国が約束する制度。木質バイオマスでは、①未利用間伐材や林地に残された林地残材の「間伐材等の木質バイオマス」②製材工場などで出る削りくずやおがくずなどの「一般木質バイオマス」③建設解体廃材などの「建築資材廃棄物」の３つに分類し、１キロワットアワーあたりの税抜き買い取り価格を設定、その買取価格が20年間保証される。2015年現在の買取価格は、それぞれ①32円、②24円、③13円となっている。バイオマス発電の特徴は、設置後は管理以外に人員を必要としない太陽光や風力と異なり、地元雇用が生まれる点で期待も大きい。

特に、買取価格が最も高い間伐材などの木質バイオマスを活用した発電事業が急増している。2015年７月には、発電規模が2,000キロワット以下の買取価格（40円）が新設された。林野庁によると、FIT の認定発電施設（16年２月現在）は124カ所、うち稼働中のものは31カ所もある。間伐材などの木質バイオマスを活用した発電施設に限れば、55カ所が認定されており、うち20カ所がすでに稼働している。未稼働の35カ所も2018年までに稼働する予定だが、稼働に向け、すでに燃料の丸太などを集め始めている。木質チップにし燃料にするのだ。

ヤマ側にしてみれば、待ち望んだ需要先ができ、林業地の活性化に向け期待がかかっている。

低質材が、雇用を生み出す――第１号発電所

雪国ならではの林業不利地、福島県会津地方に、FIT 認定の発電施設の全国第１号として鳴り物入りで開業したグリーン発電会津（会津若松市）を紹介したい。磐越自動車道の福島県郡山市－新潟市間のほぼ真ん中に位置し、地元の林業会社を中心に同社を設立した。運転開始は2012年７月。発電出力は5,000キロワットで、一般家庭１万世帯分の電力使用量に相当する。３交替制で24時間、年間340日稼働しており、地域から「不夜城」と呼ばれるほどだ。

特徴は、発電出力を会津地方の半径50㎞の範囲内の資源量に基づいて決

FIT 第１号のグリーン発電会津の発電所

めたことだ。斎藤大輔社長によると、会津地方の間伐のうち、林内に放置される未利用間伐材は年間９万〜13万トン、主伐後に出る枝葉や根などの未利用材は４万〜９万トンで、合わせて年間平均15万トンの未利用の林地残材が発生する。このうち、作業道に近いなどの比較的伐出しやすい７万トンを安定的に年間活用することで導き出された発電規模が、5,000キロワットだった。「森林の成長量に基づく、循環サイクルを崩さないことが前提の事業」（斎藤社長）で、地元の森林組合や林業事業者など25社で安定供給体勢を敷いている。７万トンの木質バイオマスをチップ化して燃やし、電力は特定規模電気事業者（新電力）に売電しており、年間売り上げは約12億円だ。

会津地域は、雪害による曲がり材が多く、製材に利用できない未利用部位は主伐では50％も占める。ところが、バイオマス発電では曲がり材も何ら支障なく活用できることから、条件不利地の林業振興にも一役買っている。半径50km圏域の資源量に基づく発電手法は、「会津モデル」として、大分県などでも展開されている。

発電所は地域のエンジン——国内最大級の発電所

燃料の安定確保で注目されるのは、真庭バイオマス発電だ。中国山地の山ひだに抱かれる岡山県真庭市に、集成材製造の最大手、銘建工業や市、岡山県森林組合連合会など９団体が出資し、2015年４月に運転を開始した。出資団体の真庭木材事業協同組合が運営する集積基地が、発電所への燃料供給を支えている。１万550㎡の敷地には、曲がったり、ねじれたりした丸太やタンコロ（根株）、細枝などが集められており、いかにも林地残材といった面持ちの低質材がうず高く積まれている。集積基地は、地域から「ヤマの落ち穂拾い」と呼ばれており、基地の工場で乾燥し製造されたチップが発電所に送られる仕組みだ。日本木質バイオマスエネルギー協会会長の熊崎実・筑波大学名誉教授は「燃料の安定確保に、集積基地が果たす役割は大きい」と評価する。

発電所は、発電出力は１万キロワットで国内最大規模。年間１万4,800トンの木質燃料を使用し、新電力に売電している。同発電社長の中島浩一郎・銘建工業社長は「発電所は地域のエンジンだ」と意義を説明する。

ヤマに雇用が戻ってきた

ヤマを次の代につなげられる――経済効果

バイオマス発電所ができ、これまで見向きもされなかった低質材を使うことで、地域の雇用はどう変わったのか。グリーン発電会津は、年間の売り上げ約12億円のうち、燃料代が６億円～７億円を占め、約半分をヤマに還元している。また、雇用は、会社従業員16人を合わせ林業関係者ら計60人にのぼる。

一方、真庭バイオマス発電は、年間の燃料代は13億円になる見込みで、毎月１億円以上がヤマに還元されている。発電所の直接雇用は15人だが、間接雇用は180人にのぼり、さらに集積基地の工場関連で30人が働いている。集積基地では、低質材の搬入者に対し、毎月４日と11日に買取金を現金で渡しており、搬入者の意欲をもり立てている。

これまで、林地残材として林内に放置されてきたＤ材や捨て間伐材を活用しようというのが、FIT の考え方だ。

バイオマス発電は、粉砕したチップが燃料となるため、曲がった幹や枝葉、根株でも構わない。従来は林内に放置されてきた低質材が有効活用される利点がある。さらに、こうした低質材は、Ａ材やＢ材を採るために玉切りする際に発生するため、Ａ材やＢ材と一緒に搬出することができるほか、間伐も促進されるメリットがある。

発電所ができ、林業家は路網づくりを始めた

グリーン発電会津に出材している林業家（福島県猪苗代町）は、重機での作業

道づくりに着手し、間伐を始めていた。これまでは、すべて伐り捨て間伐で「手間とカネかけて捨てるようなもの。林業でメシ食っている身としては肩身が狭かった」と話し、バイオマス発電ができ、「ヤマを絶やさず、次の代につなげられる」と喜んでいた。ヤマに意欲が蘇ってきた。

バイオマス活用で5,000億円産業に

FITが導入された背景には、地球の温暖化防止に向けた温室効果ガスの削減と、石油や石炭など有限な地下資源への依存からの脱却という大きな課題がある。さらに、東日本大震災（2011年３月）と東京電力福島第１原子力発電所の事故で原子力のエネルギー利用への信頼性が一気に揺らいだことで、FITに対する期待が高まった。

再生可能エネルギーの一つ、バイオマスの利用拡大に向け、バイオマス活用推進基本法が2009年、施行された。政府はバイオマス活用推進基本計画を2010年に閣議決定し、2020年までにバイオマス活用による新産業を5,000億円規模に発展させる目標を立てた。5,000億円というと、国内林業の生産額（2013年、2221億円）の２倍にあたる額だ。電気事業者による再生可能エネルギー電気の調達に関する特別措置法に基づくFIT制度は、木質バイオマスの場合は、5,000ｷﾛﾜｯﾄの発電出力を想定し、１カ所30億円～40億円の建設費で20年間で投資分を回収して利益を生み、さらに50人の雇用が創出されるよう設定されている。

安定供給が課題に

20年間の買い取りが保証されているバイオマス発電は増加傾向にあり、現在、未稼働のFIT認定の35カ所が運転を始める2018年には、すでに稼働している発電所を合わせ全国で55カ所の発電所が稼働することになる。林野庁によると、FITが基準にしている5,000ｷﾛﾜｯﾄの発電規模だと、１年間に10万㎥（約７万ﾄﾝ）の木質バイオマスが必要で、単純計算すると、FITの認定発電施設55カ所では年間おおよそ550万㎥が必要になってくる。国内の年間素材生産量の３割近く、膨大な量が必要になる計算だ。そこで、燃料の木質バイオマスの安定供給が課題となってくる。

全国の発電所周辺の関係者を訪ねると、安定供給を危ぶむ声も方々で聞かれる。中には、FITの認定発電施設55カ所で約800万㎥の未利用材が必要との

見方もある。これに対し、林野庁は、未利用材は毎年、国産材需要とほぼ同量の約2,000万㎥発生していると推計している。さらに、森林・林業基本計画（2016年5月発表）によると、日本の森林の蓄積量（2015年4月現在）は50億7,000万㎥で毎年7,000万㎥ずつ増加（成長量）しており、国内需要（約7,600万㎥＝2014年実績）と大差ない現況を説明したうえで、仮に未利用材が一切供給されない事態に陥ったとしても、国内の木材需要の大半を成長量だけで賄えることから、バイオマス発電の需要量を確保できるとの認識を示している。

発電用に保管されるチップ

2,000万㎥もの未利用材がそのまま使える、とも受け取れる楽観的な数字だが、実は、2,000万㎥の未利用材を使うには、後述する路網の整備と機械化、集約化が図られていることが、前提になっている。グリーン発電会津の場合は、年間15万㌧発生する未利用材のうち、作業道の近くで実際回収できる量を7万㌧と約半分以下の目減りを見込んでいる。未利用材の量がすべて供給できるわけではない。この点は、林野庁も認識しており、だからこそ、路網整備や機械化に躍起になっているのだ。

発電事業が一度スタートすると、ボイラーを止めるわけにはいかない。また、森林の成長量を超えて過剰に伐採されても困る。安定的な供給体制と過剰伐採を防ぐ対策が求められる。

丸太の綱引きも

一部の地域では、発電会社に持ち込まれる原木の中に、製材・合板用のB材やパルプ用のC材も紛れている、との現状も聞かれる。製材用のA材を除き、山でB材からD材までを一々仕分けるにもコストがかかる、としてまとめて発電所に持って行くというのだ。当然、B材、C材はヤマでは品薄になり、原料をめぐって合板やパルプと競合する事態が一部で発生している。さらに製材用のＢ材が発電所に流れた影響なのか、製材量の減少に伴い、おがくずの絶対量が減り、牛などの敷き床の材料が足りず、畜産農家が困っているとの状況も聞く。

話を総合すると、本来はＡ材を伐採した際に、ついでに林地残材のＤ材を回収してバイオマス発電に使うことで、林地残材を有効活用できる。Ｄ材は、Ａ材を伐採した時に発生する副産物なのだ。ところが、Ａ材の需要が減ると、Ａ材を伐採しなくなるためＤ材もヤマから出なくなってしまう。それでは発電会社としては死活問題になるため、未利用材を高く購入する動きも出始め、Ａ材～Ｄ材の価格差が縮小している傾向もある。Ａ材需要をどう喚起するか、が課題となっている。

Ａ材まで発電所に流れる事態は考えたくないが、そうなれば、従来活用されない未利用材を有効活用する目的で始まった制度が、有用材まで燃やされるとなると、これこそ本末転倒だ。Ａ材需要が減少傾向にあることが、懸念される。川下側でつくり出された需要による利益をいかに、山側に還元するか、が問われている。「バイオマス発電が木材価格の下支えをしている」との言葉もささやかれる有様だ。Ａ材～Ｄ材の価格差がますます縮小すれば、いっそのことバイオマス発電に材を流してヤマを手放す動きも起きかねず、安定供給を考えれば、バイオマス発電にとってもよい状況ではない。

CO_2排出量がゼロカウントになる？

バイオマス発電は、林業振興や中山間地の活性化への切り札の一つであることに変わりはない。発電会社を責めるわけにもいかないだろう。より広範囲な集材を必要とする大規模発電所が、一定地域に集中するのが問題なのだ。発電規模が2,000キロワット以下の発電所からの買取価格（40円）を15年に新設した小規模発電の優遇策は、その解決策の一つだろう。バイオマス発電所の総量規制を求める声も出始め、国は申請をより精査するようになっている。このほか、伐採後に再造林しない問題もある。FITの問題点に対する指摘もあるが、FITは、社会システムを変える制度だと理解したい。後述するが、生産性が低く条件不利な中山間地の小さな経済と、都市部の大きな経済をつなぐ試みであると考えたいのだ。新たな動きも出始めている。

発電会社の関係者や素材生産業者の話を聞き、気になっていることを付け加えたい。木質バイオマスを燃やす発電が、そのまま地球温暖化対策の役に立っている、との主張が目立つことだ。二酸化炭素（CO_2）を吸収・固定している木質バイオマスについては、燃焼させることで発生するCO_2の排出量をカウントしない「カーボンニュートラル」の考え方が根拠になっているようだ。間違ってはいないが、だから、いくら燃やしてもCO_2の排出量はゼロカウントだということには、ならない。

なぜなら、CO_2の排出量をカウントしないのは、森林の面積や蓄積が変わらない、ことが前提になっているからだ。発電のため伐採された分は、必ず再植林しなければならない。その前提があって、初めてゼロカウントになる。間伐がゼロカウントになるのは、間伐することによって一時的に森林全体の蓄積量は伐った分だけ減少するが、林床に太陽光が差し込み、ほかの木がCO_2を吸収して成長することで蓄積量が同じになるか、増加するからだ。森林の面積や蓄積量に配慮して初めて、地球温暖化対策の役に立てるのだ。

（５）バイオマスの熱利用

ヤマが熱を取り戻した

重荷のエネルギー購入費——北海道下川町

一方、熱エネルギーの利用について考えたい。そこで、循環型の森林経営と熱利用で雇用を増やし、深刻な過疎化を脱却しつつある、北海道下川町の取り組みを紹介したい。福祉や子育て支援にもつなげており、町には全国や海外から視察が殺到し、熱い視線が注がれている。

旭川市から車で約３時間、カラマツや広葉樹の森林を借景に、麦や野菜の畑の間に畜産サイロが点在し、北海道特有ののどかな農村景観が広がる。スキージャンプの葛西紀明選手の出身地でもある。しかし、冬は気温が氷点下30度まで下がり、夏は30度を超え、60度の気温差がある。特別豪

エネルギー自給の下川町を支える給湯ボイラー

雪地帯と過疎地域に指定された、人口3,500人の典型的な条件不利地だ。ところが、①森林資源を最大限に活用した総合産業の創出、②エネルギーの完全自給、③高齢化に対応した地域社会の構築——を３本柱に掲げ、町は威風堂々、胸を張る。

担当する長岡哲郎・環境未来都市推進課長によると、町の経済構造は国の貿易に例えると貿易赤字の状態だ。町内の生産額は215億円だが、町外との貿易収支は52億円の赤字だ。中でも石油７億5,000万円、電力５億2,000万円の計12億7,000万円ものエネルギー購入費が町外に支払われ、貿易収支の改善の足を引っ張っている。

そこで、町内でエネルギーを生み出し町内で使うことで、経済の域内循環を目指した。2004年から役場周辺や温泉施設、育苗ハウス、幼児センターなど町内10施設に、木質ボイラーを設置した。今では、公共施設で使う熱エネルギーの６割をまかなっている。ボイラーの燃料は、林地残材や製材所から出る木くず、流木など、これまで町内で有効活用できなかったものを集めて、チップやペレットに町内で加工している。

木質ボイラーの設置で削減できた1,900万円（2015年度）を活用し、幼児センターの保育料を減額し、学校給食の補助額を増やし、さらに医療費の無料化の対象を中学生まで拡大するなど子育て支援に回した。子供を大事にしているのがよく分かる。木質バイオマスの熱利用が、町のふところも温め始めたわけだが、考えてみると、町だけでなく全国的に、半世紀前までは森林から生産した薪や木炭を燃料に、暮らしていたのだ。

60年前から循環型林業

町はかつて、金と銅の鉱山の町として栄えた。新天地を求め、岐阜県内などの入植者が増え、人口のピークだった1960年、現在の人口の４倍を大幅に超える１万6,000人が暮らしていた。60年といえば、池田勇人首相が所得倍増政策を発表し都市部に人口が集中する一方、木材輸入の段階的な自由化が始まった年だ。町内の森林から生産した薪や木炭が石油や石炭に取って代わる燃料革命の波が及ぶ頃でもあった。その後、木材は完全自由化（64年）され、さらに80年代に入って銅山、金山が相次いで閉山し人口は急減していく。岐路に立たされたが、平成の大合併の議論の場から降り合併せずに単独生き残りを目指した。

町が合併話から立ち退いたのは、広大な町有林を町の財産として育てていたからだ。53年に国有林1,221haを買い受け、合計4,600haの町有林で、毎年50ha伐採しては50ha植える循環型の森林経営を展開してきた。人口１人当たり1.3haの森林を持っていることになり、町にとっては大きな財産だ。町は森林に身を託した。09年には、近隣４町で、二酸化炭素の吸収量を排出者に販売するオフセット・クレジット（J－VER）を導入、合わせて１億4,000万円の収入を上げている。

一の橋地区のバイオビレッジ

足元の財産を活用した地道な努力が奏功し、住民の転出が抑えられるばかりか移住者も増え、2012年には転入者が初めて転出者を上回った。人口の減少は鈍化傾向にある。転入者の中には、都市部からの移住者も目立つ。さらに、2000年には100億円を超えていた町債（町の借金）は2014年度には70億円に圧縮し、財政調整基金（町の積立預金）も６億円に達するなど町の財政は健全化しつつある。何より、林産業の雇用人数が260人（2011年度）だったのが、2014年度は285人に増えた。

2010年には、町内の一の橋集落に自立型コミュニティー「一の橋バイオビレッジ」を完成させた。町が目指すエネルギー自給と高齢化対応、さらに集落再生を同時に実現させるモデルだ。木質ボイラーを設置し、各部屋に暖房や給湯の設備を備えた長屋風の集合住宅を整備した。敷地内に食堂や売店、宿泊施設も併設した。町外れのこの集落は、町の高齢化率（39%）を大幅に上回る44%で、住民の半数近くが高齢者、いわゆる過疎集落だった。現在は高齢者を中心に140人が暮らし、各部屋に「相談」や「緊急」のボタンを押せば役場や消防署とつながる通報装置を備えたテレビ電話が設置されている。

エネルギーの完全自給も目前

そこで、いよいよ道筋が見えてきたのが、３本柱のうちの大黒柱、エネルギーの完全自給だ。しかも、電力と熱の双方を供給できる熱併給型の発電所を2018年度には稼働させる構想だ。発電規模は1,000～2,000キロワットを想定し売電する予定で、１万～２万トンの未利用材を町内中心に半径30㎞圏内から安定供給する目途が付いた。2015年に全体構想をまとめたマスタープランを策定し、事業主体となる町外企業の誘致を始めた。

町が熱併給型の発電所にこだわるのは、理由がある。先に紹介した熊崎実・日本木質バイオマスエネルギー協会会長によると、出力5,000キロワットクラスの大型蒸気ボイラーの発電でも、電力のエネルギー効率は20％～25％で７割以上が廃熱として逃げてしまう。発電規模が小さくなれば、それだけ発電効率は下がるというのだ。それなら、燃焼によって発生する熱を利用しない手はない。EU（欧州連合）では、小型分散式の熱電併給型の発電施設が主流になりつつあるという。熊崎会長は、ガスエンジンで発電するガス化方式を推奨する。出力50キロワットでもペレットやチップで30％の効率で発電でき、しかも７割の廃熱を利用できる。

いずれにしても、熱電併給型なら、熱はこれまで通り公共施設などで活用し、電力は売ればいいのだ。ただ、熱利用は思ったほど需要先がなく、需要をどう創出するか、も課題となる。

貿易収支は大幅に改善

話を戻すと、下川町のエネルギーの完全自給が実現すると、これまで町外に流れていた、13億円近いエネルギー購入費が全額抑えられるばかりか、ヤマにも利益が還元され、エネルギー以外に28億円もの間接的な経済効果が生まれると町は見ている。「貿易収支」は大幅に改善されることになる。

森林資源によって、「日本一幸せな町」づくりに向け次々に政策を展開する町だが、今度は、幸せのモノサシづくりを始めたことに、注目したい。既存の生活満足度指標だと、上下水道の普及率や公園、病院の整備などが基準とされ、町は札幌や東京に及ばない。ではなぜ、生活満足度指標が高いはずの都会から移住者がやってくるのか。豊かさは住民一人一人の価値観によって捉え方が違い、余暇の利用や自己実現の場の有無も影響するはずだ。都市社会を基準にした幸福度でなく、山村の価値を評価した幸せ指標はつくれないか。町は2015年に住民アンケートを実施し、2020年を目標に町独自の「豊かさ指標」を作成する。

町では、木質ボイラーから、子育て支援に高齢者福祉、さらに幸せづくりへと、次々に引火し、新たな政策が燃え広がっていくようだ。

拡大する木質利用ボイラー

木質バイオマスの熱利用は、聞き慣れない言葉のようだが、かつては、薪や木炭の薪炭として、調理の煮炊きや暖房、風呂の焚きつけに使われ、生活に欠かせない熱源だった。現在では、薪やチップ、ペレットを用いた利用が主流で、下川町のように、ボイラーを集約して生産した熱を地域内の公共施設に分配、供給する小規模地域熱供給も試行する自治体も増えてきた。欧州では地域熱供給が普及しており、日本でも、成熟した人工林の活用とともに、注目されている。

さらに、産業分野でも、合板工場の木材乾燥や農業用ハウスの暖房、入浴施設の加温のほか、クリーニングや食品加工の工場で活用されている。林野庁によると、薪やペレットなどのバイオマスボイラーの設置は特に2009年から増加傾向が著しく、2009年度に838基だったのが、2014年度には2023基に増加、この５年間に2.5倍の伸びを示している。ボイラー全体から見れば、化石燃料ボイラーは依然94%を占めているが、石油価格に影響されない木質資源利用ボイラーは今後、拡大していくとみられる。

地球温暖化対策とバイオマス利用

発電や熱利用といったバイオマス利用については、国は2002年の「バイオマス・ニッポン総合戦略」を閣議決定し、国を挙げた活用に取り組んでいる。地球温暖化防止に向けたCO_2の吸収源対策として、京都議定書（1997年採択）の第一約束期間（2008年～2012年）中の達成を国際公約し、「1990年比６%削減」のうち3.8%を森林吸収で賄うことにし、バイオマス活用によって温暖化対策も進むことから注目された。

2016年５月に公表された「森林・林業基本計画」では、バイオマス発電を含めた燃料材の国産材利用量を200万㎥（2014年実績）から、2020年600万㎥、2025年800万㎥とそれぞれ目標を据え、木質バイオマスの国産材活用を促進させる。ここで特記したいのは、木質バイオマス発電や熱利用向けの燃料用チップによるエネルギー活用で国産材の利用を図るほかに、薪や木炭の薪炭材として一定の需要を見込んだことが注目される。

さらに、2015年12月に決定した与党の税制改正大綱に、バイオマス利用が温室効果ガスの排出削減に貢献するとして、2016年４月に完全実施された地球温暖化対策税の活用が認められ、経済産業、環境、林野の３省庁連携し取り組むことになった。

第２章　林業の現場も活発化

（１）稼げる林業

ヤマにお金が回ってきた

林業不振が叫ばれて久しい。林業の現場作業は３Ｋ（きつい、危険、汚い）と呼ばれ、若者たちから敬遠されてきた。一時は、「給料ない」が加わって４Ｋ職場だとありがたくない呼び名もあった。ところが、戦後植林した人工林が伐採時期を迎え、状況は一変しつつある。まず、「きつい」については、小規模林家でも林内作業車や小型ユンボなどの登場によって緩和され、「危険」は、伐倒機械の開発や安全意識の高まりで危険の質が変わり、「汚い」については後述するが、そのひたむきさが、むしろ「格好いい」と肯定的にとらえられるようになってきた。残る「給料ない」に注目すると、小規模林家のふところ事情は決して悪くなさそうだ。同じ山間地域の他の職業と比較しても遜色ない。雇用の場が多くても非正規雇用が増え、ストレス社会が問題視される都市部から、むしろ林業の世界に飛び込む若者が増えているほどだ。

57人の集落で年収1,000万円超

JR 高知駅から車で約２時間かかる高知県仁淀川町上名野川地区。四国山地の山襞に抱かれた人口57人の小さな集落だ。上名野川の源流部、スギの林を背に山の急斜面には石垣を積み上げ、わずかな平地を作ってお茶や野菜を栽培し、ヤマを守っていることにありがたみを感じる。ここに暮らす片岡博一さん（49）は、専業林家だ。高知市内の建設工務店で設計や営業を担当したが、公共事業が急減したことから

片岡さんは高収入を背景に、集約化も手がける

40歳を機に退職し、土木会社を定年退職した父親と一緒に、所有する30haで林業を始めた。2006年だった。機械は、長いアームの先で木をつかみ上げることができるグラップル付きの小型パワーショベルに4トン弱のトラック、あとはチェンソーだけ。1年たって年収は工務店時代と並び、2年が経過した時点で2倍の700万円を超えた。

3年後の09年には集落内に林業会社を興し、今では地元を中心に従業員4人を抱え、年商5,000万円の会社に成長させた。社長を務める傍ら、父親との林業を続け、会社の給料分を含め自身の年収は1,000万円を超えるという。人口57人の小さな集落に構える会社が年商5,000万円で、1,000万円を超える林業家がいるのだ。会社とは別に個人分の経費は、トラックやパワーショベルなど機械の燃料や整備費など年間200万円～250万円はかかるという。経費分を差し引いても「伐れば伐った分だけ収入になる」と話し、伐採から搬出、機械設備のメンテナンスまで何でも自分でこなす個人林業の身入りのよさを説明した。

年収と自由度が高い林業

「コストがかからない自伐（林業）なら、借金を返しながらでも、専業でもやっていける」。片岡さんと同じ高知県は日高村の林業、谷岡宏一さん(22)は手ごたえを語る。自伐林業とは、最近さかんに使われる言葉だが、山持ちが、所有する山林を手入れして収入を得る個人林業のこと。個人営業の林業家はいわば、すべて自伐林業だ。

自伐林業を始めたのは、2012年6月。大阪市内の専門学校を中退し、母親の勧めもあって、NPO法人土佐の森・救援隊が主催している林業養成塾の合宿に参加し、基本的な技術と知識を身につけた。所有林は祖父が残してくれた約40haのヒノキ林だ。機械装備は、ネットオークションで林内作業車は45万円、ユンボは115万円でそれぞれ購入した。使用頻度の高い軽トラは新車で80万円、こちらはローンを組んだ。チェンソーは、土佐の森・救援隊が実施している林地残材の集材システムに出荷し配布された地域通貨で購入し、2台目以降は、木材の販売収入で購入した。年間200日はヤマに入る。

谷岡さんによると、軽トラのローン返済や機材の修理費、チェンソーと軽トラの燃料費などの経費は2015年1年間に約200万円かかった。一方、収入は、間伐材の販売代金や補助金など約600万円あり、経費を引いた手取りは約400万円だった。この地域の谷岡さんの年齢層の年収と比較すると、かなり高額だ。専門学校時代の自身の学費ローンも自分で返済している。

林業の利点は、マイペースで仕事ができることだ、という。夏だと朝6時からヤマに入り、午後3時ごろにヤマを降りる。間に昼時間を入れて8時間労働。夕方は自由時間だ。もちろん、危険を伴う作業のため、一般的な会社業務とは比較できないが、かなり自由度と収入の高い仕事であるのは確かだ。

祖父が書き残してくれたノートを大事にしている。「手入れは、悪い木を切れ」「皆伐すればすぐヤマが荒れる」などと教訓を残している。自然に配慮した林業の思いを受け継ぐのだという。

片岡さんも谷岡さんも説明していたが、こうした稼ぎはあくまでも、間伐や路網整備などの補助金があってこそ、成り立っている。補助金は、収入の一部ではなく、自立するための基盤づくりに投入する、先行投資と考えた方がよさそうだ。

補助金なくても、稼げる

ところで、補助金を一切受けずに林業に取り組む自伐林家がいる。愛媛県西予市でミカンと兼業で菊池林業を営む菊池俊一郎さん（43）だ。「補助金がなくても、林業は稼げる」と断言する。「先祖が植えて育ててくれたヤマがあって、商店なら仕入れや加工がすでに終わっている商品を、いまの自分が店頭販売するだけ、もうからないわけがない」と自重気味に話すが、利益が出るよう合理的な発想をしている。

菊池さんはきちんと自身の労働対価としての人件費を弾き出している。企業体なら人件費は給料という形で支給されるから分かりやすい。自伐林業などの自営の場合は、自身の人件費と商品（木材）の売り上げが合算されるため、自身が生み出した商品の価格（価値）

「林業はもうかる」と話す菊池俊一郎さん

が判断しにくい。中には全額が売上金として認識してしまう人もいる。社会全体の人件費や物価が上がっても、売上金としか認識できないと、市場売りで示された価格の多少が判断できないのだ。これでは交渉できないし、商品価値を高く評価してくれる市場を選択することもできない。

菊池さんによると、スギを市場売りして得られた1㎥当たり8,000円の販売代金のうち、必要経費となる市場経費（1,540円）や運賃（2,160円）、機械償却費（700円）、燃料（500円）を差し引くと、残りは3,100円となり、自身の手取りとなる。ところが、この3,100円は人件費分と木材代金分が合算されている。それでは、このうち自分の人件費分はいくらか。他の事業体に伐採を委託すると、木材代金として森林所有者に入ってくるのは、1㎥当たり大方100円だという。つまり、自身の手取りとなる3,100円のうち、人件費は1㎥当たり3,000円ということになる。木材代金は3,100円ではなく、たった100円だ。

林業の採算ラインを考えると、菊池さんは1日1万2,000円の人件費を基準にしている。かつて仕事をした森林組合の日当がその額だった。1日の人件費分1万2,000円を超える金額を稼げなかったら、森林組合で働いた方がいい、ということになる。そこで、1日1万2,000円の自分の人件費を稼ぐには、どれだけの量を伐採すればよいのか。直径16㎝のスギ1本は約0.4㎥のため、1日スギ10本伐れば4㎥になり、1万2,000円（1㎥当たりの人件費3,000円×4㎥）の人件費が稼ぎ出せる。さらに必要経費分まで入れると、スギだけなら1日3万2,000円（スギ販売代金1㎥当たり8,000円×4㎥）を稼ぎ出す必要がある。実際に出荷するのは、直径も樹種も異なるため一様ではないが、菊池さんは日々、3万2,000円の数字を念頭に施業している。これまで、日換算でこの数字を下回ったことはないという。

兼業なら経営は安定

林業歴20年の菊池さんのヤマは28haでミカン畑は2haだ。林業機械は、チェンソー7台に林内作業車1台だけ。ヤマ仕事は1月～3月が枝打ち、7月～10月が間伐をやり、原木市場に出荷している。年間に2～4haの間伐に枝打ちは8,000本、作業道の開設は年間500mで総延長15㎞になった。市場へは自分で出荷し、何の材が求められているか、必ず製材など関係者からの情報収集を怠らない。一般的に曲がり材は安値取り引きだが、根曲がり部分に高値が付く時もある。屋根の梁にこだわる大工がいるからだ。自身のヤマを立方メートルの体積値で考えない。重要なのは金額、生産量でなく生産額だ、と主張する。

かつては、林業専業はまれで多くの場合は農業や漁業との兼業、しかも林業といえば、自伐林業が主流だった。野菜農家なら収穫時期が決められ、安値でも出荷せざるを得ないが、林業は木が腐るわけでもないし、しかも年々成長するため、収穫時期の自由がきく。そのため、かつての農家は自宅の建て替えなど出費に迫られた時に備え、持ち山に植林したのだ。ある程度の時期まで手入れをしておけば、あとは木が勝手に成長してくれる。預金で言えば木に毎年利息が付くようなものだ。

農家がヤマを持つのは、ほかに、一定の収入を維持するためのリスク管理の考えもあるようだ。農作物が凶作だった場合には、林業で稼ぐなど家計を支える知恵でもあったのだ。菊池さんによると、ミカンは価格が２倍だったり、半額となったり乱高下するが、木材はミカンと違い価格の変動幅が小さいため、出荷に向けた計算が立つという。ミカンが不作の時はヤマで稼ぐ、という具合だ。林業の経営を安定させる最善の方法は、兼業スタイルだという。菊池さんは「小規模林業でも、補助金がなくてもやり方次第で利益を生み出せる」と主張し、兼業なら経営は安定する、と明言する。

森林・林業白書（平成26年度版）によると、５ha 未満の林地しか持たない林家数が全体の75％を占め、８割近くが小規模零細林家だ。小規模だからこそ、兼業で小回りをきかせ、利益を上げられるのだろう。

「もうかる林業」より「食える林業」

ここで、少し視点を変えたい。若者がヤマに向かう理由は、稼げて、もうかるからではないようだ。谷岡さんがよい例だ。谷岡さんは、伐採量を一挙に増やそうとは思っていない。それより、自然環境に配慮した祖父の林業に対する思いを受けとめ、自然や仕事仲間との関係を大事にしている。自然や人の絆を壊してまで、しゃかりきに林業に走る考えは毛頭ない。稼げる林業は大事だが、若者たちは、必ずしも利益を追求し「もうかる林業」にこだわってはいないようだ。「食える林業」を求めて、北海道は道北を訪ねた。

旭川市から車で北上すること、約３時間。国内で唯一、北に流れる天塩川を挟む中川町。樹齢65年、直径30㎝もあるトドマツ林が自慢の豊里地区の

中川町では、「もうかる」より「食える林業」

町有林は、ミズナラやイタヤカエデなどの広葉樹が豊富な針広混交林だ。広さ約40ha。この多様性に富む森の意味は、第3部に譲るが、ホウノキやヤチダモの幼木の陰から茶色のエゾアカガエルが飛び出し、豊かな森を実感する。環境保全林かと見間違えるほどだが、案内してくれた産業振興課の高橋直樹さん（36）によると、立派な経済林だという。多様性で稼ぐ近自然林業だ。

トドマツはパルプ材として売られ、1㎥あたり4500円。1本だと800円だ。樹齢65年でたった800円の値段に驚いていると、隣りに屹立するウダイカンバは㎥単価は5万円だという。フローリング材に使われる。トドマツの10倍以上の価格だ。さらに驚かされたのは、センノキだ。こちらは2014年度に1㎥29万円の値がついた。カウンターやテーブル材だという。広葉樹だって大事にしていれば、用途の工夫次第で価値が出るのに、かつては広葉樹を「バンバン伐って」、大量に植えたトドマツを、価格競争に勝つため安く出すことだけを考えてきた、と高橋さんは悔しがる。

「選択と集中」の言葉がもてはやされた1990年代、ヤマは針葉樹に特化されていった。その「成果」が1本たったの800円（トドマツ）だ。選択されず排除された広葉樹の稼ぎ手（ハンノキ）はいま、その64倍もの値段で取引されている。

町の方針は、価格競争の中で材を安く売るのではなく、いかに高く売るか、に知恵を絞る。「少なく伐って高く売り、長く使ってもらう」がスローガンだ。量が多くパルプ材しか使われなかったケヤマハンノキは、クラフト作家と商品開発し、腰板は町役場でも使っている。トドマツやアカエゾマツなどの針葉樹と広葉樹による針広混交林に誘導し、針葉樹中心だった木材流通を、2010年に広葉樹を含めた多品目の流通システムに変えた。現在の生産量は針葉樹は約1,000㎥、広葉樹は約600㎥だ。

町有林の経営は黒字が続いており、伐採や搬出、木工や薪販売など林業関係者の年収は、新人で250万円～450万円だという。他産業の同年齢の中では高い所得だ。高橋さんの口癖は「もうかる林業より、食える林業」だ。自然と地域のコミュニティーを大事にしながら木材を活用する。そして、林業で食える町を目指す。

もうかる林業に走りすぎると、機械化や効率化、利益至上に走り、ややもすると、自然を痛め、地域のコミュケーションに亀裂を入れかねない。イノベーションを旗頭に機械化や効率化を無批判に受け入れると、雇用を失いかねず、人口流出を加速させる。高橋さんは「林業が栄えて、地域に人がいない、では主客転倒だ」と主張する。

（2）若者の参入

若者がヤマに戻ってきた

成長著しい若者による林業会社

長い間、不振にあえいできた林業だが、好転の動きが広がる中で特記したいのが、若者の参入と、若手林業家が協力し合う連携の動きだ。林業が労働集約型の産業と思われがちなだけに、若者の就業については、機動力のあるマンパワーだけが期待されるわけではない。時代に即応した発想やアイデア、企画がヤマで花開くことが注目される。森林の荒廃が指摘され、良質材を生み出すヤマが引き継げなくなっているのと同時に、良質材を生み出す技術の伝承も難しくなっている。先述したように、技術は生産技術ばかりではなく、長い歴史の中で培われてきた、安全や環境に配慮した技術、さらに自然を相手に当事者の心を一つにまとめる意思統一の心得もあろう。伐倒の前に全員で御神酒を捧げる風習などだ。技や心得を持った熟練者が高齢化しており、ヤマの再生と同時に、技術の継承が急務と

「東京チェンソーズ」の若者たちは元気いい

なっている。

そこで、若者たちだけで設けた林業専門会社「東京チェンソーズ」を紹介したい。ネーミングからして、従来の林業会社の社名と雰囲気が違う。

東京の新宿副都心から真西に約50km離れた、東京都檜原村。東京でただ一つの村だ。東京チェンソーズは、森林組合から独立した若者4人が、この村で2006年に発足させた。伐採から下刈り、枝打ち、植林、間伐、さらに登山道の整備までやる。2011年に株式会社になった。青木亮輔社長（39）のほか、社員8人の平均年齢は33歳。補助金に依存せずに自立できる林業を目指す。2015年度の売上げは9,600万円と1億円目前だ。ホームページを開設し、ブログやフェイスブックなどで常に情報発信を怠らない。社員の共通認識は、地域のヤマをきれいに仕立て、次の時代へ引き継ぐ、つなぎ手になることだ。

チェンソーズの特徴は、時代の雰囲気に敏感で柔軟性に富むことだ。行政機関による、東京の森林への期待を問うアンケート調査で、期待した「木材生産」の回答は、1位の水源涵養や防災、2位の森林体験に次ぐ第3位と見ると、さっそく一般市民と交流する体験活動に乗り出す。しかし、基本姿勢は、あくまでも林業が主体で、ここは頑に姿勢を貫く。これまで、村内の薪を普及させるイベントで、来場した家族連れにオノを使った薪割りを教え、東京の日比谷公園での森林イベントでは、青木社長がロープを使って木登りを楽しむツリークライミングを子供たちに指導するなど、積極的に地元や都市部の住民と交流してきた。体験交流は、あくまでも林業を知ってもらう啓発活動と位置づけている。こうした交流の積み重ねから、ヤマに対し都市住民に投資してもらう、新たな仕組みが生まれたが、これについては第3部に譲りたい。

伝統林業地「吉野林業」でも若手連携の動き

チェンソーズは新規参入組だが、伝統的な林業地、奈良県の吉野林業では、若手後継者たちが連携を始めた。路網の整備などに「吉野林業協同組合」（吉野町）を発足させた。紹介する前に、吉野林業について触れたい。

吉野林業は、奈良県南部地域で展開されている林業で、奈良県の資料などよると、1500年ごろに造林が行われた記録がある。密植、多間伐、長伐期施業の独特な施業に取り組み、年輪幅が狭く均等で強度に優れているのが特徴だ。古くから建築用材として高い評価を受けてきた。明治維新の前後の全国的な乱伐期でも、乱伐の風潮に乗らず古来の独自施業を貫き、そのため、今でも樹齢300年前後のスギやヒノキが数多く残されている。頑固な林業地だ。

吉野林業(地)でも、路網整備は課題となっている

集材は、地形が急峻なため架線集材などが続けられてきたが、1970年代半ばから作業の省力化によってヘリコプターによる集材が主流となった。木材価格が高いので、ヘリ集材でも採算が合うのだ。

このため、路網整備の関心が低く、整備は他の地域より遅れたが、今後の造林を考え路網整備が求められた。

吉野林業協同組合は、清光林業社長でもある岡橋克純理事長(39)によると、互いに隣接する山林所有者同士、吉野の林業家を継ぐ、30代の後継者を中心に約30人で2011年に発足させた。林地を集約化して作業道を開設し、従来通りの2割間伐などの造林作業を低コストで実施するのが目的だ。作業道づくりは、岡橋社長の先代が30年前から取り組む、「壊れない作業道づくり」の技術を吉野地域の林業家が共有する意味もある。組合としては、これまで100haを集約化し約3kmの作業道を整備した。

国内屈指の林業地、吉野は、500年を超える歴史を背負っているだけに保守的かと思われたが、若手林業家たちは歴史を重んじる一方で、意外にも柔軟に対応し伝統の重みを支えている。

「山武者」の活躍

林業の活性化や地域づくりに向け、四国東南の木頭林業地で知られる徳島県那賀町では、若手の林業関係者が横の連携づくりに立ち上がった。林業家や素材生産業者、林業会社の社員ら計31人・事業体で2013年に発足したのは、その名も「那賀町林業従事者会『山武者』」。若武者にちなんだ、威勢のいい命名だ。会員の年齢は20歳～38歳の平均31歳。町も支援しており、那賀町森林管理サポートセンター内に事務局を置く。

発足のきっかけは、林業家が求める技術情報や悩み、林業への思いを共有する場を作ろうと、2012年に開催した意見交換会だった。林業は事業体ごとに現場が分かれ、同業者で顔を合わせる機会もないため、交流は進んだ。スマートフォンなどのコミュニケーションアプリ、LINE（ライン）を活用して会員に呼びかけ、町内のコテージに毎月１回集まって話し合う。熟練者を招いた技術講習会や現場研修をはじめ、最先端林業を学ぶ他地域の技術研修にも出向き、町の森林関連のイベントにも積極的に参加している。

山武者が重視するのは、伐採から植林、手入れを繰り返す「山の循環」と、世代を通して技術や心得が継承される「人の循環」だ。実は、拡大造林時代の1975年、旧相生町の若者７人が林業青年グループ「杉生会」を結成した歴史がある。いまでは町の長老となっている当時の会員から、山武者は多くを学んでいる。習得した知恵や技を、今度は、地元の高校や中学校で出前授業を実施して、伝えている。山武者の活動は、高度経済成長以来、物質面で豊かになった地域の裏側で途絶えてきた林業技術を、かろうじてつなぎ留める試みであり、ほころびかけた地域の絆を修繕する取り組みにも見える。

平成26年度森林・林業白書によると、林業従事者のうち、35歳未満の若年者の割合は90年（６％）から上昇傾向が続き、2010年は18％に増加。林業従事者の平均年齢も、2000年に56歳だったのが、2010年には52歳と若返りが見られる。若い力がヤマや地域に注がれることで、ヤマで培われた技術や習慣の継承が期待され、さらに、各世代の意見を調整し地域をまとめあげる地域リーダーとしての活躍も期待できる。

若者はなぜ、ヤマを目指すか

ところで、若者はなぜ、林業の世界に目を向けるのか。若者の就業の動機を通して林業の魅力や将来の展望について考えたい。まず、吉野林業地から報告する。

岐阜県の林業大学校・森林文化アカデミーを卒業し、20歳で奈良県内の林業会社「谷林業」に入社した前田駿介さん（25）は、地球温暖化や環境保全の問題を挙げ、「林業がいま、社会から必要とされている」と話す。環境保全や循環型社会が叫ばれている一方で、「100円商品がもてはやされ次々に捨てられる時代。僕らは、森や道がずっと残っていくように手入れして、次の世代にバトンタッチする大事な役目を持っている」と強調。社会の矛盾を指摘し、自身の役割を明確に自覚している。

ヤマの継承にやりがいを見いだす前田駿介さん

３Ｋをまったく気にもとめず、伐採のほか、いまでは作業道づくりも手がける。身入りについて聞くと、「カネこうへん（給料は高くない）けど、やりがいがある」とはにかむ。収入はより多いにこしたことはないが、自身が打ち込むだけの意義の有無を重視している。

次は、秋田スギのブランドで知られる秋田県から。合板メーカー「秋田プライウッド」（秋田市）に2015年４月の新卒で入社した伊藤真輝人さん（19）は、就職前の林業見学会での伐倒作業に感動した一人だ。現場の静寂を突き破って木が倒れる様子を「自分の何倍もの大きな木が倒れた時の、音や振動、何とも言えない迫力を感じた」と話し、「自然の中で思い切り身体をぶつけられる仕事に憧れた」と就職の動機を説明、そのためにも自然を守る必要性も実感した、と言う。現場は想像以上に厳しい世界だが、休日にスポーツ観戦した際、観客席の木造床に自分の会社名を見つけ「自分が伐った木が製品になって社会で活用されているのを見て、うれしくなった」と、社会に役立っていることに対する喜びを実感したようだ。

北山スギの産地を抱える京都に戻り、京都府立林業大学校から。外賀道朗さん（31）は、東京の大手警備会社を退職して入学してきた１年生。前の職場は働き安い環境だったが、上司の指示で動き自分を生かせない、と考えたという。林業については、「このままでは将来性はない」と否定的だが、だからこそ、逆にチャンスだという。人口の減少による雇用の先細りを見据え、「こうした時代こそ、地域で専門性を持っている人間が食っていける」と予測する。木を粉砕したチップを固め、３Ｄプリンターで造形するなどを例示し、「木材を活用する大きな流れを追うのではなく、細かい部分や狭い分野で自分の発想や工夫を試したい」と挑戦的だ。とはいえ、「コケ（失敗し）

てもいい。なかば開き直って腕を磨き、どんどん実行していきたい。それができるのが、林業ではないか」。物腰は柔らかいが、考えは一貫している。

3カ所の若者の声を聞いて感じるのは、社会とのつながりを通して林業を見据え、環境問題の解決や地域の持続に向け、林業が大きな役割を担っていくという先見性と大らかさだ。「将来は都会に出て一旗揚げる」式の、かつての若者の野心とは違った強烈な意志を感じる。

（3）女性の参画

女性もヤマにやってきた

「林業女子」の活躍で男性も奮起

林業は力仕事が主体で、男の仕事というイメージが強いが、最近は林業機械の普及によって、伐採現場でチェンソーを操る林業女子も増加している。女性ばかりの作業班まで登場した。秋田県湯沢市の林業会社「佐藤総業」を訪ねた。佐藤貴博社長によると、女性だけ４人の伐採専門の作業班を編成したのは、2014年。妻で専務の美香さん（45）が班長を務め、男性が力作業を応援する場合でも、美香さんの指示に従う。美香さんは実家の家業である林業を手伝い、父親から技術を学び、20年のキャリアを持つ、ベテランだ。

人工林の伐採作業のほか、最近では庭木が巨木化して倒木が懸念され、住人が高齢化して手に負えず伐採を依頼してくるケースが増えている。庭木は、真すぐ天空に伸びる針葉樹と異なり、広葉樹だと枝が張っているため、重心を定めるのが難しい。どの方向に倒れるか分からず、隣家に倒れる可能性もあり、特殊な高度技術が求められる。方々で転居による空き屋が目立っており、今後も屋敷林の作業は増えるとみられる。

佐藤総業の女性だけの作業班

美香さんの妹で、美香さんと同じ20年のベテラン、三浦千春さんは「自然の中で身体を動かす爽快感がいい」と仕事の楽しさを説明し、林業歴13年の小松裕美さんは、ヤマ仕事は危険を伴うだけに協力し合ったり助け合ったりすることを挙げ、「いつも仲間と一緒に仕事ができるのが楽しい」と林業の魅力を話した。

女性作業班は、作業に入る前、伐採木に必ず、御神酒と塩、梅干しを備え、全員で手を合わせる。「木も生き物。命をいただくことへの感謝と供養の気持ちを表す」（美香さん）。林業現場では普通に行う儀式だが、安全作業に向け、気の緩みを抑え全員の気持ちを一つにする意味もあり、重要な儀式だ。作業は危険が付きものだが、仕事仲間の信頼関係さえ築ければ問題ない、との姿勢だ。女性が林業に関わることに対して、美香さんは「女性が増えることはいいこと。女性にできないわけではない。やる気の問題だ」と一蹴し、「むしろ、勢いがありすぎる女性に負けじと、男性も奮起する。作業も進む」と、女性参入のメリットを強調する。

千春さんは木に登り、最も危険な高所作業が専門だが、小学３年と中学２年の２男の母親でもある。時々、作業現場に連れて来る。長男は「林業やろうかな」と言い始めた、とほほ笑む。美香さんも、小学２年から高校３年まで１男２女の子供に現場を見せる。夢は「林業をやる若い人をどんどん育てること」だという。ここ湯沢でも、継承されてきた、ヤマ仕事の技術が、屋敷林や神社仏閣の古木の伐採という、新たな問題に役立っている。

ヤマと街をつなぐ林業女子会

ヤマに活気が出てきたが、街の中でも林業の応援団が誕生し、全国的な広がりを見せている。林業女子会だ。実際のヤマ仕事の作業をボランティアとして手伝う団体も一部にあるが、大方は体験イベントを企画したりグッズを考え出したり、またブログで情報発信したりと、様々な活動を展開している。金沢市で活動する「もりラバー林業女子会＠石川」もその一つ。2015年８月には、金沢市内の竪町商店街でデモンストレーションを展開した。その名も、「キ☆コレ～キコリノシゴトコレクション」。実際に林業の仕事に就く男性20人近くが、作業着姿でチェンソーや草刈り機などを操り、商店街に集まった往来の市民を前に、林業現場を再現。女子会のメンバーも、通りに敷いた赤ジュウタンの上に登場し、おそろいのショッキングピンクのつなぎを着て飛び跳ねては、林業を強烈にアピールした。もはやそこには、林業の３Ｋイ

林業女子会のメンバーも参加した筑波山麓の道普請プロジェクト。女性の参加率は高い

メージはない。

林業女子会@石川は、主婦や会社員、学生らメンバーは約70人。「楽しい、かわいい、おいしい」をキーワードに、林業を結びつける活動を続けている。木や森が好きなら、林業のことが分からなくても気軽に参加できそうな企画を心がけている。代表の砂山亜紀子さんの場合、身近な里山の荒廃の要因を知ろうとする過程で、林業の高齢化や担い手不足など林業の課題が見えてきた。「先代が植えた木が何十年もかけて育ち、加工されたものを、私たちが使わせてもらっている、と思うと、ヤマで働く人たちを応援せずにはいられなくなった」と話す。

林業女子会は、森林や林業に関心を持つ女性たちが、女性の視点で林業を盛り上げようと、2010年に京都に誕生して以来、全国的に広がった。互いに情報交換や交流を重ね、ネットワークを築いている。このネットワークに入っている女子会だけでも全国に17団体あり、地域で独自に活動している団体を含めると、相当数にのぼる。

林業女子会は林業にゆかりのなかった女性たちを中心にした集団だが、それゆえの大きな力を持っている。フェイスブックやツイッターなどのSNS（ソーシャル・ネットワーキング・サービス）を駆使した発信力や、様々なメンバーが各自持っている、独自のネットワークの伝播力や企画力は、目を見張るものがある。また、ヤマで聞いた話だが、NPOのボランティア活動に女子会が参加すると、男性の集まりが俄然よくなるそうだ。ヤマに新しい風が吹き込んできた。

（4）自伐（型）林業

ヤマに活気が戻ってきた

「ヤマが元気になってきた」。最近、よく耳にする。ヤマが利用期を迎えたためだけではない。若者がヤマで活躍できる舞台ができつつある。自伐（型）林業もその一つだ。

森林の小規模所有者が伐採・搬出などの伐出作業を自ら行う自伐林業が広がりを見せている。必要最小限の機械による低コスト施業が可能なことから、特にUターンの若者の参入が目立つ。自伐林業とともに、持ち山はなくても森林所有者と契約し間伐する自伐型林業も注目度が高まっている。自伐型は、高知県のNPO法人土佐の森・救援隊が提唱し、中央組織もできて全国に広がっている。林業の専業化、合理化の流れの中で、政策の外に置かれてきたのだが、森林所有者と信頼関係さえ築け、技術を磨けば誰にでもやれ、地縁のない若者でも参入できるのがメリットだ。最近、この自伐林業と自伐型林業が混同されているが、ここで明確にしたいのは、自伐と自伐型の違いは、森林を所有しているか、否かの大きな違いがある点だ。森林を所有する山持ちが自伐、これに対し持ち山のないのは自伐型だ。共通しているのは、小規模林地を対象にしており、簡素な機械設備で身軽に手入れができることだ。どちらにせよ、林業不振が長らく続いた林地に、素人山主が戻り、若い血が入ってくるのは喜ばしい。

夢は、子供と一緒にヤマ仕事

「チェンソーなどの機械のエンジンを止めると、静寂の中に川の音や野鳥のさえずりが聞こえ、何とも安らぐ。充実した気持ちになれる」。先に触れた、高知県日高村の林業、谷岡宏一さんは林業の醍醐味を話す。作業服に帽子姿を連想したが、街場で会った時の出で立ちは、スリムのジーンズに、黒いVネックのシャツの胸元にサングラスをひっかけ、スマートフォンを片手で操る。何と今どきの独身イケメンだった。

谷岡さんの機械装備は既述した通り、シンプル。ネットオークションで購入した林内作業車やユンボに、使用頻度の高い軽トラはローンを組んで買った新車だ。チェンソーは、繰り返すが、NPO法人土佐の森・救援隊が実施

自伐の将来性を語る谷岡宏一さん

している林地残材の集材システムに出荷し配布されたモリ券（地域通貨）で、２台目以降は、木材の販売収入でそれぞれ購入した。機械の類はこれだけ、あとは谷岡さんの身一つだ。

年々、間伐面積と作業道を伸ばし、15年度までに、間伐７ha、作業道は延長５㎞に及ぶ。専門学校時代の学費ローンと軽トラの月賦を返済する身だが、林業に手応えを感じているようだ。目標は10㎞の高密度の作業道を入れることで、あと半分を残すだけとなった。

夢は何か。少しはにかみながら「結婚して、子供と一緒にヤマ仕事をしたい」。口数は少ないが、目を据えて話してくれた。

政府のお墨付きも

素人の山主や若者たちの参入で、政府も黙っていられなくなったのだろうか。地方創生の政府方針として2015年６月に閣議決定された「まち・ひと・しごと創生基本方針」の中に自伐林業が明記され、一気に行政施策に躍り出た。「林業の担い手の育成・研修等」の項目に、「自伐林家を含む多様な林業の担い手の育成・確保を図る」方針が示され、「自伐林家が施業に参加しやすくなるような技術指導の推進を図る」というのだ。政府は「自伐林業」と表現しているが、「自伐林家が施業に参加しやすくなるよう

補助金に依存しない自伐（型）林業が課題だ

な技術指導」のくだりを読むと、これは森林を所有する自伐林業家のほか、持ち山のない自伐型林業家も含んだ表現と見られる。いずれにしても、政府が小規模林家に注目し、特に自伐型林業が認知されたことは、まずは喜びたい。

技術面などへの行政支援があるのは、ありがたいが、そもそもヤマに利益がなかなか還元されない現状で、自伐や自伐型と言えども、どうして成り立つのか、考えてみたい。最小限の機械で手軽に作業できる自伐（型）林業は、基本的に間伐だ。山主の負担が事実上ないため、ヤマに関心の薄い山主が作業を自伐型林業に任せ、自伐型林業家は間伐木を売った代金が自分にそのまま入るため作業する気にもなる。山主は間伐の経費を払わずに、ヤマが整備され立木が元気になるのだから、言うことない。

では、事実上の間伐経費は誰が払っているのか。それは、国や自治体の補助金、つまり税金だ。補助金が投入されることに異論を唱えているのではない。せっかく植えた人工林が荒廃しているため、間伐は税金を投入してでもやらなければならないのだ。言いたいのは、自伐型林業、ほかの森林組合などへの委託間伐も同じだが、現状は、補助金があってこそ成り立つ仕組みだ、ということを理解したい。国も自治体も財政がひっ迫するふところ事情で、いつ補助金が減額されるか分からない。ある林業家の「いつまでも、あると思うな親と補助金」の言葉が思い出される。そこを考えると、いろんな動きが出てくる。高知県仁淀川町上名野川地区、先に紹介した片岡博一さんの報告だ。

森林整備が回らない

建設工務店勤務から転職し、父親と一緒に2006年に林業を始めた片岡さんが持っている機械は、グラップル付きの小型パワーショベルに4㌧弱のトラック、あとはチェンソーだけ。片岡さんによると、集落をはじめ、周辺地域は所有林が2,000㎡～4,000㎡の零細林家がほとんど。戦後に植林したヤマが50年経ち、ようやく伐採して売れる時期になったのに、この半世紀でヤマを抱える地域は一変した。スギの木にしてみれば、浦島太郎の心境だろう。集落は人口が減少し、しかも高齢化が進み、そもそも伐る後継者がいないのだ。

この地域では植林経費は1ha当たり約150万円かかるという。その上、7年程度は下草刈りが必要だ。木材価格が安いため、植林する経費が捻出できず、伐採をためらう林家が多い。上名野川集落に限らず全国的に、間伐から主伐、植林、また間伐の循環する森林整備が途絶えている。ところで、周辺地域では、樹齢50年の人工林のヤマ（土地付き）は１ha 当たり40万円～100万円が相場だという。植林費用の３分の１～半分近くの金額だ。先祖代々継承されてきたヤマを持ちこたえることができず、ついに、所有林を土地ごと手放す林家が目立ってきた。要望を受け、こうした林地を買い受け、片岡さんは間伐を続けてきた。しだいに所有林は増え、持ち山は当初林業を始めた時の30ha から80ha に増えた。

いまは作業道づくり

いま、必死に取り組んでいるのは、作業道づくりだ。「毛細血管のように道を走らせる」と意気込む。これまで所有林には１ha 当たり350ｍの作業道を設け、15年度だけで５㎞の道を開削した。就業２年目の時、グラップル付きショベルカーによる集材をやめた。斜面で木を引き上げる作業は危険を伴い神経も使うし、ほかの木に引っかかれば手間もかかる。その分高密度に路網を作ると、生産性は２倍になった。

零細な林家がほとんどを占める集落では、高齢化が進み、手入れもできない状態だ。そこで、自身の林業会社で区長に協力を要請し、小規模林地をまとめる集約化に乗り出した。15年４月には、７人が所有する計４ha を間伐し、間伐木の販売代金140万円全額を所有者に渡した。１人平均20万円だ。会社は間伐補助金だけを受け取る。

57人の集落人口のうち、片岡さんを含む９人が、新規の林業就業者だ。Ｉターン者が７人に、片岡さんを含めＵターン組が２人。隣町に住むＵターンの１人も集落に通って自伐を始めた。この計10人で４つの作業班を編成し、集落営林を展開している。10人のうち４人が、サラリーマン時代より収入は増えたという。会社は地域の行事も積極的に手伝う。住民の絶対数が減り、また高齢化で祭りを維持できなくなって

補助なくても回る林業を目指す片岡博一さん

いた。自伐型林家が増えたことで、神社の例祭や奉納神楽が途絶える寸前で息を吹き返した。

林業から会社設立、路網整備による集約化と集落振興。次々に手を広げる片岡さんだが、町と交渉して町有林の間伐を請け負い、若者の人材育成を16年暮れから始める。地縁がない若者でも参入できるのが自伐型だが、技術を持っていない若者では、地元の山主も森林整備を任せてはくれない。ではどこで、腕を磨くか。林業講習会は各地で開催されるものの実践的な訓練にはならない。そこで、会社が若者を鍛えあげ、会社が請け負った町有林の間伐を若者に下請けに出す。一人前になったら、独立させ、町の間伐を直接請け負わせる。会社は町有林の間伐ではもうけず、その期間はボランティアだ。

いつまでも、あると思うな親と補助金

「伐れば伐るほど利益が上がる」と自伐林業のうま味を説明する片岡さんだが、どこか冷めて見える。会社も大きくする気はないという。国や自治体の公共事業で景気がよかった工務店が公共事業の削減で倒産していく姿を身近に見てきた。自身が過去に務めた工務店は２社がつぶれた、という。国や自治体の予算は、いつまでもあてにできない。苦い体験が教訓になっている。間伐や路網整備の補助金も、いつ減額され消滅するか分からない。補助金があるうちに、地域林業を復活させるだけの基盤をつくろうと、躍起になっているのだ。林業の長いサイクルのように、長い目で見たら、地域に会社がある限り、地域林業の底上げは、会社のメリットにもなるのだ。

本来は補助金をあてにしてはいけない、と考えている。「今のうちに道を抜きまくる。道さえできれば、補助金切られても自立できる」と片岡さん。その覚悟を持てば、「自伐（林業）は生き残る」と断言する。

日高町の谷岡さんも当然、補助金の打ち切りを想定しており、作業道の目標を10kmと定めたのは、10kmの路網があれば、経営的に自立できる、と見通している。

行政も熱いまなざし

では、行政はどう見ているのか。森林率が全国一の高知県は、先に見てきたように、高知おおとよ製材といった大型製材工場や大手資本によるバイオマス発電所が相次いで稼働しており、伐って利用する時代になって動きも活

路網整備までやる自伐に、行政も動き出した

発化している。2018年度は、これまで（2013年度）の1.5倍の81万㎥の原木生産を目指している。自伐（型）林業に注目しており、県内の自伐林業家らに県組織づくりを呼びかけ、高知県小規模林業推進協議会が結成された。技術研修会や情報交換を行う。中山間地域の収入源は、主に農産物加工と観光だが、全体的には林業が眠っている状態だ。加工や観光に林業を有機的に結びつけられたら、新たな地域振興の起爆剤になる。自伐林業はＵターン者の雇用を広げ、自伐型は移住者を増やして県の移住戦略につなげる狙いがある。

仁淀川町に近く、植物学者の牧野富太郎の出身地で知られる佐川町も自伐（型）林業を積極支援しており、15年４月には産業建設課の中に「自伐型林業推進係」を新設した。また、15年３月には町が中心となって自伐型林業推進協議会を発足させた。町によると、さっそく７月には協議会主催の林業関係者らによる交流会が開かれ、林業に活気がでてきたという。

さらに、土佐の森・救援隊が中心となって、自伐型林業を推進する全国組織として、NPO 法人持続可能な環境共生林業を実現する自伐型林業推進協会（通称・自伐協）が設立され、シンポジウムの開催や自伐型林業を後押しする自治体支援などを展開している。

自伐型林家を育てる行政支援とは

少し整理したいのは、国はどうやら、森林所有者でも林業経験のない素人山主の自伐林家と、持ち山のない自伐型林家を総称して「自伐林家」と呼んでいるようだ。高知県は自伐と自伐型を称して「小規模林家」とし、佐川町は自伐と自伐型含めて「自伐型」と表現している。なぜ、ここにこだわるのか、と言うと、ヤマを持たない自伐型林業が、森林所有者と契約し間伐を担うというのであれば、従来の請け負い、受託契約と何ら変わらない。請負林

NPO 土佐の森・救援隊は自伐型の先駆け

家が不安定だったように、山主が契約更新しなかったら、路頭に迷うことになるのと同じではないのか。

しかも、補助金があって稼げるというのであれば、Uターン者や既存の山主が自ら持ち山で間伐を始め、自伐型林家が閉め出されることも考えられる。そこまで行かなくても、山主に対する利益の還元がなければ、自伐型林業は成り立たなくなる可能性もあり、自伐型林家は収入の中から山主への支払いを捻出しなければならない。うま味が減るわけである。

この点について、NPO 法人土佐の森・救援隊理事長で、自伐協の中嶋健造・代表理事は、自伐型林業は請け負いとは異なることを明言する。吉野林業の山守制度を例に上げ、所有と経営を分離させ、経営を担うのが自伐型林家だという。これまでの林業のように、森林所有者が林業経営していると、木材価格が高かった時代は経営力があまり問われなかった。しかし、一転して材価が下落すると、小規模林家でも厳しい経営努力が求められ、多くの場合は林業の経営感覚を身につけるまでに至らず、地域林業が衰退する要因になってきた。所有と経営を切り離し、所有者は自身のヤマの経営を専門業者に任せることで、効率よく林業が運営できるメリットがあるとされる。

中嶋代表理事が目指すように、自伐型林家が経営に参画するまでには、時間をかけて森林所有者との信頼関係を築き上げ、技術ばかりか経営面でも専門性を身につける必要があるだろう。せっかく、若者がヤマに向かおうとしているのである。長い目で見る必要があろうし、何より、行政の支援も欠かせない。地域の人口減少に歯止めをかけるために、Uターン者や移住者を増やす狙いだけで自伐型林業に関わるのではなく、地域林業や自治体としてヤマをどうデザインするか、という総合的な林業政策の中に、自伐型林業を位置づけ、経営セミナーや地域文化の講習など幅広く支援していく必要があるだろう。

第３章　課題を考える

求められるコスト削減

１章では、人工林が伐採適齢期を迎え、伐採して使える時代になったことによる、林業や木材業界の目を見張る様々な動きや若者参入の実態を見てきた。ところが、順風満帆というわけではない。課題は相変わらず山積している。ここで、指摘しておきたいのは、日本の林業がとかく欧州の林業と比較され、後述する路網・機械化や制度など、ハード、ソフトの両面の立ち遅れが指摘され、「だから、日本の林業はダメだ」と自虐的に結論づけられてしまう風潮があることだ。果たして、そうだろうか。

2006年に「ハルツの森」と呼ばれる森林地域など、山々の連なるドイツ北中部の人工林地帯を視察し、森林官から説明を受けた感想は、①欧州は、100年～200年の人工林の歴史がある、②急峻な日本のヤマと異なりドイツのヤマは比較的緩斜面が多い、③基本的には実生で育つことによる天然更新で日本のような全面的な植林を必要とせず、植林コストがかからない――ことだった。欧州は中世から産業革命期に壊滅的に森林が破壊され、後述するアメリカ移住も一部に見られた。こうした反省から特にドイツとオーストリアは19世紀初頭から植林を大規模に展開し、1960年代以降、集中的に路網整備や機械化を図ったほか、木材の乾燥技術など技術開発を進めてきた。ヤマの形状で言えば、「山ではなく畑だ」というのが、率直な印象だ。間伐を繰り返し100年～120年前後で主伐するとのことで、欧州ではこれまで、伐採、植林を大方１～２回経験していることになる。

なだらかな丘陵部のドイツ北部のハルツ山地

これに対し、日本では、本格的に植林されたのは戦後、一部の伝統的な林業地を除けば、産業規模の人工林の歴史はまだ2/3世紀しかなく、大がかりな主伐、植林についても経験がない。欧州林業に遅れをとっているのは事実だが、技術研究も進み、日本の産業としての林業は始まったばかり、と理解したい。日本の林業はこれからだ。まず、林業の現況を見ていきたい。

（1）解決迫られる目前の課題

圧倒的に多い零細林家

ところで、日本の人工林の全体像を見ていきたい。日本は国土面積の67％にあたる2,510万 ha が森林に覆われている、世界でも有数の森林国だ。このうち、スギやヒノキなどの人工林は1,035万 ha で４割にあたる。森林率でいえば、フィンランドやスウェーデンに次ぐ世界第３位、1,000万 ha 以上の人工林を持つのは、日本を含め世界でも中国、米国、ロシアなど７ケ国しかない。すでに触れたが、日本の森林は毎年7,000万m³ずつ成長しており、森林の総蓄積量（2015年現在）は50億7,000万 m³に及ぶ。一方、林野庁の木材需給表（2014年）によると、国内の木材の総需要量は7,581万4,000m³。うち国内生産量は約2,366万2,000m³で、（外国産材の）輸入量は5,215万2,000m³だった。

この輸入量をすべて国産材に変えたとしても、計算上は、年間成長量（7,000万 m³）だけで、国内需要（7,581万4,000m³）がほぼ賄えるはずだ。しかし、実際はそうはいか

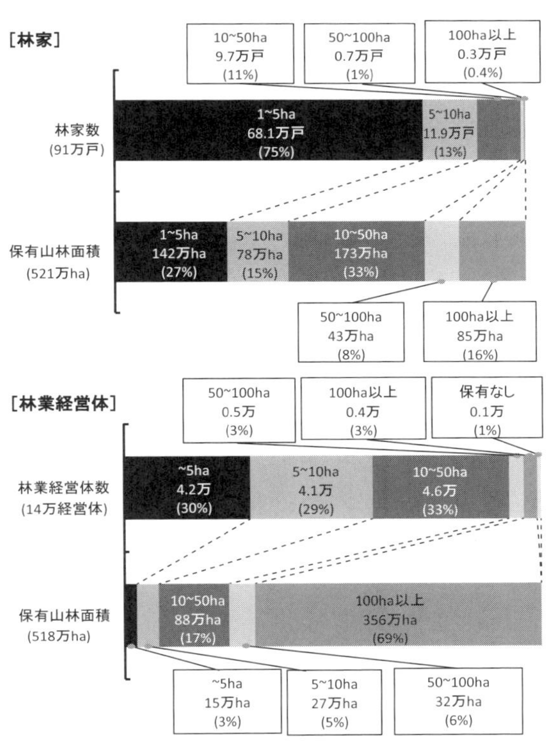

林家・林業経営体の数と保有山林面積（「平成26年度森林林業白書」より）

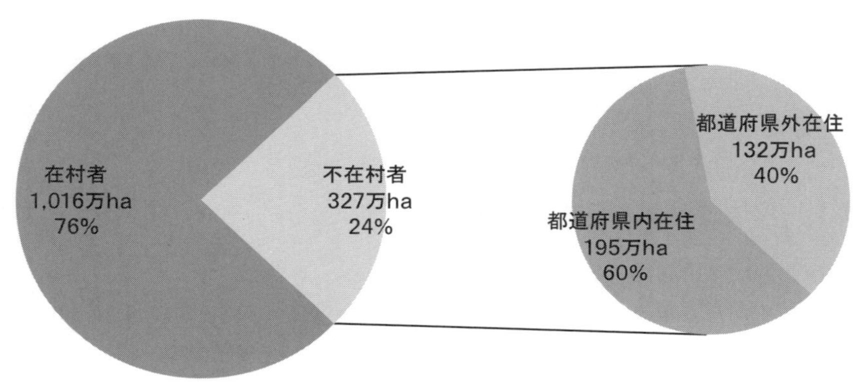

在村者・不在村者別私有林面積と割合（「平成26年度森林林業白書」より）

ない。現状では、成長量の７割の5,000万㎥を集めるのが精一杯との見方があり、この予測だと、国内需要を賄えないのだ。なぜ、７割しか賄えないのか。日本の林業は今、何が課題で、対応策として何が求められているか、を考えていきたい。

まず、構造的な問題として、①小規模林家、②就業者の高齢化、③技術者不足――を挙げたい。森林・林業白書（平成26年度版）によると、所有する山林が10ha 未満の林家数は80万戸で全体の88％にのぼり、このうち、１～５ha 未満の零細林家は68万1,000戸に及び全体の75％を占める。「林家」に分類されない0.1～１ha の世帯が145万戸もあることから、零細な山林所有者が圧倒的に多いのが、日本の林業の特徴だ。ちなみに、100ha 以上の山林所有者は全体の0.4％にあたる3,000戸しかない。さらに、不在地主の割合も多く、不在村の民有林は327万 ha で24％を占め、４人に１人は不在地主だ。このうち、40％の132万 ha が都道府県外在住者の所有林だ。零細林家が圧倒的に多く、さらに不在地主が多いことは、間伐や、後述する路網の整備、集約化する際に森林所有者に承認してもらうのに手間と時間を必要とし非効率的だ。

高齢化と技術者不足

就業者数はどうか。2010年世界農林業センサスによると、1965年に26万2,000人いた林業就業者は45年後の2010年には６万9,000人と４分の１に減少した。高齢化も進んでおり、家族林業の経営主の平均年齢は66.0歳で、全体の７割が60歳以上となっている。高齢化率は65年４％だったのが、2010年には18％に上がり、他産業の高齢化率（2010年は10％）と比較すると格段に高いことが分かる。こうした高齢化や不在村化は、自身の森林管理を不可能にする要因となる。

技術者不足を補う高性能林業機械

技術者不足については、危険を伴う作業だけに、植林から枝打ちなどの保育、さらに伐採、搬出までの一連の作業の技術を体系的に伝承される必要があるが、就業者数の減少や高齢化によって、技術や安全意識の継承が途絶えがちになっている。四国地方の複数の林業家によると、林業は一般的に「きつい」「危険」がつきものだが、きつい労働を緩和するのも、危険を回避するのも技術だ、と口をそろえていた。安全意識のもとで、なるべく重労働にならず、危険をおかさない技術や知恵が伝承されてきたのだが、それが難しくなっている。

また、高性能林業機械の普及で、より安全で効率的な作業が重視されており、安全意識や技術の普及は森林組合や林業の教育機関に徹底した教育が求められている。この点については後述したい。

迫られる安定供給策

国産材の活用で、製材や合板の大型工場がヤマ側の内陸部に整備され、さらにバイオマス発電所が相次いで稼働し、木材の大型需要が生まれている。次に、供給の課題として、安定供給について考えたい。前述した伊万里木材市場の林社長は、建設業から木材業に転身した際に、産業化されていない林業界に驚嘆したという。「材が出せる時は出てくるが、出ない時は一向に出てこない。川下側と連携を組まず、供給側の都合でやっているから、価格も定まらない」と嘆いた。川下側が望む数量の材を欲しい時に供給する。マーケットインの考え方が、安定生産に安定価格、安定供給につながる。そこで、流通の仕方を変えれば需要が出てきて、コストも抑えられ安定供給が可能になる、と考えた。その発想が、木材コンビナートに結びついた。

外国産材は、２万トンクラスの大型貨物船なら１万㎥を超える木材を一度に運ぶ。太さや長さの形状や強度、乾燥などの品質がそろった木材が、大量にしかも安定的に日本に入ってくる。為替の変動や悪天候など流動的要素もあるが、為替や入港の見通しが読めないわけではなく、不都合は感じない、と説明する製材メーカーは多い。大型製材工場によると、外材の価格が取り立てて安いわけではない、というが、国産材は安定供給の点で「いまひとつ、心許ない印象がある」と話す。雨が降ると作業道が通れないなど伐採作業ができず、「雨や雪が降ると材が出てこないことがある」と困惑する。

実際には、外国産材の商品価値が定着しており、製材など商品化すると国産材は外材の１割ほど値が落ちるという。

国産材も品質や供給で外材並みに

ヤマ側には厳しい指摘だが、秋田スギで知られる秋田県の林業家（42）によると、現場は自然相手だけに安定的な原木生産には限界があることを指摘する。特に強風の時は、目指す方向に木を倒すのは難しく、命に関わる危険な作業となる。台風ともなれば、台風一過でも林道や作業道の補修が欠かせず、最長半月は現場に入れないこともある。

そこで、注目されるのが、広域的な連携だ。台風や豪雨で伐採できない地区があれば、気象の影響を受けない地区から原木を調達するなど調整し原木を確保する。安定供給に向けた、危険分散だ。高知県の高知おおとよ製材や岐阜県の森の合板工場は、出資者にそれぞれ各県の森林組合連合会が入り、原木調整することで、供給の安定化につなげている。

製材メーカーの中には、国産材も品質や供給の点で外材並みに近づいていると指摘する声もあり、外材優位の印象さえ払拭できれば、国産材の需要も伸びるはずだ。品質や安定供給に必死に取り組むヤマ側にとっては、国産材を印象で価値づけられるのは、悔しい話だ。

製材に主に使われるＡ材、合板用のＢ材、さらにチップ用のＣ材といった具合に、互いに競合することなく用途別にヤマから供給されてきた。ところが、「ヤマのバランスが崩れた」と嘆く、Ｂ材Ｃ材関係者の声が目立ってきた。バイオマス発電の参入である。前述した通り、バイオマス発電は本来は未利用材のＤ材を燃料にしているが、大量の材を必要として、材を仕分ける市場を経由せずに、ヤマから直接仕入れる。「A材を除き、ヤマでB材からD材まで仕分けるコストはかけられないから、（B材からD材まで混ざったままの状態で）まるまる（発電所に）出すことになる」（素材生産者）というのだ。A材からD材までを幅広く、しかも安定的に供給する手立てはないものか。素材生産量が全国3位の岩手県は盛岡市に参考事例を見た。

需給の調整弁が機能

「真の国産材時代とは、国産材の需要と供給のバランスが取れる条件が満たされた時だ」。東日本大震災に遭いながらも実績を伸ばしているノースジャパン素材流通協同組合（NJ素流協）の下山裕司理事長は、国産材時代を見据え、「供給側が、需要側の木材加工業界の求める条件に適合した木材を適時適切に供給すること」の重要性を強調する。合板、製材、製紙用チップ、バイオマス発電の大口需要に対し、計画的に安定供給するため、小規模の素材生産業者をまとめた共同販売や情報提供をはじめ、市場開拓、販路拡大を図っている。

NJ素流協の特徴は、小規模の素材生産業者が交渉しずらい大手に対しては、価格交渉や納入調整を担い、一方、組合員の素材生産業者に対しては、原木の代金支払いや情報提供を行うほか、出荷を調整し、大手側が求める木材の安定供給に応える。

集荷は岩手県内が7割を占めるほか、青森、秋田、宮城の東北各県や北海道からも材を集める。

下山理事長によると、組合発足は2003年。岩手県の場合、製材に使われるA材の比率は全体の20%～25%しかなく、残る8割近くが合板用のB材やパルプ用のC材だ。ところが、A材だけでは赤字となり、B材とC材の需要確保に迫られていたという。そこで、NJ素流協を立ち上げ、外国産材を使っていた沿岸部の合板メーカーと

東北のヤマも、国産化時代に力を発揮する

交渉し、供給することになった。当時、均質な木材が安定的に供給される外材に使い慣れた合板メーカーは、国産のスギ材の安定供給を不安視したという。ヤマ側は本当に供給できるのだろうか、というわけだ。

1990年代までは国内では育林の時代と言われ、売れるまでに十分に育った丸太を安定的に供給できる態勢でなかったことが、合板会社の国産材に対する懸念材料となっていた。

いかに、均質な木材を安定的に供給するか。NJ素流協が重視したのは、組合員（素材生産業者）に対する出荷調整と、大手需要先に対する納入調整だ。さらに、大手需要先からのクレームに対応し、組合員には、規格品質の徹底を図り情報を提供するばかりか、研修や意見交換会を実施して信頼関係を築いてきた。

製材、合板、製紙用などの丸太の出荷量は、設立当初（2003年度）は2万6,500㎥だったのが、2014年度は27万4,249㎥と10倍以上に増えた。このうち、バイオマス発電用のD材4万1,659トン分が含まれている。組合員も発足当初の24団体・個人から120団体・個人に増加した。NJ素流協の試みが示す通り、国内の人工林が利用期に入ったからといって、安定供給が図られるわけではない。

突出する生産経費

安定生産に向け、考えなければならないのは、コスト削減策だ。中でも、伐出コストについては、伐採、運搬などの素材生産にかかる生産費が日本の場合は高いことが指摘されてきた。資料が少々古くなるが、森林・林業白書（平成21年度版）によると、木材価格（製材用丸太価格）で比較すると、オーストリアは1㎥当たりトウヒ1万1,000円、ドイツではトウヒが1万

ドイツトウヒ。日本では伐出コストが突出する

3,000円、マツは9,400円なのに比べ、日本のスギは、１㎥あたり１万900円、ヒノキ２万1,300円、マツ１万3,200円で、国産材が必ずしも低いとは言えない。

ところが、生産費はどうか。日本の場合、主伐にかかる生産費（2008年）は１㎥当たり6,342円、間伐で9,333円。これに対し、急峻なヤマが多く日本と似たヤマの形状のオーストリアでも主伐が2,400円で間伐5,500円、ドイツは主伐2,200円に間伐5,000円で、欧州では日本の２分の１〜３分の１に近い経費しかかかっていない。労働生産性も間伐で見ると、日本は１日に１人が3.45㎥伐採するのに対し、オーストリアは７〜60㎥、ドイツは十数㎥も伐採し、２倍〜17倍の高い生産性を維持している。木材価格から生産費を差し引いた利益（１㎥当たり）を間伐で単純に比較すると、オーストリア（トウヒ）は5,500円、ドイツ（トウヒ）は8,000円の利益を上げているのに対し、日本（スギ）は1,567円で、ドイツの５分の１、オーストリアの３分の１の利益しかない。

木材価格は欧州材と大差はないものの、欧州では経費がかからない分、ヤマ側の利益は大きくなり、日本の場合は、伐採、搬出の経費がかかるためヤマ側に入る身入りが少ないのが現状だ。いかに低コスト化を図り、ヤマに利益を還元するか、が課題となる。

進む集約化の流れ

伐採、運搬の生産費は、なぜ、日本は欧州に比べこうも高いのか。そこで、欧州がコスト削減に向け、60年代から先進的に取り組んだ課題として①施業林地の集約化、②作業道などの路網整備、③機械化――の３点を挙げたい。国の成長戦略として位置づけられた「森林・林業再生プラン」（2009年公表）は、▽小規模分散型の所有林の集約化▽壊れにくい路網整備（森林内公道、林道、作業道など）▽林業機械利用と路網による作業システムづくり▽高度な知識と技術を持つ日本版フォレスター制度の創設――などが内容で、コスト削減を図って生産性を上げる施策が盛り込まれている。プランでは、2020年までに木材自給率を50％に引き上げる目標を掲げた。これは、現在、約2400万㎥の木材生産を20年までに約２倍の4,000万〜5,000万㎥に増やすことになる。まず、集約化について考えたい。

全体の８割近くを占める零細林家（１〜５ha未満）は、相当数の林家が高

道づくりするにも、地権者の同意が必要だ

齢化し、市場動向を見据えた経営には限界があり、新たな展望を見いだせないでいる。中には林業を諦めたり経営意欲を失ったりした森林経営者や地域外に住む不在地主もおり、安定供給は望めず生産性は上がらない。そこで、小規模に分散した林地をとりまとめ、作業道づくりや間伐を実施する集約化施業が注目される。高性能林業機械を導入し低コスト化を図り生産性を上げる狙いだ。

ところが、間伐や作業道づくりには森林所有者の同意が求められ、小規模に分散した林家を1軒1軒回り、同意を取り付けるのは容易ではない。それどころか、どこのヤマは誰が所有しているか、などの森林所有者情報は、個人情報保護の問題で自治体では教えてくれない。先に述べた高知県仁淀川町で集約化にも取り組む片岡さんのように、対象林家が地域の知り合い同士で信頼関係が元々ある環境なら別だが、町外、県外に住む不在地主や、そもそも所在が不明な所有者もいる。一口に集約化といっても、所有権と個人情報保護の壁が立ちはだかり、気の遠くなる作業だ。所在不明者については、2016年5月に改正した森林法で、共有林の一部所有者が所在不明であっても伐採造林ができるよう、所在不明者の持分の移転などを都道府県知事が裁定する制度が設けられ、徐々にではあるが、制度面でも伐採、造林の障壁は取り除かれつつある。分散した零細林家のとりまとめの課題に、先進的に取り組む高知県香美市の香美森林組合（組合員数3,700人）を訪ねた。

大口需要が一挙にやってきた

全国一の森林率（84%）を誇る高知県だが、かつては県内生産の原木のうち6割は県外に流れ、県内の需要確保が求められていた。組合が集約化に着手したのは1996年だが、本格的に取り組みだしたのは、2年後の1998年だ。安定供給と雇用確保を集約化の目的に据えた。管轄内の4地区を選び、各地区ごとに、地区の名士や大規模所有者、元議員ら10人程度で集約化推進委員会を発足させた。間伐などの同意の取り付けは、推進委員会と組合の共同作業で、特徴的なのは、同意集めと同時に所有者情報などヤマの情報を集めた。集約化に向け、地区上げた協力態勢を築き、推進委員には協力金を支払う。

組合に出資した代々の組合員名簿を頼りに、地区のとりまとめは各地区の推進委員が担当し、地区外の不在所有者は組合が行うよう役割分担した。不在地主は組合が地区内に住む親戚を通して説得し、10年越しに同意に至ったこともあった。また、集落が消滅し所有者全員が地域外に住むケースもあり、人づてに住所や電話番号を調べ説得したという。こうした努力が実を結び、作業道を入れて林業機械を導入、伐採したまま林地に放置する伐り捨て間伐から、搬出して販売する利用間伐に転換できた。

そこへ、大口需要が一挙にやってきた。高知おおとよ製材と土佐グリーンパワーのバイオマス発電所がそれぞれ2013年と15年に相次いで稼働し、原木を取り巻く環境が大きく変わったのだ。「材の安定的な供給は、ヤマ側の責務だ」と断言する野島常稔組合長は、森林所有者を対象に集約化の地区説明会を開き、過去に手がけた集約地を見せる。道も付いて間伐された林内は見違えるように整備され、参加者の関心が前向きに変わるという。その場で同意の押印をもらう。2015年度は、推進委員会は16地区で展開している。

2014年度の実績は、集約化面積は675haで作業道の開設は12㎞に及ぶ。木材取扱量は２万4,422㎥で、集約化を始める前年（1997年・5409㎥）の５倍近い。また、98年当時は組合職員は30人だったのが、2015年春に新たなに新人５人を採用、現在は55人に増やした。集約化の累計（2004年度～2014年度）は１万764ha に及び、間伐などの作業が増え、地元雇用を生み出すことで地域にも貢献できる。組合は地域との一体感を強調する。

一方、行政も名乗りを上げ、自伐型林業を積極支援する高知県佐川町では、15年度に新設した自伐型林業推進係が集約化に取り組み出した。町の面積の７割以上を占める森林面積（約7,000ha）を持つが、民有林となると、１世帯あたり１ha 未満で細分化された林地が圧倒的に多い。そこで、町が直接、森林所有者の同意を得て、まとまった広さの施業地を確保する。町は、所有者情報を得やすい立場にあり、所有者にしてみれば、町が関与することで安心して施業を任せられる。

町と所有者、事業者の３者が契約し、当面は30～100ha の集約化を目指す。総務省の事業による地域おこし協力隊の任期を終えた若手が町に残るよう、集約地の施業を任せる計画だ。町に雇用を生み、定住対策として活用する。

路網整備に走る

路網と言えば、一般車両の走行を想定した林道や10トントラックが通行できる林業専用道、林業機械が走行できる作業道の３区分がある。林野庁によると、１ha 当たりの路網密度は、ドイツが118m、オーストリアが89mなのに対し、日本は19.5mしかない。ドイツのハルツ山地では、路網が高密に走り、グーグルマップで航空写真を見ても、路網がはっきりと確認できるほどだ。そこで、再生プランは目標年の2020年までに、車両系は100m／ha、架線系は30～50m／haの「ドイツ並みの路網密度を達成」させるという。

2016年の森林・林業基本計画では、林業の成長産業化を早期に実現する観点から、効率的な作業システムを構築するうえで、路網の総延長を計算している。2025年度までの10年間に、車両系の林業機械を主体とする作業や、タワーヤーダなど架線系の機械を主体とする作業でそれぞれ、200m～300mの最遠集材距離を確保できるよう、路網整備を加速化する計画で、現況の19万kmを2025年度までに24万kmにする。

国内一のスギの人工林面積を誇る秋田県は2012年、全国でも珍しい路網条例（秋田県林内路網の整備の促進に関する条例）を施行した。林内路網の整備を県の責務として、林道網整備計画の策定や路網整備の情報提供、技術的な助言を行うことなどを盛り込んだ。県森林整備課によると、路網の整備に向

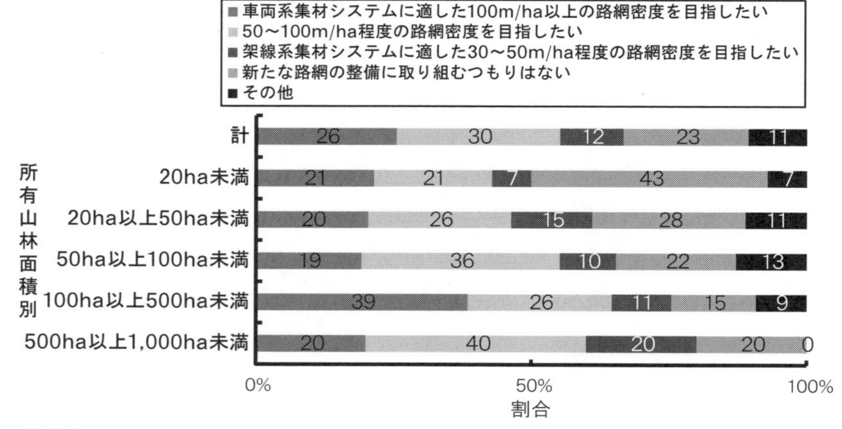

林業者モニターによる路網整備の意向（「平成26年度森林林業白書」より）

け県が強い姿勢を示すことで、森林所有者らの背中を押す狙いがあり、国の補助事業を積極的に導入する考えだ。県内の路網整備（2014年度末）は総延長8,480kmで路網密度は30.9m／haだ。高能率の生産を目指す集約団地（170団地）では、2020年度までに総延長2,275km、60m／haの路網密度を目標に据えている。中斜度（15～30度）のヤマでは75m／haが目安といわれるが、1haあたり60mあれば、日本の伝統的な架線集材によらず、高性能林業機械で対応できるとの考えらしい。秋田県をはじめ林業地を抱える県はどこも、路網整備に力を入れている。

一方、高密度の路網整備を危ぶむ声もある。欧州の林業地と比べ国内の林地は地盤の脆弱さが指摘され、土砂の流出や法面の崩落が懸念される。森林の手入れ不足による表土流出より、過密な路網による土砂流出を問題視する指摘もある。先に紹介した愛媛県の菊池林業の菊池俊一郎さんによると、道づくりは、風の通り道を作り森林が経験したことのない風が吹き込むことになり、台風の時には風倒木被害を招くおそれがある、として、補助金をあてにした安易な路網づくりを戒める。また、川の源流域の村おこし活動を支援している宮林茂幸・東京農業大学教授（地域政策学）によると、水滴が落ちる河川のはじまり、源流が消滅するケースが目立っており、過度の路網整備の影響と見ている。

拡大する高性能機械による素材生産

ところで、路網は効率よく集材、搬出、または森林整備をするのが目的で、林業機械とセットで語られる。高性能林業機械には、伐倒から枝払い、玉切り、集積作業をこなすハーベスタ（伐倒造材機）や、土場に集材された1本の木をつかみ、枝払いから、長さを自動測定して一定に玉切りし、集積作業を行うプロセッサ（造材機）などがある。集積した丸太を運ぶの

枝払いや、長さを自動測定した玉切り、集積までするプロセッサ

は、クレーン付きのフォワーダ（積載式集材車両）だ。集材用には、支柱を立てて簡便に架線集材できる自走式のタワーヤーダ（タワー付き集材機）や、建設用のキャタピラ付きベースマシンに集材用のウィンチを付け、木材を引きずり上げるスイングヤーダ（旋回ブーム式タワー付き集材機）もある。タワーヤーダはワイヤーを用い、400m～500m離れた場所からも集材できる。

林業機械化協会によると、１ha、50㎥の間伐木を伐採、集材、造材する能率を比較すると、チェンソーだけの人力による伐倒と従来の架線集材では、作業員４～５人で１週間かかるが、チェンソーとプロセッサ、フォワーダを使うと、作業員２人で３日間で終える。比較的緩斜面でハーベスタやフォワーダなどを投入すると、作業員２人で1.5日間で済み、人力による伐倒、架線集材の10分の１程度の作業員数で仕上げることができる。高性能林業機械は、人力の10倍の効率を上げることができるわけだ。

こうした効率のほかに、林業機械化協会の伴次雄会長は、安全性を強調する。死亡事故の８割がチェンソーによる伐倒作業中によるもので、離職する要因にもなっている。「板子一枚下は地獄」は、たった一枚板の船底の下に広がる、自然界の深い海と向き合う危険な漁師の作業環境を表現する言葉だが、林業現場は板子１枚ない裸身で危険と向き合う仕事だ。林業機械には、オペレーターを守ってくれる頑丈な操作室があり、しかも、レバーを操作する重機の操縦は、従来の林業の重労働から解放される。

高性能林業機械は、1985年ごろから国内で導入され、森林・林業白書（平成26年度版）によると、近年は路網を前提とする車両系のフォワーダ、プロセッサ、ハーベスタを中心に増加しており、その他の林業機械を含めた保有台数（2014年３月現在）は前年比10％増の6,228台。また、2012年時点では、素材生産量全体のうち、高性能林業機械の活用による素材生産量は６割にのぼる。近年の林業への女性の参入は、こうした林業機械の普及が背景にある。

プロセッサやハーベスタは１機2,000万～3,000万円、タワーヤーダは１機4,000万～5,000万円、フォワーダで約1,000万円かかり、稼働率を上げる工夫や、林業機械の効率的な組み合わせや作業システムが必要となる。高額な機械だけに、稼働率を上げようと必要以上の伐採、集材に走り収量を競い合うことへの懸念もあり、需要側も念頭に置いた、マーケットインの発想が求められる。伴会長は、高性能林業機械は町村単位のエリアへの導入は現実的ではなく、より広域的なエリアでの導入を勧める。このほか、国内の林業機械は基本的に建設用重機が主体で、林業専用でない点も指摘されるが、最近は作業現場では林業専用の高性能機械も登場している。

スギが「世界一安い木材」に

気になる動きがある。2000年代に入り、利用期を迎えたヤマを追いかけるように、地球温暖化防止に向けたCO_2の吸収源対策が登場した。温室効果ガス削減を森林に求め、京都議定書の第一約束期間（2008年～2012年）中の達成を国際公約した「1990年比６％削減」のうち3.8%を森林吸収で賄うため、国は多額の間伐予算を投じて森林整備を推進した。この結果、皮肉にも木材需要に関係なく間伐材が大量に出荷され、市場価格の下落を招いた。2010年前後には、間伐に懸命な団体と材価下落を懸念する林業家の間で軋轢を生じる場面も目撃した。

第一約束期間の目標は達成されたが、特にスギの価格は下落し、「スギは世界一安い木材になった」と指摘する林業家は多い。もちろん、各種データを分析した見方ではなく、感覚的な印象なのだろうが、無視することはできない。

これまで、川下側が技術開発に努め乾燥や加工技術で付加価値を付け利益に結びつけてきたのとは対照的に、立木価格はじり貧で、「ヤマ側の実入りを削って日本の林業は生き延びてきた」との指摘もあるほどだ。

「安い外材」どころか、国産材の主流を占めるスギ材が世界一安価になり、いよいよヤマを持ちこたえられず、手放す動きも出てきている。手放さなくても、補助金への依存度は確実に増すだろう。川下側で創りだされた需要による利益をいかに、ヤマ側に還元するか、が問われている。

（２）最重要課題の再造林

喫緊の課題、林齢構成の平準化

差し迫った課題は再造林

次に指摘したいのは、これは最重要課題だが、製材や合板の大型工場やバイオマス発電などによる大型需要の出現で、伐採量が格段に増えたのに対し、伐採跡地の植林や下草刈りが相変わらず行われないという、再造林率の低迷の問題だ。林野庁によると、2020年には伐採時期を迎える50年生前後の立木が全体の６割を占める。2012年３月現在の人工林の齢級構成の資料によると、50年生が最多の163万 ha、45年生が156万 ha と年ごとに植栽面積が減少し、５年生以下は７万 ha しかない。このまま推移すると、45年後に伐採適期を迎える50年生は、現在（163万 ha）の４％の面積しかない計算になる。

全国森林組合連合会の佐藤重芳会長は「主伐、再造林がしっかり循環できるヤマを取り戻さないかぎり、日本のヤマは蘇らない」と危機感を募らせ、「伐採、植林が回ってもう一度ヤマに命を吹き込むことこそ、地方創生だ」と主張する。

問題を放置すると、ようやく成熟した木材資源が極端に減少し、外国産材に頼らざるを得ない時代に舞い戻ることにもなりかねない。また、再造林の予算が見込めないため伐採を控える林家も多く、原木の安定供給に影響する。さらに、樹木が育ちやすい環境の九州地方でも、伐採後に何も植えずに放置すると、場所によっては灌木や草しか育たず地盤の脆弱化や環境劣化を引き起こす問題もある。地震や集中豪雨が所構わず頻発しており、災害の危険もそれだけ高まる。先人が植林して育てた林地を、現世代が伐採し、責務であるはずの再造林をしないのは、負担を次世代に強いることにもなる。

そこで、喫緊の課題として求められるのが、齢級構成の平準化に向けた再造林の推進だ。再造林の傾向について林野庁に聞くと、伐採時や伐採後の造林届に記載される民有林の皆伐面積に対する植栽面積の割合（再造林率）は、2009～2011年度は５～６割だったのが、12年、13年は５割を割り込み４割後半で推移しているという。再造林率は一部を除けば大方の県は公表しておらず、各地の取材では、林業が盛んな九州地方では３割にとどまる県もあり、スギの植栽面積が全国トップの秋田県の推計では25％程度で、当面は再造林率５割を目標に取り組んでいるという。

伐採後、再造林が行われない九州の林業地

なぜ、再造林が進まないのか。再造林率の低迷の背景には、森林所有者は伐採しても木材の販売収入が充分得られず、伐採跡地への植林や下草刈りなどの造林経費が賄えない現状がある。さらに林業経営に対する意欲が減退していることも要因になっている。林業に見切りを付けた所有者が林地を土地ごと売り払い、購入業者が再造林を放棄するケースもある。

青森県が2015年１月に策定した青い森再造林推進プランには、スギの60年生人工林を主伐し再造林した場合の収支試算例（１ha 当たり）がある。それによると、144万円の伐採経費に対し252万円の売上げがあり、収支は108万円の黒字だ。しかし、植栽（3,000本／ha）、下草刈り（５回）の経費に155万円かかり、これに木材販売の黒字分（108万円）を差し引くと、結局、47万円の赤字となってしまう。再造林ができないわけだ。再造林は、森林整備のほか地域雇用の確保や人口の維持策としても重要な課題だ。

期待される伐採、植林の一貫施業

植林などの造林経費を生み出すには、どうしたらよいのか。ここで注目したいのが、伐採と植林の一貫施業だ。通常は、伐採後に植林される場合、準備や業者選びで１年は間を置く。伐採業者と植林業者は異なるのが普通だ。植林の際の地ごしらえは雑草を刈りながら作業することになり、効率が悪い。ところが、伐採後に間を置かずに、同じ業者が植林も担当するとなれば、伐採時に地ごしらえ作業がしやすいよう、林地残材をまとめながら伐採できる。しかも雑草も生えず効率的だ。さらに、伐採時に使用した重機を使って地ごしらえでき、林地残材も整理でき植林しやすくなる。

岩手県のノースジャパン素材流通協同組合（NJ 素流協）の下山理事長は、全国の再造林率を平均30〜35%と見ており、再造林率の向上策として、NJ 素流協は2010年から、植林時期を選ばないコンテナ苗を活用した、一貫施業の試験

林業機械は一貫施業でも威力を発揮する

を重ねている。これまでの結果は、スギの伐採と植林を別個に行う通常の施業では、労働量は1ha当たり平均55.5人だったのが、一貫施業だと24.0人で半減できた。経費についは、通常施業に1ha当たり123万円かかっていたのが、一貫施業はこれもほぼ半額の65.1万円で済んだ。さらに、一貫施業で地ごしらえを丁寧に行うと雑草の成長が抑えられ、下草刈りの回数を減らせることも分かった。1年目の下草刈りは省け、一貫施業3年目の組合員の報告では、2年目は下刈りを徹底させると、3年目は下刈りせずに済んだ。過酷な作業を強いられる夏場の下草刈りを契機に林業を諦めた若者もいるほどで、下刈りの省力化は歓迎される。

また、1ha当たり3,000本の植栽本数を2,000本に抑える低密植化で植林コストをさらに圧縮できるなど、造林経費を削減できる。

再造林の推進に期待がかかる一貫施業だが、2ケ年にわたる施業になることから、国の補助金の柔軟な運用が求められる。伐採を対象にした国の補助金はなく、造林には補助が付くものの単年度交付だ。このため、2カ年にわたる一貫施業にも補助が適用されるようになれば、再造林にも弾みが付く。この点を国がどう判断するか。木材自給率50%を掲げた森林・林業再生プランでは、2020年までに木材生産を現在の2倍の4,000万〜5,000万㎥に増やすことになり、国を挙げた相当な努力が強いられることを考えると、一貫施業の効果を増幅するためにも、国の柔軟な対応を求めたい。

再造林対策の動きとして、ほかに再造林基金づくりがある。大分県森林組合連合会は、木材の受益者でもある林業、木材産業の関係者と連携し、森林再生基金を管理運営する大分県森林再生機構を連合会に設置。再造林経費の一部を助成する取り組みをスタートさせた。原資は、関係者が取引量に応じて出し合う協力金を活用する。

北海道でも、北海道森林組合連合会が中心となって、道内の民間企業などが協力金を出し合い、人工林の資源保続支援基金を創設、2014年度から伐採跡地への植林費用などに充てている。佐賀県など多くの県が国の造林補助金に県独自で補助をかさ上げし、再造林を支援している。

2016年3月には、再造林は林業の成長産業化の実現に必須だとして、伐採後の造林状況の報告を義務化する森林法の一部改正法案を閣議決定し、改正法が成立。再造林推進に向け態勢が整いつつある。

需要の急増で苗木不足が深刻化

林業団体や行政がこぞって再造林推進に取り組み出したが、支障になっているのは経費の問題だけではない。伐採跡地に植林しようにも、植える苗木が不足している問題が浮上した。植林用の苗木は、北海道から九州まで7地区の林業用種苗需給調整協議会があり、地区間で需給調整を図っている。2015年度の全国の需給見通しは、5,724万9,000本の需要量に対し、供給量は5,553万1,000本で171万8,000本が不足する事態が予想された。全国ベースで苗木が不足する見通しとなったのは、「林業史上初めてのことではないか」（林野庁整備課）という。関係者の衝撃は大きい。

16年度の需給見通しも、需要は6,006万本と勢いを増し、これに対し供給量は5,799万1,000本にとどまり、206万9,000本の不足が予想されている。特に近畿、四国、九州の3地区の苗不足が目立つ。15年度の実績は、挿し木苗の生産量が予想を超えたことから、結果的に需要量を上回ったものの、苗木の供給は綱渡りの状態だ。

苗木の生産者は年々減少しており、拡大造林期の1970年度には全国で4万2,000事業者あったのが、2012年度に1,000事業者を割り込み、2013年には904事業者まで減った。これまでの人工林は植林主体から、育てる保育の時代が長く続いたため苗木の需要が安定せず生産が縮小されてきた。そこへ、伐期を迎えてバイオマス発電所が増加し、また、アジアを中心に原木輸出が伸びたことなどから、急増する需要に苗木の手当が追いつかなかったとみられる。

スギの苗木の生産を工場内で始めた合板会社

不足気味となっている苗木の増産対策が急務となっているなか、国や自治体で供給態勢づくりが広がっている。国は再造林の実施に向け、「次世代林業基盤づくり交付金」を2016年度予算に盛り込んだ。低価格でコンテナ苗を大量に生産、供給すための苗木の生産施設や設備などの整備を支援する。岐阜県は2015年３月、住友林業と苗木の供給態勢の整備に関する協定を結んだ。住友林業が開発したコンテナ苗の生産技術を活用し、下呂市の県下呂林木育種事業地で育種設備を整備し、15年度は年間５万本の苗木生産をスタートさせた。最終的には年間100万本の生産を目指す。製材、合板の大型工場やバイオマス発電所が県内で稼働し、Ａ材からＤ材まで幅広い原木需要が生まれたことから、岐阜県は民間技術を生かした苗木の安定供給に向け、県有施設を活用して生産に取り組む民間事業者を公募していた。

スギ苗の生産の全量をコンテナ苗に2018年に全面移行する計画の栃木県は、2015年度の生産計画（当初31万本）を69万本に変更、実際は61万本を出荷。17年度はさらに90万本に生産拡大させる。

コンテナ苗は、四季を通じて植林が可能な利便性に加え、通常の裸苗に比べ活着しやすいと言われ、東北地方でも冬季の積雪、凍結期を除けば活着率は９割を超えるという。ところが、九州森林管理局によると、裸苗が１本約80円なのに対しコンテナ苗は１本約130円と相当割高だ。林業家にとっては個人負担が増すことになる。

新植地での食害も深刻

シカやクマなど野生動物による食害も深刻だ。枝葉の食害のほか、樹皮をはがされる被害が目立つ。苗木を植えたばかりの新植地は、野生動物が特に好む環境だ。三重県の人工林を視察した際、何本もの若木が、外周をなぞるように樹皮がはがされ枯死していた光景が忘れられない。林野庁によると、2014年度の野生鳥獣被害は、全国で8,800ha に及び、このうちシカの被害は7,100ha と80％を超える。次いで野ネズミ被害が600ha、クマの被害が500ha と続く。シカの生息分布は1978年以降拡大しており、2014年までの36年間で2.5倍に広がった。シカの食害を受けて成林が見込めなくなったヒノキの新植地や、下層植生が消失したり、ササが食害に遭い一帯が裸地化し表土流出が懸念されるケースもあり、被害は深刻だ。

新植地は、シカにとっては格好の「エサ場」で、植林がシカの個体数の増加を手助けするという皮肉な結果となる。また、木々が食害で失われると草地になり、シカのエサ場がまた拡大しシカが増えることにつながるという経験談もあり、やっかいな問題だ。林業家にとっては、再造林でせっかく植えた苗木が被害に遭えば、造林意慾もそがれ、シカが目立つ伐採地では、植林を思いとどまる林業家もいるほどだ。食害対策に経費がかかり造林コストを引き上げることにもなる。

シカに表皮が食われ、成長できないヒノキ

対策としては、銃による捕獲や侵入防止柵の設置、動物が嫌う忌避剤の散布など対策が講じられている。人工林ではないが、筆者が関わった小規模の植樹地でも苗木がシカの食害に遭い、侵入防止ネットを張ったものの、ネットと地面の隙間から今度はウサギが侵入して芽をやられ、困惑した経験がある。電気柵でシカの行動を封じ込め、銃を用いるなど排除の姿勢だけでは、もはや限界があるようにも感じる。人工林を食害から守る新たな発想については後述したい。

これまで、優先課題として、安定供給、低コスト化、再造林を３本柱に据えて考えてきた。問題が山積するなか、林業関係者の課題を克服する姿勢は目を見張るものがあり、ようやく展望が開けるか、との思いもある。次の項目では、基礎の上に柱を立て、梁を構えて屋根を乗せようとしたら、基礎がもろくも崩れたような、林業の土台の脆弱さが指摘される課題など、基盤整備の問題について見ていきたい。

（３）基盤整備の問題

土地、人、モノの充実を

林地の境界が分からない

間伐に取り組もうと、森林の所有者を探したまではよかったが、そもそも林地の境界線が不明だったら、身の処し方が分からず困惑してしまうだろう。先述したように、所有権と個人情報の保護が徹底される今日において、最も基本的な基礎データであるはずの所有地の境界線が、明確になっていない山

広葉樹で境界を表すヤマは分かりやすいが…

林が全国で半分以上もあるのには、驚かされる。それどころか、測量精度の低い明治時代の図面が更新されていないケースが多いというのだ。境界不確定の問題は、作業道の開設や間伐、主伐などの施業をはじめ、生産性を上げる森林管理にも支障をきたす。森林が長期間放置されたため、境界の目印や所有者などのヤマの情報に詳しい地元の高齢者も少なくなっており、境界に関する証しが失われつつある。境界確定作業は急務となっている。

なかには、ヤマを知る古老をキャタピラー付きの林内作業車に乗せてヤマを登り、ようやく確定に至る、という涙ぐましい作業も見られる。なぜ、このような事態になったのか。

500年を超える林業の歴史を刻む奈良県の吉野林業地。スギの樹皮が一部削られ、屋号らしき記号が書いてある。また、ピンクのテープが巻かれた複数のスギをたどると、境界線が分かる。案内役を務めてくれたのは、吉野町で境界線の確定作業を請け負う今西林業の今西秀光さん（55）だ。境界線をめぐるトラブルがここ10年、目立ってきているという。植林した人工林が伐採時期を迎え、少しでも高く売ろうとの思いから境界を挟む所有者同士が対立したり、林業を諦め山林を売却する際、隣地同士で紛糾したりするケースが増えている。このほか、これまでは伐り捨て間伐が主体で境界線を少々はみ出しても文句が出なかったが、利用間伐に移行し収入が得られるとなると、異論も出てくる。

隣地との境界線は、住宅地だと通常はクイが目印になっているが、今西さんによると、クイやテープ、立木表示のほか、スギやヒノキの林の間に境界線に沿って広葉樹を植えるケースや子供の頭大の石を並べたもの、尾根や川、街道そのものが境界になっている場所もある。

境界の位置や所有者、地番などを明示したものに、地籍図がある。国土調査の一環として実施されている地籍調査に基づいて作成されたものだ。ところが、国交省によると、法務局（登記所）で管理されている地図や図面は、半分ほどが、いまだに明治時代の地租改正の時に作られた公図に基づいて作られている。これをもとに登記簿が作成され、固定資産税が算出されるなど行政の基礎情報となっている。しかし、こうした法務局の地図や図面は、境界や土地の形状が現状とは異なっている場合が多く、登記簿に記載されている土地面積も正確さを欠くものがあることは、国土調査を担当する国交省も認める。

表皮に境界を印す例もある。吉野林業(地)で

そこで、1951年に地籍調査を開始し、現地で境界位置や面積を測量して地籍図を作成、これに基づき、登記簿の記載が修正され地図が更新されているのだが、どれだけ実態とかけ離れているのか。今西さんによると、法務局に保管されている図面の中には、実際の面積より２分の１から３分の１も少なく記載されているものがある。奈良県内では、100分の１も過小記載された山林に出くわしたという。明治の地租改正の際に民間人によって検地測量され図面が作成されたが、税を少しでも免れたいと願う、森林所有者の心理がうかがえる。

遅れ目立つ地籍調査とGPSへの期待

ここで、地籍調査の進捗率の問題を指摘したい。林地に限れば全体の44%（2014年度末現在）しか進んでいない。ちなみに農地は73%、宅地などを含めた全体の平均は51%で、林地は地籍調査が始まって60年以上たつのに、半数にも満たないのだ。

地籍調査は市町村などの自治体が実施しているが、調査費は国が半分を補助し残りの経費の半分（全体の４分の１）を都道府県が補助している。ところが、財政負担にあえぐ市町村は調査を実施する余力がないのが現状だ。国交省によれば、地籍調査全体（2014年度末現在）では、調査を完了している市町村は28%にとどまり、未着手の市町村も11%あり、調査の休止を含めると３割近くの市町村で調査が行われていない。未着手の市町村の中には、土地に関する情報が地域で把握されているため、調査を実施する必要性が感じられない自治体もあるかも知れない。しかし、国土管理の基盤となる、最も重要な情報だ。国費を全額投じてでも地籍調査を実施するのが急務ではないか。

話を山林に戻すが、法務局の地図や図面は、自身の山林を含む周辺図に地番を記載しているだけで、これだけでは、市町村内のどこに周辺図が当てはまるか、分からない。森林整備が頻繁に行われていた時代には、各自がヤマに入り、当然自身の所有地は把握し境界の目印を付けヤマを管理した。また、管理を複数委託されヤマの情報に精通した地元住民や伐採業者らもおり、ヤマに関する情報がある程度、地域で共有されていた。このため、法務局の図面を見なくても、自身のヤマの所在地のほか、隣地の所有者が代替わりしても当然分かる。

ところが、森林が放置されると、地元の住民がヤマに入る機会が一気に減り、倒木や崩落で境界目印がなくなっても気づかない。目印が現存しても、作業道がないヤマに入り、草むらに隠れた目印を探すのは容易ではない。代替わりし、山林を相続して初めて法務局の図面の写しを見ても、所有林の所在地が分からず、自身の森林を管理しようにも不可能だ。

山林の境界線や所有林の所在に関する相談が2000年ことから増えたため、今西さんは境界の確定作業に取り組み出した。地籍調査に基づく地籍図は、基準点の緯度経度が識別できるように表示されているため、GPS（衛星を使った全地球測位システム）のレシーバーを使えば、地籍図の所在地がどこにあるか、追跡できる。地籍調査が実施されていない地域では、地元の情報を頼りに、今西さん自身がヤマに入って境界目印を探し出して確認する。分からない場合は、地権者同士、不在地主でも現地に来てもらって境界を特定するが、それでも確認できない場合は、市町村職員に立ち会ってもらい、当事者同士が現地で話し合い、境界を新た

境界確定に力を発揮するGPSレシーバー

に設定するケースもあるという。

森林組合の中にも、境界の確定作業に積極的に取り組むケースが目立つ。早い段階で着手した秋田県湯沢市の雄勝広域森林組合は、10年前からGPSを活用した測量を始めた。測量結果をもとに、組合に残っている植林地の図面を再検証したところ、相当ずれがあった。ここ数年で、境界線が分からない山林がじわじわと出てきたようだ。また、集約化の項目で紹介した高知県香美市の香美森林組合は、市の地籍調査を受託し、境界確定に貢献している。

人工林が利用期に入り、さらに製材、合板の大型工場やバイオマス発電所などの大型需要が出てきて、林業振興に期待が高まったタイミングで表面化した境界線問題。全国森林組合連合会の佐藤重芳会長も「森林所有者が、ヤマから気持ちが離れている。境界不明の問題は、集約化や施業の妨げにもなっており、さらなるヤマ離れが進むのではないか」と懸念する。ヤマの情報を人証によって集約できる期限も迫っている。国は2020年までの木材自給率50％達成を本気で目指すのなら、市町村に押しつけずに境界問題と真正面に向き合うべきだろう。

人口減少時代の林業

境界確定に続いて重視したいのは、人口減少問題だ。厚生労働省の国立社会保障・人口問題研究所は2012年に推計を発表した。それによると、日本の総人口は、2048年には1億人を割って9,913万人となり、2060年には8,674万人と9,000万人を割り込む。さらに、生産年齢人口（15歳～64歳）は2060年には50.9％と半減し、高齢化率は39.9％と、2.5人に一人が65歳以上となる。また、研究所は東京オリンピック・パラリンピックが開催される2020年から、すべての都道府県で人口が減るとの推計を発表した。総人口は、2008年の1億2,809万人をピークに減少が始まっており、日本はすでに、人口減少社会に突入している。

人口減少時代、浮上するのは、地方の過疎化がさらに加速していくと、地域のヤマは誰が守るのか、という問題だ。この点については後述するが、地域にマンパワーがなくなれば、管理する人材もヤマ側にいなくなり、森林の循環も覚束なくなる。さらに、人口減少によって、年間100万戸と言われてきた木造住宅の着工戸数は現在80万戸に減り、将来的には50万戸との予測もある。多方面で影響がでてくる。森林管理がこれまで以上に求められ、そこで、期待されるのが、GIS（地理情報システム）を活用した森林管理システムだ。

GISに、あのドローンも活躍

林業に差し始めた光明に水を差すような話には区切りをつけ、今度は森林管理に関する明るい話をしたい。前の項目で、地番を振った、法務局の図面だけでは、ヤマの情報を持たない素人林業家では自身の所有林にたどり着けないことを紹介した。一般的な地図の上にその図面が重ねられれば、所有林がどこにあるかが分かり、たどり着けるわけだ。そうなれば、定年帰村の人たちや、Uターンして林業を志す若者も、自身の所有林の管理や手入れに道を開くことができる。しかも、森林面積や樹種、林齢（樹齢）など基本情報が記載されていれば、管理がしやすくなる。それを可能にしたのが、GIS（地理情報システム）を活用した森林管理システムだ。

GISは、一般的な地図や図面の地図情報と森林情報をリンクさせたもの。データをパソコンに取り込み、画面に地図や図面、写真を表示できるほか、GPSによる位置情報や森林に関する情報も合わせて示されることから、森林の資源量や下草刈り、間伐のタイミング、路網の開設適地が瞬時に確認できる仕組みだ。また、製材や合板工場やバイオマス発電所に材を出荷する際、径級別の原木供給の計画づくりにも役立てることもできるほか、シカの生息マップと重ね合わせれば、植林地を選ぶことができるなど、森林全体の収益予測にも活用できる。

境界だけでなく森林管理にGPSが普及

森林の情報では、従来から航空写真が用いられ、最近ではデジタルカメラを搭載したドローンを活用し、より森林に迫った細部の情報が得られるようになった。航空写真でも樹冠の凹凸や林相などが識別でき、実地の地上情報と照らし合わせて活用されてきた。そこへ登場したのが、航空機によるレーザー計測だ。航空機からレーザーを地表面に照射し反射データを分析して森林の実像をとらえる。航空写真では捉えることができなかった地盤の高さや形状のほか、森林の樹冠表面の高さが把握できることから樹高が計測でき、本数や密度、材積が推定できる。

技術開発は、森林経営に向けた頼もしい武器となり、林業基盤を支える力となるのは間違いない。森林を俯瞰する広域的な管理には欠かせなくなるだろう。しかし、一方で林業関係者に求められるのは、「ヤマを読む力」も忘れてはならないように思える。和歌山県の林業家が「ヤマを読む」ことを強調していたが、土砂崩壊では、林床の落ち葉に覆われた段差やわずかなヒビ割れなど予兆があるという。地鳴りや梢のざわめきなど、かすかな異変を感じたら、ヤマに入るのをとどまった方がよいのだ。

新技術は間違いなく林業を進展させるが、それによって関係者がヤマから遠ざかってしまうことを危惧する。東京農業大学の宮林教授が、水滴したたる水源の消滅でヤマの荒廃を予感したように、現場に立ち入らなければ分からない重要な情報もある。境界線の確定でも、新技術と現場の情報双方を加味した作業が求められる。

こう述べると、人口減少の時代を迎え、自治体の過疎化とともにヤマに入るマンパワーの確保は難しくなり、新技術に頼らざるを得ない、との反論もあろう。市町村の衰退が突きつけられ、「市町村消滅」との言葉がまことしやかにささやかれる中で、「地域のヤマは誰が守るのか」の視点に立ち、今から準備しなければならない課題もあるはずだ。役場と連携し地域のヤマと向き合う組織も必要になるかも知れない。次の世代により豊かなヤマを引き渡せられるように、人材育成の動きも広がっている。

（4）人材の養成

専門教育か即戦力養成か

自然の循環システムに基づく林業教育

林業大学校が相次いで設立されている。しかも、大はやりとまではいかないものの、結構希望者がいる。いつまでも、こんな表現をしては失礼だが、かつては、きつい、危険、汚いの「３Ｋ」との有り難くない言われ方をした林業だが、最近では「自然に抱かれ、全身をぶつけて思いっきり働ける点に魅力を感じる」「身体の汚れを気にせずに打ち込む姿は、格好いい」と志望する若者もいる。結構、志を高く据えているのだ。京都駅からJRで1時間半の山間地、京丹波町に、歯に衣着せぬ大学校の校長を訪ねた。

「地元を大事にせなあかん。ここの生活は楽しいと思う。ウエルカムです」。京都府立林業大学校の2015年8月のオープンキャンパス。只木良也校長は、約20人の高校生や大学生らを前に、地元密着の重要性を説いた。即戦力を旗印に地域の林業を支える人材を養成する他の林業大学校とは少しばかり雰囲気が違うようだ。

只木校長は開学前、「林業大学校」を付けた学校名に反対し、「森林大学校」の名を推したエピソードを紹介したうえで、技術者養成の意味について「林業は森林の中の一部、ベースの学問に基づく技術であってほしい」と説き、「林業の機械的な技術を教えるだけなら、それは大学校ではなく、職業訓練学校だ」と大学校としての立場を主張した。名古屋大学名誉教授の肩書きを持つ森林生態学者だけに、学問的な裏付けにこだわる。光合成で成長した葉は落ち葉となり、他の生命の生きる原料になり、はき出された二酸化炭素は、次の生命の光合成に役立っていることを例えに、自然の循環システムに基づく林業や地域リーダーの養成を強調する。環境を保全してくれるのは、森林であるとして、「環境は林産物だ」と持論を訴え、「先進国の中でも森林率の高い日本が、成熟した自然である森林に軸足を置いて考える林業を進めることこそ、世界に対する役割ではないか」と力説した。

オープンキャンパスで挨拶する京都府立林業大学校の只木良也校長

仕事量が増えている森林組合や素材生産業者の本音としては、卒業生に対し、現場ですぐにでも活躍できる即戦力として期待するところだろうが、自然に負荷をかけない路網整備を学んだ卒業生が、就職先の森林組合で評価され、大学校で学んだ成果が地域の林業現場に浸透しつつあるという。大学校の意義がそこにある、とでも言いたげだ。

京都府立林業大学校は、西日本唯一の林業専門の大学校として、2012年に開学。高性能林業機械操作士や森林公共政策士という、全国でも珍しい独自の資格を持つ。修学期間は２年で在校生は41人。うち５人が女性だ。2014年度の卒業生23人は全員が就職し、森林組合や森林組合連合会をはじめ、木材会社や木材加工会社などに入った。全員が就職できるのは、恵まれた環境だ。林業の魅力が若者をひき付けている。

相次ぐ林業学校の設立

林業専門の養成機関としては2015年４月、高知県立林業学校（香美市・１～２年制）と秋田林業大学校（秋田市・２年制）がともに開校。16年４月には、林業技術者を養成する「とくしま林業アカデミー」（徳島市・１年制）と、山形県立農林大学校（新庄市・旧県立農業大学校）に新設された林業経営学科（２年制）がそれぞれ開講した。また、兵庫県が17年の開校を目指し「ひょうご林業大学校」（仮称・２年制）の設置を検討している。全国的に原木の大型需要が生まれていることから、各県とも素材生産の目標量を上げており、林業と山間地域の両方を振興させて雇用を創出させ、また定住化を図る狙いがある。

高知県立林業学校は初年度（定員10人）に22人の応募があり、１期生は18人、25人の応募があった２期生は20人がそれぞれ入学した。入学案内には「実践的な技術・知識を持ち即戦力となる人材の育成を目指す」と明記され、入学者に対する期待の大きさがうかがわれる。

高知県では13年以降、四国最大級の高知おおとよ製材と土佐グリーンパワーのバイオマス発電所がそれぞれ稼働し、原木の安定供給と現場作業にあたる人材の確保が急務となっていた。県の素材生産量は、13年度が49万㎥だったが、15年度

入学希望の若者は明確な目標を持っている

は72万㎥に5割近くも増産し、18年度にはさらに81万㎥にアップさせる目標を掲げている。「確実にヤマの木材を生産できる人材を育てる」（森づくり推進課）と決意を見せる。

とくしま林業アカデミーは、緑の募金事業などを展開する「とくしま森とみどりの会」と徳島県林業公社が合併して誕生した、公益社団法人・徳島森林づくり推進機構が運営にあたる。こちらも即戦力をうたい、人材の確保に懸命だ。

即戦力を期待し学校を開設するほど、各県の行政の目が林業や山村地域に向いてきたのは、素直に歓迎したい。これまでは、需要先がなく木材を出そうにも出せない苦しい時期が続いてきたことを思うと、時代の変化に驚く。人材教育は、次世代を見据えた最重要課題だ。

課題解決型の人材養成

即戦力か、専門教育か。この問題を考える前に、2つの事例を紹介したい。戦前の山村の互助制度である「結い」のほかに住民全員が利用する、公益性の高い道や堰などの建造、補修を住民全員が関わって実施する「道普請」や「堰普請」。資金を拠出したり、資材を提供しアイデアを出したり、一方、労役を担ったり、住民が無理なくできることで関与する仕組みがあった。現在では一部の地域で残っている。様々な住民を公正に扱って手配、調整を図っていたのが、地域の実情に長けていた長老だった。さらにその地域の長（おさ）は役所との交渉も展開し、作業の結果責任まで負った。だからこそ、住民の信頼も厚かった。ヤマが循環していた時代には、そうした地域やヤマをコーディネートする人材がいた。

また、1996年にドイツの林業地を視察した際、林学や生態学など大学院レベルの知識を持った州の森林官は、地域に派遣されると10年単位の長期勤務で地域に打ち解け、生態系に配慮した林業経営を指導し、さらに企業との交渉にも関与するといった話を聞いた。降雨の時に出水しやすいエリアは天然林に誘導し、トウヒ主体の明るい経済林を自慢していたが、橋一つ架けるにも住民の意見を引き出し、周囲の森林と調和させたデザインを模索する姿勢に、かつての日本の地域をまとめた長老に似ていると感じた。

この話を持ち出したのは、地域の利害を調整し、異業種や他地域とも交渉でき地域のヤマの利益を最大化できる人材がいま、求められているように思えるからだ。そうした人材を育成するためには、林業機械の操作や安全教育のほかに、林業経営から生態学、地域政策など、様々な教科を一様に教える、詰め込み型の教育では対応できない。人口の減少時代を考えると、木材や森林の需要をいかに創りだし、地域の雇用創出に結び付けるか、地域の自然や生態を熟知した課題解決型の人材育成が必須だと考える。何より、大学校自身が行政の素材生産目標に振り回されず、地域から一目置かれ、地域を担う人材を育て上げるという気概を持つことだと思うのだ。

木材需要が地域にできたから対応できる人材を育成する、とか、定住者の確保に林業を学ばせる、といった姿勢も場合によっては求められよう。しかし、若者のマンパワーに期待し、林業機械の知識や技術を持った人材の促成に偏重しすぎると、若者は、木材需要期の伐採業を担う、林業機械の専門オペレーターにしか育たない。専門オペレーターはいずれ、技術開発によって、さらに進歩した高性能林業機械にとって代えられる。せっかく、志を持って学校の門を敲いた若者たちである。学校で学ぶ意義を理解し、林業の仕事に誇りを持てるような指導やカリキュラムを望みたい。

2015年11月、山村起業などのカリキュラムを設け、地域に飛び出す岐阜県立森林文化アカデミー（美濃市）と、全寮制で全人教育を基盤に据える長野県林業大学校（木曽町）、先述した京都府立林業大学校（京丹波町）の３大学校が連携協定に調印し、森林を利活用できる担い手育成の教育向上に向け、手を携えだしたことに注目したい。

第4章　木材活用の動き

都市に広がる「木志向」

先の章では、林業の様々な動きや課題を取り上げてきたが、この章では、最近国産材が急速に伸びている木材利用について考えたい。世界を舞台に活躍する建築家によると、世界中の建築雑誌がいまや、「白色から茶色に変色した」と言われているという。コンクリートや鉄骨の白色系の建物から、木造や木質の建築物が目立つほど木造化は世界の潮流になっているというわけだ。国内の場合はどうか。建築の分野でも、都会に木造建築物が目立ち、最近増えているのが、木をふんだんに使った公共建築物だ。背景には、①人工林が利用期を迎え、国産材活用の機運が高まったこと、②国産材の弱点を補う技術革新、③法律や制度の改革――が挙げられる。しかし、公共建築物の場合、地域の経済効果への期待も大きいだけに、失われた地域材の供給体制を再構築する課題もある。まずは、木造建築物の事例から。

（1）木材利用

安らぎ感じさせる木造建築

高級ブランドの直営店など洗練された建築物が集まる東京都港区の表参道。6㎝角の木材を編み込んだような木組みの建物が目を引く。パイナップルケーキの専門店「サニーヒルズ南青山店」。2013年12月にオープンした。地下1階、地上2階建て延べ293㎡。南東部分はすべて木造で、もう半分は鉄筋コンクリート造り。木組みは外装だけではなく、構造材として木造部分をすべて支えている。木材はすべて、岐阜県の東濃ヒノキを使っている。

木製の階段で2階に上がると、テーブルを含め全面が木造で、障子戸などをほのかに照らす間接照明が目にやさしい。各部屋の入り口には引き戸が用いられ、窓外を望むと、編み込んだ木材の間から床に差し込む木漏れ日が心地よい。縁側に座ってのんびりと時を過ごす雰囲気で、洒落た木造建物の中にも、日本建築の要素が垣間見える。都会にいながらにして、自然から隔絶されることなく、ゆったりと自然に抱かれているような感覚になる。

設計デザインした建築家の隈研吾さんによると、この建築は、和の木組みの限界に挑戦する試みで、木組みでここまで出来るという大工職人の技を見せたかった、という。障子は面に反射する拡散光が、周囲の木造の室内をさらに優しく見せ、安らぎを感じさせる。また、引き戸は開閉が自由で、隙間を開けることで風や光の量を調節でき、

木材をふんだんに使ったサニーヒルズ南青山店の内部

「しなやかな環境調整システム」を強調する。「木は生物同士、人間と相性がよく、木を使えば落ち着いた空間になり、安らぎを感じることができる」。隈さんは木造建築にした理由を説明した。

この木造建築について、サニーヒルズジャパンの堂園有的代表に聞くと、コンセプトは「森のような空間」。都会の喧噪から離れ、ゆったり時間を過ごせる。地震の時も、コンクリート部分と木造部分では揺れ方が格段に違う。編み込んだ木材が揺れを吸収し木造部分では、揺れをほとんど感じさせない、という。来場客の３割が外国人で、写真に収める姿が目立つ。

木造の中層や大規模建築も

サニーヒルズは、デザイン性でも注目されているが、中層建築や大規模建築物でも木造で建てるケースが目立ってきた。2013年には東京都中央区銀座に木造マンションが登場し、「都心での木材導入」が話題になった。店舗部分の１階は鉄筋コンクリート造りだが、２階から４階が枠組壁（ツーバイフォー)」工法による共同住宅。延べ床面積は212㎡で、外観は塗装しているため、一見木造には見えない。

さらに、同じ2013年に横浜市都筑区の市営地下鉄のセンター南駅前に、大規模複合商業施設「サウスウッド」が完成した。こちらは木材を露出させた「木あらわし」の耐火集成部材による国内初の大規模商業施設として注目され、地下１階、地上４階の地上階は木造と鉄筋コンクリート造り。延べ床面積は１万874㎡あり、商業スペースの主要部分の柱や梁に、１時間の耐火集成部材を活用している。耐火部材については後述したい。

2016年3月には、京都市中京区に4階建て純木造建築の京都木材会館が開業した。1階の6本柱に、2時間耐火部材の集成材を全国で初採用、開業前の見学会には、北海道から鹿児島県までの建築士や自治体職員ら約700人が視察に訪れた。

1階は店舗で、2階は会館を建設した京都木材協同組合が入居し、3、4階が賃貸マンション。延べ床面積は754㎡。建築基準法では、2時間耐火部材を活用すると、14階までの建築物が木造で建てられる。

日本CLT協会によると、世界的には2000年以降、CLT（直交集成板：Cross Laminated Timber）を使った中高層の建築物が次々に登場し、木造ビルの建築がブームになりつつあるという。ロンドンには9階建ての木造高層マンションがすでにあり、ストックホルムの住宅設計コンペでは34階建ての木造建築が提案され、話題になっている。

巨大アリーナを木材が支える

公共建築物で注目されているのが、2014年に完成した静岡市駿河区の静岡県草薙総合運動場体育館（137頁に写真）だ。延べ床面積が1万3,509㎡で、高さ28m、メインフロアは82m×46mあり、観客席数は2,700席で最大4,000人を収容できる、という木造と鉄骨のハイブリッド構造による巨大アリーナだ。特徴的なのが、全長14.5mのスギ集成材を楕円状に256本並べて配置した垂木構造。2,350トンもの大屋根の重量を支えている。床はもちろん、天井や腰壁、観客席も木製で、日本三大人工美林に数えられる天竜スギの認証材を活用しており、立木伐採本数は8万7,000本にのぼる。集成材は工場が県内にないため、長野県の業者に発注した。「木はソフトなイメージがあり、当たっても安心なため、思いっきりプレーできる」などと、利用者には好評だ。

また、秋田市郊外の秋田空港近くに2008年に完成した国際教養大学の図書館（129頁に写真）。天井高12m、半径22mの半円ホールはすべて、秋田県産の秋田スギが使われている。図書館ゆえに、木のぬくもりを感じさせる、落ち着いた雰囲気を重視したという。このほか、JR日向市駅（宮崎県日向市）や南陽市文化会館（山形県）のほか、学校施設や役場庁舎などで木造建築が広がっている。

見直される木製貯水槽

建築物の木材利用は、ここまでにして、予想も付かない意外な場所で木が使われ出した。空の玄関口、羽田空港。鉄骨とガラスを組み合わせた、明るい雰囲気のトラス構造は、近代建築を象徴するような建築物に見せる。そのターミナルのすべての水道水が、実は木製のタンクから供給されている。正確には木製の水槽である木槽だ。羽田空港には国際線、国内線の両ターミナルに計９基の木槽が地下に設置してあり、貯水している。１基の大きさは直径9.8m、高さは5.6mで、１基当たり388㌧の貯水能力がある。レストランなどの水道水のほか、トイレにも供給されている。近代設備の地下で活躍する、縁の下の力持ちだ。

木槽製造50年の歴史がある日本木槽木管（横浜市）によると、貯水タンクには、木槽のほか、ステンレス製や鉄板製、さらにプラスチック素材にガラス繊維を混ぜて強度を向上させたFRP（繊維強化プラスチック：Fiberglass Reinforced Plastics）がある。木槽は、桶と同様に、板を並べて周囲を金属製ベルトで結束させたもの。いわば、巨大な桶だ。これに対し、ステンレス製や鉄板製、FRPは全体が一体化しているのが特徴だ。木槽の優れた点は、①断熱性に優れていることから、貯水が外気温に影響されない、②紫外線を透過せず雑菌の繁殖を抑える、③耐震性に優れ、④メンテナンスが容易――が挙げられる。

このうち、耐震性については、東日本大震災でも、福島県いわき市の病院や仙台市内の地下に設置された木槽は破損しなかった。木材はしなるため、破壊基準点が高いのだ。メンテナスは、木槽の場合、破損した板だけを交換すれば元通り使える。何よりも、地下の狭い空間に、ステンレス製や鉄板製など一体化したタンクは大きすぎて入らない。これに対し、木槽は板を

羽田空港ターミナルの木槽（日本木槽木管提供）

あらかじめ搬入し設置場所で職人が木槽に組み立てるため、搬出入が可能だ。

木槽が見直され出したのは、2005年ごろからだという。環境問題に対する意識が高まり、公共建築物木材利用促進法（2010年施行）で木材を活用する機運が広がったのが背景にある、と同社の山下健太郎・営業第２部次長は見ている。2005年ごろには、それまでのベイヒバに加え、加工の技術開発によって国産スギも採用し、中型、小型の木槽を製作している。2005年以前は、年間２、３基の注文だったのが、現在では年間1,000基を超えるという。羽田空港のほか、帝国ホテルなど宿泊施設や道の駅のほか、自治体庁舎や百貨店にも木槽を設置、温泉施設の貯湯槽にも利用されている。

壁が立ちはだかる地域材活用

公共施設を木造で造ることは、地元の林業振興のほか、地域経済に波及効果を及ぼすことから、特に数が多い学校施設では木造化が期待される。ところが、地元業者が地元の木材を使って建築するとなると、一挙にハードルは高くなる。県営の草薙総合運動場体育館のように集成材を用いるなら木造化は比較的可能だ。しかし、地元の産業振興を図るためには、地域外で生産される集成材ではなく、地元の立木を製材した無垢材を地元の大工が活用し建

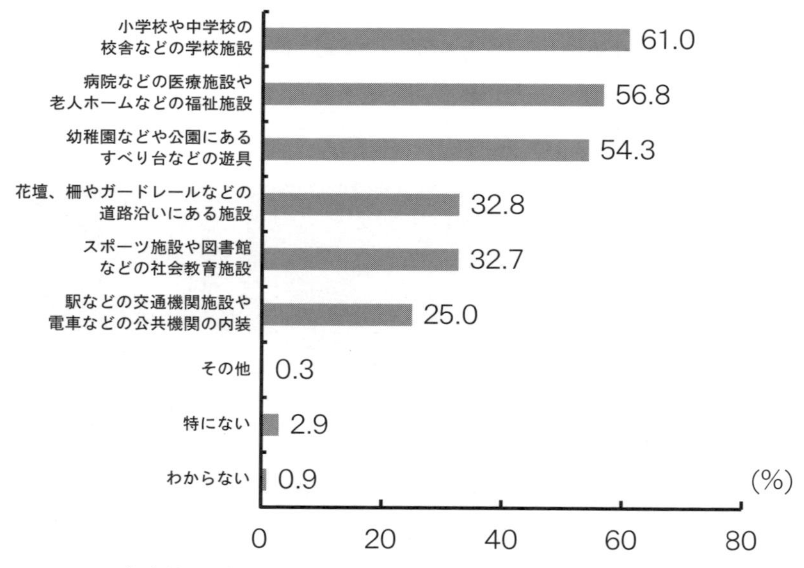

木造利用が望ましい公共施設（「平成26年度森林林業白書」より）

築して初めて経済効果が図られる。

ところが、市町村単位では、かつての地域材を供給する体制が事実上、崩壊している地域が圧倒的に多い。材木は通常、大量に調達された木材を大量にストックし一般流通させるから安価な供給が可能になる。地域材を地元で大量に抱える余力のある業者はないため、木造施設の整備には一般流通材を活用せざるを得ないのが現状だ。

木材を活用した秋田県の国際教養大学図書館

地域材による木造化の壁として指摘されるのは、①木材を調達できる体制が地域にないことのほかに、②地域材を扱える大工がいない③規模の大きい木造建築物の構造計算をできる設計業者がいない――ことだ。そこに加え、外国産材の流通が定着したため、業者がそもそも国産材に扱い慣れていない現状を指摘する声もある。さらに、公共施設全般にいえることだが、建設費が議会承認されるか否かの確証がなく、競争入札で落札する保証も当然ないため、業者にとっては、大量の地域材を事前に準備することができない。この点について詳しく説明したい。

公共施設の整備については、単年度事業に伴う限られた工期内の施工が求められる。たとえ、業者が確保できる見通しがあっても、議会の承認を得てから発注し、乾燥や製材、建築など一連の作業を年度内に実施するのは至難の技だ。伐採や製材、建築の各業者にとっては、議会の承認が得られるか否か不明な事前の段階で、準備に入るのはリスクを抱えることになる。さらに、入札で落札できるか否かも分からないのに、事前段階で木材を確保することはできない。こうした環境の中で、地域の学校施設を木造化するには、相当大きな壁がある。

風穴開けた喜多方の学校体育館

だから、と言って地域材を諦めるのは早い。立派な前例があるのだ。地域が一丸となって壁を乗り越えたのが、喜多方ラーメンで知られる福島県喜多

木造在来工法で大工が建てた福島県喜多方市の市立熊倉小学校体育館

方市の市立熊倉小学校体育館だ。2015年に完成した。この体育館の特徴は、地元、会津地方のスギ材を活用し、市内の製材業者と熟練大工を総動員して建築した、木造在来工法による体育館だ。積雪２ｍにもなる地域で地域住民も活用するため、強度を保持する必要から、乾燥だけは県内いわき市のJAS認定工場に依頼した。延べ面積は802㎡で梁高8.6ｍ。全体重量を支える柱は、長さ８ｍの24㎝角スギの角柱50本、200本の立木が使われた。「木造在来工法による建築物としては最大限度の体育館」（市教委）だという。

前年度の設計計画が決まった段階で、喜多方地区の製材協同組合に対し、地域材を前年度末までに伐採し製材準備に入ることが可能か否かを打診し、できる見通しがついた。通常の公共工事は、請負業者に一括発注されるが、大量の地元材の納入を可能にするため、木材を分離発注することにし競争入札を実施、業者を選定した。基礎工事を終え、10月下旬に始まった組立施工は、降雪期の12月中旬には上棟する必要があり時間が迫っていたため、市内の大工業組合が地元の熟練大工20人を総動員し延べ1,000人を投入した。

こうした地元の努力が奏功し、年度内の３月末までに完成することができた。しかも、事業費は設計費も含め、約２億9,000万円と「通常の鉄骨づくりの同規模の体育館と変わらない」（市教委）金額で賄えた。喜多方市の場合、「なぜ、地域材で体育館を造るのか」という、明確な意志を掲げ、発注者の自治体も、請け負う側の地元業者も相当な覚悟を持って当たった結果だ。そこに地域の信頼関係が欠かせないことは、いうまでもない。

この木造体育館は、喜多方市だけの問題ではなく、全国各地に立ちはだかる、地域材活用の大きな壁に、風穴を開けたといえる。さらに、地域材を活用した木造施設が、現状でも可能であることを、各業者に実例をもって示した。半世紀にもわたって営々と育ててきた地元の人工林が利用期を迎え、いざ伐採可能な段階になったのに、地元で活用できないとなれば、何のために育ててきたのか、が問われる。地元材が地元でしっかり活用されることは、急峻な国内の山々で植林し保育してきた先人の努力に報いることにもなる。

なぜ、木造なのか

建築物に木材活用が広がっている背景には、1992年の地球サミットを契機に環境問題や地球温暖化の問題がクローズアップされ、環境保全の意識が広まったこと、また、国内的には林業と地域の活性化に向けた国産材の利用推進の機運が盛り上がったことがあげられる。さらに、安らぎ効果など人体の生理面に与える好影響が科学的に実証され、都会を中心にメンタルケア対策でも注目されるようになった点も見逃せない。この点についても後で詳述したい。

木造の公共建築物が増えていることについては、公共建築物等における木材の利用の促進に関する法律（公共建築物木材利用促進法）の施行（2010年）が挙げられる。国が公共建築での木材活用を積極的に推進し民間に広げていくのが狙いで、国が整備する公共建築物は原則木造とするなどの目標を設定。すべての都道府県と市町村の85％にあたる、1487自治体（2015年７月現在）で国の方針に基づいた木材利用方針を決定している。この広がりの背景には、公共建築の木造化が起爆剤となって民間の建築物にも波及し、地域経済を潤すことに対する期待がある。特に学校施設の木造化については、国は補助金を設けて推進している。

地球温暖化防止対策や環境保全、さらに地域の振興策に木材利用が推進されることは歓迎したい。しかし、２点について指摘しておきたい。１点目は、国が地域の産業再生に取り組む姿勢を明確に打ち出してほしいことだ。集成材もCLTも都市の木造化に威力を発揮するが、市町村の場合は、無垢材で木造施設を造ることで、伐採、製材、設計、建築などの地元業者が関与でき、経済波及効果が生まれるからだ。地域材の供給体制が崩壊しているから、無垢材が使えないのではなく、無垢材が使われなくなったから供給体制が崩壊したのだ。くどいようだが、せっかく、地域のヤマが活用できる時期に来たのだ。地域の無垢材を活用することで、供給体制を再構築すべきだろう。地方創生の論議を、そこから始めたい。

２点目は、「国産材の活用ありき」の考えに前のめりになっているように思えてならない点だ。国は木材自給率50％の達成目標を盛り込んだ、森林・

林業再生プランを2009年に公表、その翌年に公共建築物の木材利用促進法を施行し、自治体は次々に国の方針にならった。

まず、「なぜ、木造にするのか」の視点で建築物を考えてほしいのだ。公共施設でも、防災対策など場合によっては鉄筋コンクリート建ても考えられる。高齢者の施設や子供の施設には木造が効果的だと思うが、木造の是非を検討する過程で、「木造でなければならない理由」があぶり出され、その施設に対する愛着も生まれる。サニーヒルズや喜多方の体育館には、木造であり地域材でなければならない理由が明確にあるのだ。そうした視点をおろそかにすると、木造施設は増大しても、木造ファンを増やすことにならない。ましてや民間までの波及は難しい。

（2）木材革命

国産材利用を加速させる木材革命

国産材の利用を加速させた、エンジンの役割を果たしたのが、技術革新だ。合板技術で言えば、先述したように、比較的柔らかくてむきにくく、含水率が高くて乾燥効率が落ちると言われ、合板に向かなかったスギでも、むき芯の技術や乾燥効率を上げる技術の開発が進み、合板に採用できるようになった。スギはいまや合板生産全体の７割近くを占め、首位の座にいる。ほかに、前項で紹介した木槽も、技術開発によってスギ材を使えるようになった。国産材が使われるようになることで、様々な技術開発が進み、さらに国産材の需要に結びつき好循環が生まれる。

ところで、木材は、①くるう、②腐る、③燃える――のが特徴で、丸太を製材したままの無垢材は十分に乾燥させないと、くるいや反り、割れが生じ、必要な強度を保つことはできない。こうした木材の弱点の解決を図ったのが、合板や集成材。「エンジニアリングウッド」と呼ばれる。エンジニアリングウッドは、薄い板状の木材（単板やひき板・ラミナ）を接着材で貼り合わせた木質系材料の工業製品で、くるいや反り、割れが起こりにくく、強度も安定し、品質にばらつきがないのが特徴だ。

中でも、柱や梁に使用される構造用集成材やCLT（直交集成板）がいま、注目されている。大規模建築物への利用も十分可能なことから、国産材活用への期待も大きい。

都市の木造化に期待されるCLT

「日本一の集成材を造ろう」。岡山県北部の真庭市勝山で製材と集成材製造を手がける銘建工業。CLT工場の一角に置かれた大型機械に横書きされた標語には、集成材づくりの意気込みと期待が感じられる。2016年4月、市内に国内初の量産型CLT工場を稼働させた中島浩一郎社長を訪ねた。オーストリアでは、製材所の売上げの7割近くがヤマ側に利益還元されるとして、「日本のヤマにカネが残らない」と不満を口にする。木材製品を世界中に広域流通させる必要性を強調したうえで、「製品も技術も売る。それがＣＬＴだ。これが出来て初めて、ヤマにカネを残すことができる」と持論を展開した。

CLTは、集成材がひき板（ラミナ）を並行に集成接着して製造するのに対し、ひき板を繊維方向が直交するように積層接着したもの。中島社長によると、耐震性、断熱性、遮音性に優れ、重さは鉄筋コンクリートの6分の1しかないことから、建築工期を大幅に短縮できる。1995年ごろから、オーストリアで新たな構造用材として活用され、いまでは欧州を中心に利用が拡大している。2013年には、オーストリアのメルボルンで10階建てマンションが完成、ウイーン郊外には大型ショッピングセンターがオープンし、一般住宅から大規模建築まで幅広く活用されている。

集成材とCLTの違いについて、中島社長はCLTを「木材の塊」と表現し、集成材は幅に制約があるのに対し、CLTは厚みや幅に制約がなく、「塊だから、自由に切って使える」とその自由度の高さや利便性を評価する。銘建工業が2012年に生産を開始した従来のCLT工場の生産量は、2015年度は3,000㎥だが、新たに稼働した量産型工場は、年間3万～4万㎥の生産能力を持つ。2011年には日本CLT協会を設立し自ら会長に就き、国内でのCLTの普及を牽引している。

集成材製造の意気込みが伝わる銘建工業の工場

銘建工業が集成材の生産を始めたのは、1970年。会社が集成材にこだわる理由を紹介したい。中島社長によると、鉄骨造りの鉄道駅舎が欧州に広がるほど、鉄骨建築は近代文明の象徴だった。ところが、鉄骨を入手する財政的な余裕のない北欧の国々は集成材で打って出た。北欧の負けん気を示すエピソードだ。一方、勝山のある美作地方は、吉野や木曽のような銘木の産地とまではいかず、製材産地として活路を見いだした。北欧の負けん気から学んだのが、集成材づくりだったのか。「日本一の集成材を造ろう」の標語は、先代が書き記したものだというが、中島社長はCLTの普及に意気込みを見せる。

都市部の中高層建築物の木質化は、床や壁、天井に導入が考えられてきたが、木材そのものは、構造材としては全く考えられてこなかった。そこへ、CLTが登場したことで、状況は一変した。「コンクリートから木へ」の転換が都市部で図られる可能性が見いだされ、都市部で木材が大量に消費される道筋が見えてきた。

CLTについては、日本農林規格（JAS）が2013年に制定され、「CLT元年」と呼ばれた。国内で初めてCLTを活用した建築物として、銘建工業も出資する高知おおとよ製材の3階建て社員寮が完成。14年には、政府が6月に改訂した日本再興戦略と、12月に決定された「まち・ひと・しごと創生総合戦略」の双方に、CLTの推進が明記された。国もCLTの本格的な普及に向け積極的に動き出した。

福島県の会津地方でも、県CLT推進協議会が2014年に発足、15年には東日本で初のCLT集合住宅が湯川村に完成し、東日本大震災の復興を目指す県産材の需要拡大に期待がかかっている。

銘建工業のCLT工場で生産されたCLT

ただ、需要の見通しについては未知数で、一般住宅への導入より都市部の大型施設での活用の方が現実的とみられる。

14階建ての木造ビルを実現可能にした耐火材

木材の特徴のうち、①くるう、②腐る——については、エンジアリングウッドで解決できそうだが、③燃える、についても、木質系の耐火部材が開発され実用化されている。これまで開発されているものは、木材を石膏ボードで覆い表面材に木材を使ったメンブレン型や、木材をモルタルや不燃木材などで覆いさらに木材で覆った燃え止まり型、鉄骨を木材で覆った鋼材内蔵型がある。このうち、１時間の燃焼実験に耐え、建築基準法に基づき１時間の耐火性能を持つものとして国土交通大臣が認定した耐火部材は、構造材に活用することで、最上階から数えて４階建てまでの木造建築が可能となった。さらに2014年には、２時間の耐火性能を持つ耐火集成材が開発され、最上階から数えて14階建てまで木造で建築することができるようになった。

このうち、石膏ボードを用いた耐火部材を開発したのは、山形市の建築会社「シェルター」だ。木村一義社長によると、石膏ボードを用いた理由について、普及しやすいよう安価な材料を用いたという。不燃処理した難燃材は１㎥当たり70万円〜80万円。石膏ボードは㎥当たり1,000円ですむ。先に紹介した京都木材会館は、シェルターの２時間耐火部材が全国で初めて使われた。木村社長は「東京から情報発信して地方に浸透するのが、これまでの流れだが、逆に地方から発信して東京や日本を変えたい」と話し、耐火材の広がりに期待した。

エンジニアリングウッドや耐火材が普及するなか、再評価したいのは、無垢材だ。木材本来の質感は、暖かみや柔らかさを感じ、落ち着いた安らぎさえ感じさせる。都市住民のメンタルケアも叫ばれているだけに、都市部の建築物にも導入を探る動きを期待したい。

シェルターが開発した２時間耐火材

高層ビルに大量の国産材を投入する

高層ビルそのものに、木材を活用しようという大胆な動きも、すでに出てきた。これまでは、オフィス内壁の木質化が一般的だったが、床の構造材への採用を模索し、木床高層ビルの実現に向け、勢いを増している。「超高層ビルに木材を使用する研究会」（会長、稲田達夫・福岡大学教授）は、大学の建築学科の教員や研究機関の研究者、木材関連企業の幹部らにより2013年に発足し、どうしたら高層ビルに木材を投入できるか、検討してきた。エンジアリングウッドの開発が進み、くるう、腐る、燃える、の木材の欠点を克服しつつあるといえども、木材を高層ビルに採用するのはハードルが高い。だが、可能になれば、木材使用量はケタ違いに増える。

そこで、研究会が到達したのが、床材への導入だった。稲田教授によると、床を木質化すると、建物の軽量化が図られ、工期も短縮できる可能性もあり、コスト削減にもつながる。さらに、１フロアの床を取り外して吹き抜け階にできるなど建築計画上の自由度が拡大し、現場で深刻化している、コンクリート熟練工不足にも対応できる。もちろん、森林資源の有効活用が図られ、地球の温暖化防止にも貢献できるという。

稲田教授らの試算によると、高層ビルのような非住宅建築物の床に木材を取り入れることで、1,000万㎥を超える木材が使われ、新たな市場の開拓につながる、と期待する。現在の国全体の国産材供給量は約2,000万㎥だから、その半分もの量を上乗せすることになる。試算では、非住宅建築物の年間の新築着工床面積は約１億5,000㎡。そこへＣＬＴを用いて床を作ると、必要な木材（製材）は675万㎥。製材の歩留まりを60%とすると、1,125万㎥の丸太が必要になる。

稲田教授による建築分野の木材活用のシナリオでは、国産木材の供給量が4,000万㎥だった1960年代の水準に戻すことを目標に据える。建築コストや防耐火の問題など解決すべき課題もある。木床高層ビルの実現に向け、実験や研究を重ねていくというが、実現できれば、国産材の大口需要先ができ画期的だ。

（3）木造禁止の歴史

木造化拒んだ法制度があった

これまで、新たな動きを追いながら、林業の課題について考えてきた。なぜ、林業は衰退し、国産材は需要を失ったのか。安価な外国産材の流入の影に隠れた、ほかの要因を探り、この第1部を閉じたい。

木造が禁止された公共施設――木造禁止制度

先述した、公共建築物の木材利用促進法（2010年施行）。この法律について「林業、木材業の冬の時代に終止符が打たれた」「林産業界の悲願達成」「政府の事実上の方針転換」などと評価する声が多い。それほど、この法律は画期的だったのだ。どういうことか。戦後、木造化が長く拒まれてきたのだ。背景には、①関東大震災（1923年）や第二次大戦の都市空襲の教訓から耐火性に優れた建築物への要請があった、②戦前、戦後の復興期の大量伐採による森林資源の枯渇や国土荒廃への懸念があった――ことから、国や自治体が率先して建築物の非木造化を推進した。

まず、衆議院で1950年4月、「都市建築物の不燃化の促進に関する決議」が行われた。毎年、火災のために莫大な富が喪失されている現状を指摘し、木造建築物が火災に対し、全く対抗力を持たないことに起因するとし、新たに建築する官公庁建築物は、原則不燃構造をうたい、事実上、木造を禁止した。この決議と同じ国会（1950年）で、建築基準法が制定され、一定の高さを超える建築物の主要構造では木造禁止とされ、木造建築物全般にわたって規制された。

静岡県草薙総合運動場体育館。公共建築物への木材活用が目立ってきた

1951年には、「木材需給対策」が閣議決定。都市建築物の耐火構造化や木材消費の抑制、未開発森林の開

発などが盛り込まれた。この年に、森林の生産力向上と国土保全を目的とした森林法が制定された。また、1955年には、「木材資源利用合理化方策」が閣議決定。森林の過伐採と木材資源の枯渇の対策が喫緊の課題として、①国や自治体が率先して建築物の不燃化を推進、②木材消費の抑制、③森林資源開発の推進——を盛り込んだ。

この閣議決定により、都市部では大型木造建築が事実上禁止され、以後、非住宅建築の木造施設は消滅していく。ちなみに、閣議決定したのは、当時の鳩山一郎首相で、半世紀後の2010年に公共建築物の木材利用促進法を成立させたのは、孫にあたる鳩山由紀夫首相（当時）だったのは何かの縁だろうか。

ほかに、戦後最大の被害を生んだ伊勢湾台風の翌月の1959年10月、日本建築学会が「建築防災に関する決議」を行い、「防火、耐風水害のための木造禁止」を提起した。

木造を目の敵にした政策が、何とも次々に打ち出されたものだ。近世から続くはげ山の歴史の教訓から、森林再生に向け木材消費の抑制を定めるのは理解できなくもないが、過剰反応に思える。火災に対し、木造が全く対抗力を持たないとして禁止するのでなく、対抗力を向上させる研究開発に着手していれば、違った展開もあったかも知れない。こうした動きが、非住家の木造化が敬遠され、木造建築の技術開発の遅れを生じさせたことは否めない。そのため、大学の建築学科で木造を教える機会が急減していったという。

木造の冬の時代に終止符

次に、今度は木造の復権とでも言おうか、木造の規制見直しの動きを見る。

学校施設こそ、木材の導入が求められる

木造建築物の規制は、1987年の建築基準法の改正以降、徐々に緩和されていった。2000年の建築基準法改正では「性能規定」が盛り込まれ、同等の性能であれば、多様な材料、設備、構造方法を採用してもいいことになった。これにより大規模建築物の木造化の道が開けた。そこへ登場したのが、公共建築物の木材利用促進法だ。1960年代～80年代に集中的に整備された公共建築物の多くが建て替え時期に入ることから、木造建築による建て替えの好機として期待された。木材利用促進法に基づき、「公共建築物等における木材の利用の促進に関する基本方針」が2010年10月に決定され、「可能な限り木造化、木質化を図る」として、それまでの非木造化方針が転換された。

以降は、木材利用にも光明が差す環境となり、先述したCLTのJAS規格が2014年に施行され、基準強度や設計法を2016年4月、国が告示した。枠組み壁（ツーバイフォー）工法の構造材のJAS規定も2014年に改訂され、国産材が同工法で使いやすくなった。さらに、住宅品質確保促進法が2000年に制定され、一般住宅でも柱や梁の構造材に集成材が普及した。

防火や風水害対策のための木造禁止を提起した日本建築学会も2015年、「地球温暖化対策アクションプラン」の提言の中に、木造建築の普及などを盛り込んだ。

ヤマが回ってこその成長産業

都市建築物の不燃化の促進に関する決議が行われた1950年は、ちょうど現在、成熟した人工林の植林が始まった時期だ。この間の半世紀は、地域ではまず、学校が鉄筋コンクリートになり、子供を木材から引き離す結果になった。さらに防火の観点から、木造住宅でさえ壁は全面クロス張りになり、木目も見えない環境に置かれている。木のぬくもりを感じ取る感性が希薄化してしまわないか、懸念されるところだ。学校施設には、一部に無垢材を投入する対策が求められている。

また、人工林の活用期を迎え、国産材の活用が叫ばれ、さらに技術開発や法制度の改正が進むのは歓迎するところだが、すでに指摘したように、温暖化対策による間伐を除けば、再造林や立木の価格維持など、次世代につなぐ循環型の林業現場への対応が、勢いのある木材利用の動きに比べ希薄に思える。政府は新成長戦略基本方針（2009年）の中で林業を成長産業と位置づけ、2014年に発表した「日本再興戦略」には林業の成長産業化の方針を示した。川下の需要喚起（木材の利活用）によって川上の振興を図る狙いだが、ヤマの安定、循環があってこその成長産業であり、川下に木材が安定供給され、利用活用が図られる。

第2部

木の底力と森の歴史

第1章　見直される木の力

イメージ一新、木の底力引き出す知恵

世界一背の高い樹木は、米国カリフォルニア州にある針葉樹で、高さ100ｍを優に超えるという。地上30階建てのビルの高さに匹敵する。根から水分を汲み上げ、木の最上部の葉の茂みの先端まで満遍なく供給するポンプの力に驚く。蒸散作用など諸説あるようだが、それ以上に感心するのは、茂みに当たる風圧にも耐えて巨体を維持する体力だ。構造計算された鉄筋コンクリートで構造部が維持されている高層ビルと比較して考えると、改めて木の力に驚く。

木は身近な存在だと思いがちだが、自然と離れた生活が続くほど、木に対する誤解も増えていくようだ。前項で木材の弱点として、①弱い、②腐る、③燃える、④くるう――が指摘されていることを挙げたが、例えば「同じ重さの鉄と比べてみると」など条件を付けると、その弱点は、見方が一変する。木は鉄やコンクリートにひけをとらないほど、優秀な素材だ。里山で暮らしてきた人々は、長い経験から木の特徴や個性をうまく活用し、生活に取り入れてきた。第２部では、常識を覆す、木の底力と森林の包容力、また、暮らしとの関係について考えてみたい。木材は本当に弱いのか――

（1）木の威力

木材は鋼鉄の４倍の強度がある

重い瓦を乗せた日本家屋を訪ねた時、頭上の太くて大きい梁に疑問を抱いたことがある。重量のある梁にしたら、さらに家の高い位置が重くなって不安定になると思い、家の上部を軽くするために、なぜ、もっと梁を細くしないのか、と――。木の強度について、専門家に聞いた。

屋根や梁などの構造体を支える柱は、上から加重されるため、相当な圧縮力がかかる。また、梁は、両端は柱で支えられるが、下から支えるものがない梁の中央部には曲げの力が加わり、引っ張られる力（引張り力）が働く。地震の際は、柱にも引張り力がかかる。一般的な感覚では、木材は、鉄やコンクリートより遥かに弱い、と考えるが普通だ。そこで、木材の強度を分か

りやすく示した資料として、国立研究開発法人・森林総合研究所から『木材の物理』（文永堂出版刊）を紹介してもらった。

それによると、木材とコンクリート、鋼について、圧縮力を示す圧縮強さ（kgf／㎠）を比較すると、木材は、１㎠当たり380kgf で、コンクリート（704kgf）の半分、鋼（8,160kgf）の約20分の１の強さしか持たない。我々の感覚通りの結果だ。

積まれた材木から芽が。生命力に驚かされる

ところが、この３種類の材料は、比重が大きく異なる。比較する条件が違うのだ。体積を重量で割った比重は、鋼は7.9、コンクリート2.5で、木材は0.46だ。木材は相当軽い材料で、だから水（比重＝１）にも浮く。材料を、同じ比重で比較する必要がある。そこで、圧縮強さを比重で比較（比圧縮強さ）するとどうなるか。木材は826で、鋼（1030）には及ばなかったものの、コンクリート（282）の３倍の強さがあった。つまり、圧縮強さを単位重量あたりの強さに換算すると、木材はコンクリートの３倍強いということになる。

また、引張り力を示す引張強さ（kgf／㎠）は、木材は、１㎠当たり1,060kgf で、コンクリート（41kgf）の26倍の強さがあったものの、鋼（4,680kgf）の４分の１しかなかった。これについても、比重で比較（比引張強さ）すると、木材の力は一挙にアップする。木材（2,300）は、鋼（592）

木の太い梁の強度は、鉄に負けない

の４倍、コンクリート（16）に至っては、144倍の強さがあった。単位重量あたりの強さに換算すると、木材は鋼の４倍強いのだ。

材料の強さは、一般的には同じ大きさ（同じ体積）で比較してしまいがちだ。しかし、同じ重さで比較すると、木材の方は当然、鋼と比べものにならないほど体積は膨大となるが、鋼の４倍もの強度を持つことから、屋根の荷重を支える梁は体積が大きいほど、より大きな荷重に耐えることができる。木材の意外な強さを見せつけられたと同時に、先人たちの知恵には驚くばかりだ。

軽いわりには強い

こうした、木材の比重あたりの強さを、どう考えたらよいのか。森林総合研究所の木構造の専門家は、飛行機は初期のころは木材で製作されていたことを例に、「木材は、軽いわりには強い」と表現する。単に強さで勝負しようとたら、鉄やコンクリートの他の材料に勝てない。ところが、「軽いことのメリットを考えると、使い方によっては木材は優秀な材料に変わる」と説明した。軽いわりに強い特徴を応用すると、例えば、木造の建築物をより高層にした場合、上部の建築物の重量を支える基礎は上部が軽い分だけ規模が小さくてすむ、というのだ。基礎を設けるために、それほど深く掘らなくてもよく、コストが削減できる。

木質環境設計学が専門の佐々木康寿・名古屋大学教授も「作用する力によっては、木材の強さは鉄やコンクリートとひけをとらない」と木材を評価し、「木材は、力学的には突出して優れた性能はないが、平均的で満遍なく中庸な性能を持っている」と解説。「だから、木材を使うには、知恵や知識、工夫が必要になり、今日に至ってもなお、将来実を結ぶ可能性のある研究が続けられている」と話す。木材はさまざまな可能性がありそうだ。

世界自然遺産で知られる屋久島（鹿児島県屋久島町）の木工芸作家、渡辺重さん（42）によると、木材は、硬さでいえば石に負け、粘りはゴムに、熱はセラミックに劣るが、平均点は高い。柔らかいが割れず、加工しやすく扱い安い。「各々の優れた点を見るのではなく、全体でとらえた方がいい素材だ」と説明する。鹿児島弁の「てげてげ」（適当に、大体のところで）の言葉が当てはまるのだという。一つ一つを突き詰めるのではなく、全体を見て評価しようとする見方をした方がよさそうだ。

特定の力を発揮する鉄やコンクリートがスペシャリストなら木材は総合的な力をもつジェネラリストといったところか。

丸太は腐らず、液状化を防ぐ

ところで、木材が軽いのは、木材が繊維の壁と、空隙と呼ばれる空気の穴からできているためだ。箪笥に使われるキリは空隙が多く、備長炭の原料となるウバメガシが、持つとずっしりと重さを感じるのは空隙がそれだけ少ないからだ。木材をそのまま放置すると、微生物などによって分解され、やがて二酸化炭素を放出しながら朽ち果てていく。自然の物質循環を考えると、腐ってくれた方がいいわけだが、「水に漬けると」の条件を付けると、百年以上腐らないことが分かった。この点を実証し地震による液状化対策に役立てている中堅ゼネコンの試みを紹介する。

東京駅のリニューアルに向け、丸の内駅舎を復元工事した際、劣化はあるものの腐っていないカラマツの杭が地下から出てきて話題になった。1914年に完成した東京駅は、地盤が軟弱層だったため基礎や地盤強化に1万本もの木製の基礎杭を打ったことが、記録に残されている。また、1964年に発生した新潟地震で初めて、大規模な液状化の被害が広く認識されるようになったが、土中に木杭を打ち込んだ新潟駅は大した被害がなかった。

そこで、二酸化炭素（CO_2）を吸収固定する木の公益的機能に着目し、地球の温暖化防止と環境保全、さらに液状化の対策に、丸太の活用に取り組んだのが、飛島建設（神奈川県川崎市）だ。軟弱地盤に何本もの丸太を打ち込むことで、地盤を形成する砂や土が堅く締め付けられ、密度が増大して液状化を防ぐ一方、CO_2を地中に貯留することになる。さらに、丸太を大量に使えば、ヤマの森林整備が進み、CO_2が吸収固定されるばかりか、環境保全にも役立ち、土砂崩れを防ぐなど森林の防災機能も高まる。主役は、シンプルな普通の間伐丸太だが、一石何鳥もの効果が

都会で木杭が活躍するほどにヤマの間伐は進む

期待される。

そこで、同社によると、過去の文献調査や各地の構造物に使用された木杭を収集して分析した。福井市の橋桁を支える基礎杭（マツ）は地下水位より深い場所で74年間にわたって使われたが、大した劣化もなく立派に役目を果たしていた。さらに、東京都千代田区霞ケ関の鉄筋コンクリート建築物を支えた、マツの基礎杭は、地下水位より浅い場所であったにもかかわらず、115年間も健全性を保っていた。地下水の中でなくても、空気の供給が遮断された地質の場合は、木杭は腐食しにくいことが調査で分かった。

この丸太打設の工法は、現場実証実験や模型を使った振動実験により、砂を柱状に打設して地盤密度を増大させる、ほかの工法と同等以上の、液状化対策効果があることが確認された。砂の打設工法は、騒音と振動を伴うことから、都市部での導入には馴染まないが、丸太打設の工法は騒音や振動が抑えられ、比較的場所を選ばないですむメリットがある。そこで、東日本大震災でも液状化被害があった千葉県浦安市の集会所をはじめ、千葉市美浜区の分譲住宅予定地１．３haに、千葉県産を中心に、直径約15㎝のスギとカラマツを計１万3,420本を打ち込み地盤強化した。また、青森県八戸市の岸壁でも、計6,049本の丸太を打って耐震補強するなど、丸太を使った液状化防止工事は、これまで15件にのぼる。

建設分野で木を再評価する動きも

間伐丸太を活用した、この打設工法は今後も、文字通り「不朽の名作」として普及するものとみられる。注目したいのは、いまやコンクリートのイメージが強いゼネコンが、自然素材である木材を扱い出したことだ。建設会社は、元々は土や木などの自然素材を扱っていた土木会社だけに、木の活用は特別、違和感はないようだ。土木会社では、高度成長の時代に、高速道路などのインフラ整備やビル建設による都市の集中整備に向け、自然素材からセメントや鉄への材料転換が図られ、日本は「木の時代から、コンクリートの時代」へと大きく舵を切ることで発展してきた。

ところが、地球温暖化防止や防災の対策に、木材の活用を期待する世論を背景に、土木分野でも連携の動きが生まれた。飛島建設が加入する土木学会をはじめ、日本木材学会、日本森林学会の３学会が2007年、土木分野における木材の利用拡大に向けた、横断的な研究会を発足させた。木を再評価し、土木事業に木材を導入する際の問題点を洗い出し、利用拡大に向けた技術開発を進めるのが狙いだ。木材活用の世論づくりに力を発揮している公共建築物の木材利用促進法の制定（2010年）の前から、コンクリートを重用する建設分野に関係が深い3学会が足並みをそろえる動きは、再生可能な資源の木材を重視する時代の流れを象徴している。

木は燃えやすいのか

一般的に木は燃えやすい素材か否か、について考えたい。晩秋に赤い実を付け、山々や街路を彩るナナカマドの名前の由来が、燃えにくい性質から来ている説があるという。「かまどに七回入れるほど、いくども燃やしても、燃えあがらない」というわけだ。まとまった緑をつくる木々は火をくい止める効果があり、火防木（ひぶせぎ）と呼ばれる。阪神大震災（1995年）でも、火災に遭った神戸市長田区の鷹取地区で延焼がくい止められた事例が知られる。JR鷹取駅の近くの大国公園を囲むように配置されたクスノキの木立が緑の壁となって、東側から迫ってきた火災をブロックし延焼をくい止め、西側の住宅地を火災から守った。クスノキは焼けただれた樹皮を巻き込むように成長し、いまでは傷跡が黒々と一部に残っている。

生木ではなく、乾燥させた木材についてはどうか。一般的には、木材は燃えやすい、というイメージを持たれている。ところが、木材はある程度の体積があると、表面は燃えても、木材の内部まで燃え進むまで時間がかかる。表面が燃えてできる炭化層によって、内部への熱と酸素の供給が断たれ火の通りを遮断するからだ。火災の際は避難する時間を稼ぐこともできる。木材は、意外に燃えにくいのだ。

阪神大震災の火災の延焼を食い止めた、大国公園のクスノキ。傷跡が残るが元気だ

2001年の米国同時多発テロで、途中階が火炎に包まれた世界貿易センタービルが、一挙に崩れた映像は衝撃的だった。火災による

熱で鉄骨など構造材の強度が低下したことが指摘された。鉄のコンクートに代表される人工材料は木と比べものにならないほど強いイメージを抱いていただけに、鉄とコンクリートによる近代建築の意外なもろさを見せつけられた思いだった。

夢の新素材・セルロースナノファイバー

木材そのものの強度や特性を見てきたが、10億分の1の世界で考えると、木の威力は相当なもので可能性は一挙に広がるようだ。次世代型の新素材として、セルロースナノファイバー（CNF）が注目されている。森林総合研究所で解説してもらった。セルロースナノファイバーは、木材などの植物細胞壁や植物繊維の主成分であるセルロースをナノサイズ（1ナノ=10億分の1）まで細かくほぐした、バイオマス素材のこと。鋼鉄と比較して5分の1の軽さで、その5倍以上の強度（引張り強度）がある。硬いわけではなく、しなやかな特性をもっている。さらに、ガラスの50分の1の低線熱膨張性があり、熱を加えても変形しにくく、透明素材にもなる。優れた力学的な特性が研究で解明されており、政府が2014年6月に公表した「『日本再興戦略』改訂2014」に、研究開発の推進が明記され、国家プロジェクトとして動き始めている。

森林総合研究所によると、プラスチックに混ぜると強度が向上し、ゴムに混ぜ込むと摩耗しにくくなる。そこで、軽くて強い特性を生かし、セルロースナノファイバーを混ぜたプラスチックを自動車のボディーに採用すると、燃費を向上することができる。摩耗しにくく強いタイヤをはじめ、家電製品など工業製品の材料に可能性を秘めている。さらに、少し加工するとセルロースナノファイバーが様々なものを吸着できるため、紙おむつへの応用も考えられ、他の物質とよくなじむ混和性に優れていることから、化粧品や食品にも活用できそうだ。

植物の細胞壁を主に構成しているセルロースは、樹木の骨格を形成する基礎物質だ。樹高100mを超す樹木が風雪にも耐え、1000年以上も生きられるのもうなずける。それよりも、面積では小国だが、日本はインドと並ぶ人工林面積を持つほど豊かな森林資源を手にしている。セルロースナノファイバーの実用化が進めば、木材の新たな需要も膨らむ可能性もある。人工林を抱える中山間地域にとっても朗報だ。

森林総合研究所は2016年１月、国産材を原料とするチップを用いて、セルロースナノファイバーを一貫工程で製造する技術を開発、その製造実証プラントを完成させた。新素材の開発や用途開発を目指し、林業の活性化と新産業の創出につなげる。

（２）健康、教育効果

実証される「木は人に優しい」

木の底力の中で、特に注目したいのが、健康面への影響だ。ストレス社会と呼ばれるほどに、都市生活者の精神的ストレスの高まりが指摘され、地方に移住する人たちの動機にもなっている。これまで、木造空間による安らぎや落ち着き、人との相性の良さについて触れてきたが、こうした鎮静効果や親和性が科学的に解明されてきた。ストレスを和らげる都市生活に役立ちそうだ。森林総合研究所を中心とした研究結果を紹介したい。

森林総合研究所によると、人体の生理面に与える木材の好影響が分かってきた。パソコンの継続的な作業で、スギやヒノキの香りに多く含まれる、α―ピネンという化学物質を嗅ぎながら作業した場合と、においを嗅がない通常の場合について、心拍数の変化を比較する実験を行った。被験者の大人13人の平均値を比較したのだ。ストレスを感じた時は心拍数と血圧が上がる傾向があるからだ。

それによると、香りをかぎながら作業した時の心拍数の変化量（５分ごとの平均値）は、作業開始後の10分～15分では１分間あたり３拍で、何もかがない場合の変化量（１分間当たり５拍）の６割にとどまった。さらに作業開始後15分～20分の変化量は、香りをかぎながら作業した時は１分間あたり３拍で、何もかがない場合（１分間当たり６拍）の半分に抑えられた。また、血圧についても、スギのチップの香りをかいだ状態では最高血圧が下がることが確認され、木の香りは身体をリラックスさせる鎮静効果があることが分かった。

人にも目にも優しく、ブルーライト遮断

さらに、最近取り沙汰されているブルーライトの影響についても紹介したい。紫外線による目の障害が指摘されているが、パソコンやスマートフォン、蛍光灯などのブルーライトについても、森林総合研究所が研究している。目

に対する有害性が指摘される紫外線をはじめ、青色光や紫色光、藍色光など比較的波長の短い可視光線（ブルーライト）を木材は良く吸収することが、実験によって分かった。「木材は目にやさしい材料だと言える」（森林総合研究所）という。

実験は、研究所内に設けられたモデル木造住宅の、広さや間取り、方角が同じで、南側に窓のある２室で行った。西側の部屋は木材の内装にし、床と天井の全面と一部の壁にスギとヒノキの無垢材を張った。これに対し、東側の部屋は非木質内装として、床に木目調にプリントした塩化ビニールのパネル板を、壁と天井の全面には白色の塩化ビニール製のクロスを張り、東西両方の部屋の中央部、高さ１ｍの位置で、それぞれ自然光を計測し、光の分布を比較した。

その結果、木質空間の西側の部屋では、紫外線や青色光、紫色光、藍色光の放射照度の合計値が、非木質空間の東側の部屋より約50％低い値だった。窓からの自然光が室内で反射、散乱、吸収される際に、内装材によって、反射、吸収特性が異なることから、木質空間では内装に用いた木材が、紫外線とブルーライトをよく吸収したのに対し、非木室空間では、その効果が低かったことを示している。

木造の部屋は、人体に影響を与える紫外線とブルーライトを吸収することから、目も疲れず、それだけストレスを感じさせない効果があり、木の力がさらに見直される。

子供の発達を促す木質環境

続いて、教育効果についても、木の威力を見ていきたい。「木育」という言葉が聞かれるようになり、幼児期から木材に触れさせる動きがあるが、木育を推進する第一人者の浅田茂裕・埼玉大学教授の試みを紹介する。浅田教授は、遊びが活発化する４歳児計24人を12人ずつ、２チームに分け、床に厚さ３㎝のスギの無垢材を張った木質フロアの部屋と、マンションなどで活用されている、木目調のプリントを施したパネルフロアの部屋で、それぞれ20分間遊ばせ、遊びの行動を観察した。両方の部屋に積み木を置いた。

特徴的なのは、パネルフロアでは積み木を床平面に横方向に並べて遊ぶ行動が、平均120秒だったのに対し、積み木を縦に積み上げる遊びは平均50秒と半分の時間にとどまった。これに対し、木質フロアでは逆に、積み上げる遊びは平均110秒で、平面遊び（20秒）の時間の５倍もの時間を示した。浅田教授によると、積み木を積み上げる立体遊びは、バランス感覚と集中力が要求されるため、積み木の平面遊びより、より質の高い遊びと言える。木質フロアの方が、より難しいことに集中して取り組む姿勢がうかがわれる。

木は、子供たちに安心して遊ばせられる

子供は、足裏の感覚（身体知覚）で、その場所でどんな遊びができるか瞬時に理解する、という。コンクリートの上にパネルを張ったフロアは熱の伝導性が高く、その場に一定時間いると体温が奪われ冷たさを感じる。じっとしていられないため、落ち着きなく動き回る多動性の行動が見られる、というのだ。これに対し、木質フロアは冷たさを感じさせないので、じっくり思った遊びに集中できる、というわけだ。それでは、熱を通しにくいスポンジ状のフロアだったら、どうか。浅田教授によると、身体知覚で子供は床が自身の身体を安定して支えてくれないのを理解するので、落ち着きを失う。

小学２年生までは、木の環境を

さらに、遊びの行動と関わり合いの変化を見たところ、パネルフロアでは、一人で遊ぶ孤立的遊びの場面が40回あったのに対し、木質フロアでは28回に減った。これに対し、複数の子供が一緒に関わり合いながら遊ぶ連合的遊びは、パネルフロア（７回）より木質フロアの方が29回と４倍もの数字を示した。木質フロアの方が、子供同士の関わりが増えることが分かった。

浅田教授によると、子供は生まれながらに多動性を持っているが、集中して遊ぶことが繰り返されることで、脳の働きが活発化し、自分の行動も抑制させられる。落ち着いた行動を取れるようになる。自由に伸び伸びと行動でき、ダイナミックに遊ぶことができるのは、子供の発達に大事なことで、そうした遊びを支えることができるのが、木質の環境だ、という。「小学２年生ごろまでの子供が学ぶ教室は、かなりたくさんの木を使った環境にすべきだ」と強調する。

木造に建て替えた福島県内の幼稚園では、木造になって子供がよく転び、細かいアザを多くつくるようになったが、鉄筋コンクリートの園舎時代に比べて活発になったわりには骨折などの大きな怪我が減った、という。子供は、浅田教授が指摘する身体知覚で、思いっきり遊んでも大した怪我をしない環境にあることを感覚的に知るのだろう。

ある一つの特性で木材を見るのではなく、見た目や香り、触感、身体知覚など、「合わせ技で木材の価値を評価すべきだ」と教授は主張する。木材を「平均的で満遍なく中庸な性能を持つ」と説明した名古屋大学の佐々木教授の言葉を思い出すが、合わせ技なら、他の材料より木材の方が、圧倒的に安価だ。教育現場にもっと多くの木材が入っていい。

（3）人を動かす力

悠久を生きる生命体への敬意や畏れ

大イチョウは、残った

高度経済成長時代は地方にも開発の波が及び、また、利便性や効率性が求められ各地で森林が伐採された。時代の流れに抗して市民によって伐採から守られた１本の木が、その後の街を変えることもある。地域にとって樹木とは、どういう存在か。この項では、市民によって守られた、１本のイチョウを通して、街の視点から「木の力」を考えたい。

市民運動で伐採を免れた盛岡市の大イチョウ

国内の県庁所在地で唯一、サケが遡上する川として知られる、盛岡市の中津川。川に沿って建つ市役所庁舎近くに、１本の大イチョウが立つ。それも、幅員12mの市道のど真ん中に鎮座するように。車両は、木にさしかかると減速して通り過ぎる。かつて、イチョウが立つ道路の西側に沿って、岩手県立中央病院があった。郊外に開発された新興住宅地から市内中心部に通うマイカーで市道は渋滞し、1973年、市は市道の拡幅工事を計画、イチョウは伐採されることになった。

その年の夏にイチョウの保全を求める病院職員の投書が新聞に掲載されたのをきっかけに、医師や看護師、患者も同調し守る会が結成され署名運動が展開された。市民も交えた約600人の署名が市に提出された。樹齢100年の木でも何のためらいもなく、伐採された時代だったが、議会は賛否両派に分かれて審議は紛糾し、結局、市長の決断でイチョウは残った。

１本の木の保全になぜ、市民は立ち上がったのか。当時の県立中央病院の産婦人科長によると、イチョウは高さ約20mあり、スズメなど野鳥のねぐらになっていた。入院患者は早朝に飛び立つ野鳥を送り出し、夕暮れ時に舞い戻ってくるのを出迎えた。末期がんの患者たちは、勢いよく天空に伸びる木を見て、自らを励ましたという。２階の分娩室では、陣痛に苦しむ女性に、窓を開けて野鳥の声を聞かせた。不思議にも、直後に出産する母親が多かったという。多くの生命を抱く大イチョウは、患者や母親を励まし、命が行き交う日常を静かに見届けてきた。

身近な人々にとって、木の存在を考えさせられる機会が再来した。前橋市内で街中の公園の常緑広葉樹が何本か伐採された。古木になって倒木の危険があったためだ。近くのアパートに住む、お年寄りの女性は、毎日木陰のベンチに座って時を過ごすのが、楽しみだったという。日差しを除ける場所もなく、外出する機会がめっきり減った、と嘆いた。

人はなぜ、木に寄り添うのか

二つの事例を紹介したのは、なぜ人は、木々に敬愛の念を寄せるのか、について考えたかったからだ。木は、多くの住民を励ます存在で、人々を引き付ける力があるのだろうか。先に紹介した名古屋大学の佐々木教授は、木は、時間の蓄積物で、長い時間を積み重ねてきた同じ生き物、生命体として、尊敬や畏れ、憧れの気持ちを人は抱くのではないか、と推測する。佐々木教授の話を聞ききながら感じたことは、長い時間を生き抜いてきた木がいつもそこにあり、どっしり構える変わらぬ姿に、人は安堵感や安心感を抱くのではないか。木は、身近な人々にとっては、心のより所でもあるのだろう。

開発がすべて非難されるものではない。経済成長の伸びが落ち着いたいま、１本の古木に寄せる多くの思いを察する感性や想像力がほしい。目に見えないものを感じることの大切さを、木々は教えてくれるのではないだろうか。

盛岡市の県立中病院は、その後1985年に移転した。跡地は市民公園になったが、大イチョウは、いまも変わらぬ姿で道の中央部に立っている。保存運動の高まりは、緑を大事にする意識啓発になって引き継がれ、百万本植樹運動を推進する原動力となった。市は1980年、全国に先駆けて景観づくりに着手し、都市景観形成に向けたガイドライン（1984年）を決め、市民合意を図りながら実施する手法は「盛岡方式」として広がった。大イチョウは、市民主体の景観づくりを象徴するシンボルツリーとなった。

「木と同じ生き物同士、感じるものがあるはずだ」

「木は、人を動かす大きな力がある」。四大公害病の一つ、水俣病の患者で、体験を伝え続けている熊本県水俣市の建具業、緒方正実さん（58）は、自身で製作したこけしを手に、力を込めた。この項では、「歴史の現場」から、人を動かし運動へと導いていったとも考えられる、「木の力」に注目したい。

本題に入る前に、水俣病や緒方さんについて説明する。水俣病は、チッソ水俣工場の排液に含まれていた有機水銀による中毒で、汚染された魚を食べた住民らが発症。胎児にも影響があった。日本の戦後復興から高度経済成長へと移行する過程で発生し、1956年に公式に確認された。３年後の1959年、緒方さんの祖父が突然発症、痙攣に言語障害、歩行困難などの症状で３カ月後、急性劇症型水俣病で死亡した。その年に生まれた妹も、胎児性水俣病患者で、家族や親戚を含め認定患者は22人もいるという。

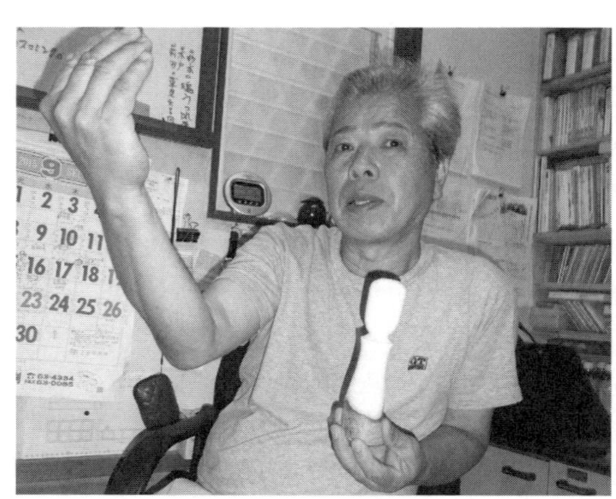

「木の力」を語る水俣市の緒方正実さん

偏見に苦しんだこともあった緒方さんは、自身が水俣病と向き合う決意をし、患者団体に所属せず、1997

年に初めて患者認定を申請した。しかし、願いははね除けられ、４回にわたる申請はすべて棄却された。２度目の行政不服審査請求で逆転裁決となり、初申請から10年後の2007年、熊本県から水俣病患者の認定を受けた。

一方、有機水銀で汚染された水俣湾は埋め立てられ、エコパーク水俣（41ha）としてスポーツ施設などが整備された。水俣湾はかつて豊かな漁場だったことから、新たな生命を生み出す森にしようと、エコパークの一部に市民が種を持ち寄った。「実生の森」と名付けられ、いまでは立派な森になっている。

森の一角に建つ看板には、湾内で捕獲され、行き場のない魚がドラム缶3,000本に収められ、その場に埋められた事実が明記されている。「この森には、水俣病の犠牲になった多くの生命の魂が宿っている」と話す緒方さんは、初めて患者認定を申請した97年、生命の魂に助けてもらいたい一心で、「実生の森」の木の枝を許可を得て譲り受け、「祈りのこけし」の製作を始めた。

水俣病公式確認から50年の2006年、当時の潮谷義子知事と小池百合子環境大臣にこけしを渡した。「木も生き物、同じ生き物同士の人間として、感じるものがあるはずだ」と願いを込めた。印象的だったのは、小池大臣だった。厳しい表情をしていたが、受け取ったこけしを見ている顔は、朗らかな表情に変わった。こけしの話題から会話がつながった。

それ以来、毎年歴代の環境大臣や行政側に渡し続け、「こけしを作り始めてから、見向きもしなかった行政が動き出し、耳を傾けるようになった」という。水俣病を語り継ごうと、認定を勝ち取った年（2007年）に、水俣病資料館の語り部となった。こけしはこれまで、全国の小中高校に5,000体、世界140カ国に4,000体送り、講演は全国600回にのぼる。

「木は、人を突き動かす、すごい力を持っている」と強調する緒方さん。「木は自分の一部」と話し、こけしのカンナくずはすべて、ミカンや野菜の畑の肥料として希望者に分け、土に返す。

水銀の採掘や製品使用などの規制について国際的に協議しようと2013年、水俣市で水俣条約を採択する国際会議が開かれた。120カ国から集まった550人の前で、緒方さんは「水俣病を悲惨な出来事で終わらせないでほしい」とスピーチした。熊本県は1997年、水俣湾の安全を宣言し漁業が再開された。木は行政を動かしたが、一方で緒方さんをも突き動かしている。

第2章　日本人は「森の民」か

自然共生の心

南北に長い日本列島は、温帯湿潤気候特有の雨が多く、北海道の亜寒帯から沖縄県の亜熱帯まで多様な気候帯によって、北海道のトドマツ、エゾマツから、沖縄県や鹿児島県屋久島のマングローブなど森林や樹木も多様性に富む。また、急峻で入り組んだ地形が特徴で、各地で気候風土に合わせた、多様な暮らしが成り立ってきた。

各地の地域起こしを支援する東京農業大学の宮林茂幸教授によると、川沿いの「里」（集落）から山側に向かって、田畑が広がる「野良」があり、畑の緑肥を採取した草地や樹林帯がある「里山」、さらに人里離れた「奥山」は普段は人が立ち入らない、クマやイノシシ、シカなど野生動物の生息領域だ。その遥か奥の山岳地帯を「岳（たけ）」と呼び、信仰の対象だった。

集落では、里山に薪炭用の落葉広葉樹のほか、スギやヒノキを植え、家屋の補修や建て替えなど、まとまった資金が必要な時に備えた。草地や低木、高木など多様な環境を持ち、豊かな生態系を抱える里山は、人の住む「里」と、より自然度の高い「奥山」との中間領域であり、緩衝地帯でもある。生物多様性にも富み、人と動物が対峙する試練の舞台でもあり、自然と折り合いを付け、共生する知恵が磨かれてきた。里の人々は、特別な意味を持たせて「ヤマ」と呼んだ。ちなみに、「森」は天然林を、「林」は人間が木を植えた人工林をそれぞれ指す。天然林と人工林を合わせた「森林」と「山」は同じ意味で使われてきた。従って、８月11日の国民の祝日である「山の日」は、山岳の日であり、森林の日でもある、と理解したい。

各地の習慣なり風習を紹介し、「森の民」として再評価する動きを追った。

（1）里地の習慣と心根

感謝と供養――「草木塔」

飯豊連峰の山ひだに抱かれた、山形県飯豊町。追い求めた「草木塔」は、田んぼのあぜ道に半ば風化する形でたたずむ。飯豊町を含む置賜地方に多く、住民にとっては身近な存在だ。ところで、草木塔とは、丸みを帯びた自然石などの表面に「草木塔」と彫り込まれた石碑のことで、①山菜や野菜、さらに畑づくりに刈り取った草木に感謝し、祟られないように供養する、②伐採した丸太を川に流して運ぶ、危険な作業の安全を祈願する――など諸説あるようだ。

飯豊町中津川の2015年の雪祭りでは、草木塔の雪像が登場

草木塔についての調査、研究のため、大学教員や郷土史家らでつくる「やまがた草木塔ネットワーク」（山形県上山市）によると、2015年３月末現在、国内外に203基あり、このうち江戸時代～大正時代に建立された計52基すべてが置賜地方に集中している。ほかに村山地方や庄内地方など山形県内には計173基が確認されている。草木塔ネットワークの理事で、山形大学の村松真・准教授は、草木とは森林や自然のことで、自然に対する敬いや畏れの気持ちと、祟り意識が合体して生まれてきたのではないか、と推測する。

意外なのは、平成の時代に入って急増しており、昭和時代までの73基から一挙に５割増しの130基が平成に建てられている。東京都や神奈川県、京都府などに建立され、草木塔に対する思いは廃れていないどころか、高まっていると言えそうだ。村松理事は「森林は無意識の存在で、ヤマに緑があるのは当たり前で意識しない」と日本人の特性を指摘する。木がなくなって災害が発生して初めて森林や自然を意識するようになる。「草木塔があることで自然を常に意識すれば、森林の変化に気づく」と草木塔の存在意義を強調。「草木塔は、無意識の存在の森林を意識させ、考えさせる格好の材料だ」と解説した。

「想定外」は、自然と向き合わない気持ちを隠す言い訳だ

草木塔ネットワークの前理事長、仙道富士郎・山形大学前学長は、東日本大震災による原発事故で、国や原発関係者が「想定外」を強調して

いたことを取り上げ、「想定外の言葉の裏側には、自然に対し、しっかりと向き合い物事を考えてこなかったことを隠しておきたい気持ちが潜んでいる」と痛烈に批判する。仙道さんの主張を以下、そのまま紹介する。

自然は、人智を超越した存在。だから、人間にとって、いつでも想定外のことが起こり得る。かつての日本人、先人たちは、それを感じていたはずだ。だからこそ、自然を敬い、畏れる心を持って生きてきた。そして、想定外のことが起こり得ることを後世に伝えるために、草木塔を建てた。

人間は自然のごく一部であり、自然に生かされている。機械化だ合理化だ、と人間の都合だけで物事を考えると、大変なことになる。自然は破壊され災害を招き、やがて人間自身が生きていけなくなる。どうすれば、よいか。欲望がどんどん肥大化している。足るを知ることだ。発展や開発が止まると、文化が栄える、と言われる。今がその過渡期にある。

猪突猛進でなく、足るを知って、皆が和やかに過ごす。そうした、たおやかな精神世界が大事だ。

以上が、仙道さんの生の主張だ。科学技術の進展は目を見張るものがあり、社会も発展する。数字やデータは、場所を問わないだけに汎用性を持って世界中に広がり、技術開発を加速させ、文明社会を発展させる。ところが、一方、文明社会が成熟すると、効率性や生産性が過度に求められ、社会全体に、数字で表現されるものや目に見えるもの、目立つものに偏重した考え方が広がっていくように思える。費用対効果やコストパフォーマンスの言葉が幅をきかせ、目立つためなら、実態とかけ離れた演出まで展開される。その陰で、目に見えないもの、数字には表しにくいものは、片隅に追いやられている格好だ。やがて淘汰されていくのだろうか。

自然に対する敬愛や畏怖の念は目に見えず、自然の恩恵は、計算できない。しかし、そこには、これまた数量化できない、人の思いや共感、つながりや絆など、その場所、その地域ごとに豊かな感性、精神性が育まれる。これを文化だ、と言いたい。草木塔は、特に文明社会に生きる都市住民に、目に見えない自然とのつながりを忘れないよう戒めているのではないか。だから、自然との乖離による、様々な問題が指摘されるようになった平成の時代に入って、都会や都市近郊に草木塔が増えているのだろう。

譲り合いの心——「熊の道」

岩手県の中央部、紫波町山屋地区の「熊の道」を紹介したい。田んぼに接する里山の森の際に、密生したツルや枝が上下左右にかき分けられた、人がかがんで入れるほどの穴らしきものがある。田んぼのあぜ道から３ｍほどの距離。覗いてみると、森の中のトンネルのように、奥へと続いている。岩手県指導林家の菅原和博さん（65）は、この場所で５年前の秋口の夕方、年配の女性が作業する田んぼのあぜ道を、クマが悠然と歩く姿を目撃した。その距離十数ｍ。クマは畑仕事に専念する女性を気にするでもなく、静かに森のトンネルに入っていった。「住民はクマと一緒に住んでいるようなもの。だけれど、山屋ではクマに襲われた話は聞いたことがない」と話す。

山屋地区に住み、熊の道に詳しい半田孝寿さん（61）によると、雪解けで冬眠から覚めてから、出産や子育ての時期、３月末～６月はじめだが、「村人は熊の道の周辺に立ち入るのを遠慮する」と話す。この時期は特に気が立っているため、危険だという理由のほか、エサを十分採れるようにし、しっかり子育てをさせるためだ。この時期ばかりは、村人はクマに配慮し山菜採りも我慢する。小熊がある程度成長すると、親熊も警戒心を解き、村人はようやくヤマに入る。縄張りを持てず、エサを十分確保できない若いクマも、この時期は気が荒くなるが、十分なエサにありつけると落ち着いてくる。

紫波町山屋地区の田んぼ脇の「熊の道」

熊の道は、クマのほかにシカやタヌキ、キツネも通る。「獣道」とも呼ばれる。エサ採りに通う道、水飲みに通る道、緊急性の高い時に逃げる道、と様々だ。クマは鼻が利き、匂いで村人かよそ者か判断できるという。村人も、どこに熊の道があるか把握している。気が立って凶暴なクマでも、村人が気づかず近づくと、唸り声を上げ、警告してくれる。半田さんは、熊除けの鈴を持たない。クマのかすかな気配を感じ取れないからだ。

村人がクマに心を配るのは、なぜだろうか。半田さんは、クマを「森の働き者」と呼ぶ。木の実を食べて森を移動し、所々にフンをするから、その場からドングリなどが発芽し森が再生される。さらに落ち葉が厚く積もった場所では、種が落下しても落ち葉に阻まれて活着できない。そんな場所にはハチが地面に巣を作る。蜂蜜が大好物のクマは、ハチの巣を狙って落ち葉や地面を蹴散らすため、種が活着できるのだ。

クマは森の再生、循環に貢献し、村人は森の恩恵を受ける。ドングリは山屋では「シダミ」と呼ぶが、凶作の時は食糧にし飢えをしのぐ。山屋の集落では、村人とクマが互いに譲り合って共生し、自然がうまく循環している。

他者に配慮する心――「木守り」

我慢して譲る風習に、「木守り」がある。葉を落とした柿の木の最上部、枝先に一つ、二つ、実を残しておく。「木守り柿」と呼ばれ、色鮮やかな花が咲く春と異なり、色を失った景観の中で、赤々と熟した柿の実だけが際立つ光景は、美しさや寂しさすら感じさせ、冬の準備に入る晩秋の風物詩となっている。また、ミカンを枝先に残すところもあるようだ。

なぜ、実を残すのか。①来年も実がなるようにとの願い、②冬を前に食べ物を求める野鳥への配慮、③木は方角や位置を確認する目印になっていたことから、落葉しても何の木か判別できるように――など諸説ある。柿は枝が折れやすく、最上部に登って実を採ることが難しいため、取り残されただけ、なのかも知れない。

兵庫県佐用町の木守り柿

福島県会津地方や岐阜の

飛騨地方では、野鳥へのお裾分けとの声をよく聞いた。雪国では、食糧の確保など冬支度に余念のない時期に、冬を乗り越えなくてはならない野鳥の苦労を我が身に重ね合わせのだろう。また、かつては水争いが頻発し地域の共同体意識が分断されることもあったため、浅ましく奪い合うことを戒め、他者に配慮するよう求める意味もあったようだ。森の民に通じるものがある。次は棲み分けの心を紹介したい。

（2）里山、奥山のしきたり

排除せず棲み分け

棲み分ける石垣の知恵——「シシ垣」

シカの被害が広がり、頭を抱える事例は先述した通りだが、シカの被害は江戸や明治の時代にもあったようだ。シカを殺処分することなく知恵を絞ったのが、「シシ垣」だ。大分県佐伯市の鶴見半島を訪ねた。

半島中央部の中越浦。半島の稜線に沿って、いまでは道が付けられ車で往来できるが、標高約200mの稜線に登ると、稜線に沿って各集落を囲むような形で山側に石垣が築かれている。これが、山側に住むシカやイノシシから、里側の畑の農作物を守った「シシ垣」だった。角張った石が積み上げられ、高さは1.8m～2m、所々に1.5mほどの少し低くした部分もある。幅は約1m。案内してくれた、佐伯市文化財保護審議会委員の神田亀吉さん（83）によると、半島部分にある石垣は総延長約15㎞にも及ぶ。敵の侵入を防いだ万里の長城のようだ。

神田さんによると、シシ垣が築造された時期は判然としないが、確実なのは江戸時代末期～明治時代の初めごろだ。藩政時代には、肥料として重用された干鰯づくりが盛んで、人口の増加による食糧の増産に、半島でもサツマイモやムギなどが栽培された。ところが、

大分県佐伯市の鶴見半島に残るシシ垣

干鰯の原料になるイワシが寄りつかなくなるとして、藩は半島沿岸部の森の禁伐令を出した。いまの魚付保安林だが、このためシカやイノシシが増えたようだ。

農家は、使い古した網を燃やすなど野獣除けに対策を講じたが、成果は得られず、これが、シシ垣築造の背景となった。1935（昭和10）年ごろまで、地区総出で石垣の補修や手入れが行われていた。

シカやイノシシと、住民が暮らすエリアを石垣で仕切ることで、お互いを棲み分けたシシ垣。鶴見半島だけではなく、香川県小豆島町や岐阜県など各地でみられる。ところで、なぜ、石垣の所々に高さを低くした部分があるのか。シカなら乗り越えることが可能なはずで、シカが自由に立ち入ることができるのなら、シシ垣は役目を果たさない。山村や里山の暮らしに詳しい、NPO 法人共存の森ネットワークの渋澤寿一理事長（農学博士）によると、実はこの点が、シシ垣に込められた知恵だった。

シシ垣を境に、里側では常に住民が農作業をしており、石垣の里側には人間の匂いが定着している。高さの低い部分から匂いが流れ、山側のシカたちに対し、これより先は人間のエリアだということを認識させる。さらに誤って里側に迷い込んだシカが逃げる出口にもなるし、住民にとっては、山側の動物の様子を観察できる。高い城壁で区切ってシカを排除するのではなく、いかにシカたちに人間の領域を認識させ、棲み分けて共生していくか、が重要なのだ。

奥山に苗木を植える――「実生苗植樹」

野生動物の被害を防ぐため、人との棲み分けを徹底させた地区もあった。「ヤマのもの（動物）が一度、里の（農産物の）味を覚えると、もうヤマには戻らない。何度も里を襲う」。祖父の言いつけを守った、岩手県岩泉町出身の寺院職員、佐々木優二さん（55）＝仙台市＝の、子供の頃の体験を紹介しよう。

佐々木さんの実家は、同じ岩手県内から岩泉町の山間部に入植してきた開拓団だった。５歳～15歳の10年間、奥山に棲むクマなどがエサを求めて里に降りて来ないよう、奥山に実のなる樹木を毎年、植え続けた。ナラやクリ、クワ、ヤマモモ、グミなど。種を拾い集め、トタン板を切り分けて作った土入りポットを使って、樹高が約50㎝になるまで３、４年育てる。梅雨の直前、成長した裸苗をかごに入れ、クワと水が入ったビニール袋を担ぎ、山に入る。重さは20kgにもなり、子供には重労働だ。５～６km登った奥山の針葉樹の伐採跡地に、穴を掘り植えるのだ。植樹は、伐採跡地の土砂崩落を防ぐ意味もあった。

関東以西でも、ドングリなど実のなる木が植樹された

樹木を伐採して畑を拓く開拓民は、先住者の動物たちにとっては、自分たちの領域を侵す大敵だ。エサに困れば当然、畑を荒らすばかりか、住民を襲う。一度たりとも、里の畑の味を覚えさせてはならない。人と動物がすむ領域を分ける、棲み分けが必要になってくる。銃などで襲撃すれば、必ず逆襲してきて、棲み分けは不可能だ。そのために、エサに困らないよう、動物の領域に実のなる木を植えてやり、食糧を保障する。佐々木さんは「動物たちの元々のエリアを、人間が奪ったことを自覚する必要がある。おごり高ぶった姿勢では、棲み分けはできない」と話す。森の民の知恵であり、森林文化なのだろう。

日本人と森林文化

草木塔やシシ垣など、これまで見てきた事例に共通すのは、自然に対する謙虚さであり、共生しようとする姿勢だ。かつての日本人はなぜ、こうも自然に対して謙虚な姿勢を持ち、折り合いを付けて暮らすことができたのか。よく指摘されるのは、日本人特有の和の文化だ。長谷川櫂氏は著書「和の思想」（中公新書）で、「さまざまな異質なもの、対立しあうものを調和させ、共存させる和の力」を取り上げ、日本人の持つ和の力の意味するところを解説している。なるほど、「和（なご）む」「和（わ）す」「和（あえ）える」など「和」の言葉は、共存や温和、平和、調和を表現する。

日本人の「和の思想」「和の文化」は、どうして培われてきたのだろうか。京都大学名誉教授で、秩父神社（埼玉県秩父市）の薗田稔宮司に聞いた。薗田名誉教授は、稲作を中心に村落が形成され、中世から近世まで続いた農村共同体を取り上げる。稲作の作業は一人の力では限界があり、さらに厳しい自然の中で近隣住民と協力し合わないと成立しない。村の中の連帯意識が、自然との調和を心がけながら、地域の共同体を維持してきた。「日本人には、この連帯を大切にしながら、生きてきた長い伝統がある。連帯しないと暮らしが成り立たなかった」と薗田名誉教授は説明する。農村の共同作業、互助作業である「結い」は、連帯の意識から生まれてきたのだろう。

こうした自然と協調し共存する、伝統の中から生み出されたのが、森林の文化であり、森の民の知恵だ、と考えたい。

文明と文化

ところで、近世まで続いた農村共同体について、薗田名誉教授は「近代になって、農村中心の、小さな自立した経済社会とともに、農村共同体は解体された」と説明する。幕末、明治時代に欧米から先端技術や機械、近代国家の法制度が一気に流入したからだ。

薗田名誉教授によると、農業と訳されるアグリカルチャーは、大地を耕すこと（カルチャー）であり、そこから、カルチャーは文化と訳されてきた。大地を耕す文化は、その土地への愛着や思いなど精神性や地域性、多様性があり、ゆえに地域固有のものだ。「地域文化」の言葉に代表される。これに対し文明は、都市性があり汎用性とともに、どの地域にも広がっていくことができる。技術や機械を動かす仕様やマニュアル、データがあれば、どこでも活用、応用でき場所を選ばない。

文化がローカルなのに対し、文明はユニバーサルだ。利便性を追求し続け、技術革新によって都市を拡大、拡張していく。文明が進展し、国内くまなく都市化が広がると、学校や庁舎など公共建築物は全国一律、似たような建物ばかりになり、どこへ行っても駅前や商店街は同じ風景に見え、各地の街全体が個性や多様性を失う。高度成長時代に一気に広がった都市や街は、どこを切っても同じ模様が現れる「金太郎飴」と揶揄された。

（3）里山の知恵

快適な暮らしを彩るもの

この項では、自然の力に抗するのではなく、うまく取り入れて暮らしてきた、里山の知恵について見ていきたい。消滅の可能性が指摘される、山村とともに淘汰されていいものでは決してない。現代の都市生活にも応用でき、快適な暮らしを彩る知恵にもなり得るからだ。安らぎやつながりが求められるほどに、輝きを増す、重要なキーワードだ。

里山の知恵を磨く

里山を抱える山村の家屋は、周囲に屋敷林をめぐらし、太陽光や樹木といった自然や、小範囲の風の流れや温度変化などの微気候を最大限活用し、快適な暮らしに役立ててきた。

東京農業大学の宮林教授によると、屋敷林は、一般的に冬の冷たい北西季節風に対応するため、樹種を工夫し、風によって家屋の暖かさが奪われるのを抑えた。北側から北西側にかけては、冬も緑の常緑広葉樹を、西側には冬に葉を落とす落葉広葉樹を配し、北風を遮断するとともに、西日を家屋に入れて部屋を暖め、気温が下がる夜でも暖かさを保たせた。また、太陽が夏より低く昇る冬場は、陽光が斜めに家屋内部に差しこみ床や壁に熱を伝え、輻射熱によって部屋全体を暖める。

一方、夏場は樹木の持つ機能が力を発揮する。西側の落葉広葉樹も葉が茂るため、北側から西側まで緑の壁が形成される。水が蒸発（気化）する時、大量の水分と熱が奪われ、周囲の気温が下がる。路面に散水する打ち水により、気温が下がるのと同じ原理だ。樹木の場合は、葉っぱ裏面の気孔から水分が蒸発する蒸散作用によって、葉の茂みは熱を失い日陰による涼しさに加え、さらに気温が下がる。

屋敷林では、冷気が蓄えられた木々の空間と、暖められた中央部の屋敷空間の間で熱交換が行われ、木立の冷気が屋敷内に流れ込み、涼しくなる。さらに、夏は太陽が高く昇るため、軒や庇で日差しを遮断し、屋内の温度上昇を抑えるほか、斜めから差し込む西日が西

散居集落には里山の知恵が詰まる。山形県飯豊町で

側の落葉広葉樹の茂みで遮られるため、余分な太陽光の熱が夜まで室内にとどまるのを防ぐ。寝苦しさは相当緩和される。

日当たりのよい南側には、サクラやウメ、カキなどの花ものや果樹を植えて、加工食材に用いた。日が昇る東側は開口部にして、農作業の参考にするため天候を読んだり、神仏を出迎え送ったりしたほか、山々の新緑や紅葉を愛でるなど景観を楽しんだ。

さらに、柱や梁、床などの木材をはじめ、土壁や土間は、室内の湿気を調整する調湿機能があり、特に土壁は遮音や断熱性に優れ、夏は涼しく冬温かい。温暖で多雨の日本の気候や風土に合った造りだ。また、調湿や脱臭などのために床下に木炭を入れる場合もあり、自然の力をフル活用し、少しでも快適な暮らしができるよう、工夫されている。

また、屋敷林にはスギを植え、落葉広葉樹にはケヤキやクリを用いて、家屋の改築や修繕に備え、台所や風呂の排水の流れる場所には水分をよく吸収するタケを植え、過湿を抑えて地盤保持を図るとともに、竹竿や農作物の囲い材など暮らしや農作業に役立てた。

里山の礼儀「伐ったら植えるのが、作法だ」

里山の知恵を磨き、自然と折り合いをつけて暮らしてきたのは、畏敬の気持ちを持って接してきた、自然に対する思いや、礼儀に似た感情があるようだ。山形県飯豊町広河原地区で、今でもヤマの手入れを続ける高橋政義さん（86）を訪ねた。

「伐ったら植えるは作法だ」と高橋政義さん

高橋さんは、妻竹子さん（84）と二人暮らし。町の中心部から白川ダムを経て、車で約１時間半の広河原地区に住むのは、いまや高橋さん夫妻だけ。隣の集落まで６㎞ある。先代から受け継いだ2.5haのスギ林の枝払いや夏草刈り、チェンソーを使って除伐もやり、いまでも手入れを欠かさない。2005年ごろまでは、植林もしていた。

冬は2m以上も雪が積もる。息子夫婦が同居しようと言ってくれているが、高橋さん夫妻のどちらかが一人暮らしになるまで、ここを離れる気はない。春はコゴミから始まり、ゼンマイ、ワラビなど山菜が豊富で、8月までフキが楽しめる。秋はキノコが待っている。「ここの暮らしは最高だ」と笑う。40歳代までは、クマ撃ちにも出かけた。毛皮は売り、肉と内臓は煮付けて食べる。骨は煮ダシに使い、ダシがとれなくなったら、畑に播いて肥料にする。「だって、命をいただく。投げる（捨てる）ところねえ。無駄にはできねえ」と語気を強め、「（自然に対する）礼儀みたいなものだ」と真顔で話す。

裏ヤマのスギ林は父親が植林し、政義さんと二人で育ててきた。樹齢60年。なぜ、ヤマの世話を続けるのか。「長い間、スギ伐って、草木をいただいて生きてきたんだ。伐ったら植える、植えた以上は手入れする。作法だ」。高橋さんの答えはシンプルだ。人に会ったら挨拶し、人に親切にされたら礼を言うのと同様、理屈ではない世界がそこにある。野生の動物や草木に、生命の息吹や輝きといった、目に見えない存在と、つながりを常に意識する感性が、「いただく」という言葉に表れている。

木は無駄なく使い切る。これも自然に対する作法なのだろう。1万年にも及ぶ世界的に最長の文明文化を持ち、いまや、国際的に注目される縄文文化の考え方に似ている。

縄文の知恵が生きていた島

「人と自然の根源的な関係を断ち切ったのが、日本の高度成長の裏の姿だ」。そう主張するのは、世界自然遺産に1993年登録された屋久島（鹿児島県屋久島町）永田地区の柴鉄生さん（72）だ。屋久島は、東シナ海と太平洋の境目に浮かぶ洋上のアルプスといわれ、九州最高峰の宮之浦岳（1,936m）をはじめ、永田岳（1,886m）など九州8峰

永田の浜で卵を産み、海に戻るウミガメ

までが島内の山が占める。山岳地帯は気候の変動が激しく、亜熱帯の島にもかかわらず冬には雪が積もる。夏場は、台風の常襲地帯だけに、植生環境は過酷を極める。また、「屋久島は月に35日間雨が降る」（林芙美子の「浮雲」）と言われるほど、雨が多い。この恵みの雨が、多様な動植物の生息成育環境を支え、固有種も多い。

ところが、高度経済成長に沸く1960年前後、島内のスギが大量に伐採された。柴さんは、スギの伐採に反対し、東京都内の大学を中退、帰郷し1972年に「屋久島を守る会」を結成。瀬切の森の保護運動では、林野庁や鹿児島県を説得し続けた。瀬切の森は、後に世界遺産登録の根拠の一つになった、亜熱帯から亜寒帯まで連続した植生の垂直分布が見られる西部地域に残る貴重な森だ。決して強硬姿勢を取らず、熱意と説得によって国による伐採計画を中止（1982年）させた、功労者の一人だ。反対運動初期の1966年に発見、公表された縄文杉や紀元杉は、樹齢3,000年以上といわれる。

「万物、命あるものは共生と循環を繰り返し、長い年月をかけて育まれてきた」と語り、平地が多く弥生文化が早々と入って農耕が展開された種子島と違い、平場がない屋久島は畑作が出来ず縄文文化がそのまま続いた、と柴さんは見ている。「屋久島は縄文の島、共生と循環を悟った縄文の知恵が生きていた島だった」と強調する。１万年にも及ぶ世界的に最長の縄文文化がいま、国際的に注目されている。柴さんは1983年、永田地区に伝わり途絶えていた岳参りを復活させた。岳参りは、永田の浜で産卵したウミガメの卵やトビウオなどの初物を、地元の青年や少年が永田岳に登り、頂上の祠に捧げる行事で、帰路はヤクシマシャクナゲのつぼみを持った枝を持ち帰り、地域の家々に配る習わしだ。

新たな受難の時代

柴さんによると、岳参りはかつて島内各地区で行われ、永田地区では1950年代まで、他の地区でも60年代まで続けられ、「高度経済成長と歩調を合わせるように岳参りも消えていった」。「命ある世界、山と海は一体となって我々に恵みを与えてくれる。命に対する感謝や海や山の幸に対する感謝を形にしたのが、岳参りだった」。岳参りの復活は、高度成長まで縄文の知恵が生きていた島の再生でもあった。

「命は循環し、循環した命は、他の命と共生する。豊かな自然とともに生きる、伝統と知恵が島にはある」と語る柴さんは、新たな悩みを抱え込む。国立公園に指定（64年）され、さらに世界遺産に登録され、「今度は、枝や葉をとってはいけん、切ってはいけん、といわれ、住民が自然と関われなくなった」。柴さんは、島の住民はどうあるべきか、を問い続けている。

幹に生えた着生樹木と共生する紀元杉

標高1,230ｍにそびえる樹高19.5ｍの紀元杉は、スギにもかかわらず、岩盤を思わせる周囲8.1ｍの幹には、ヒノキやユズリハ，ナナカマド、ヤクシマシャクナゲなど計12種の針葉樹や広葉樹が生える。直径50㎝ほどのマツも見える。着生植物と言われるが、風に飛ばされた砂や木の種が、スギの幹に生えた苔や枯れ枝に付着し、成長したのだろうか。紀元杉は、いずれ我が身を脅かすかも知れぬ着生樹木を気にとめるふうでもなく、冬は雪で覆われる樹林の中にたたずみ、悠久の歴史を刻んできた。屋久島が「共生の島」「生命の島」と呼ばれるのが、よく分かる。

命のはかなさを、いとおしむ感性

「森は、全ての生命を受け入れる。無条件に我が子を受け入れるお母さんのようだ」と表現するのは、屋久杉の土埋木を用いた工芸作家、渡辺重さんだ。木材の項目で紹介した。土埋木は、過去に伐採された後に放置された屋久杉の根株や枝などが地中に埋もれたものだ。千年を超える樹齢を持つ屋久杉の魅力について、「朽ちていく美しさ。自然に変化していく魅力。自分を含めた、命のはかなさを何となく感じ取って、いとおしく思う気持ちにさせてくれる」と話す。

ところが、「永遠なもの、完璧なもの、きれいで壊れないものを都市は求め続けてきた」と都市にも言及し、「万能な都市の考え方が行き詰まっているのではないか。自然を求める人が多くなっている」と感想を漏らす。意識し、人間工学の粋を集めて計算され尽くして作られたはずの都市がいま、住む人を行き詰まらせているというのだ。渡辺さんは、知人の言葉を紹介してくれた。「楽（らく）と楽しい、は、字は同じだが意味が違う。都市は楽に楽に、を追求してきた。それは楽しさとは違う。煩わしいことに、知恵を使うから達成感があり楽しいのだ」と。自然や人に対し、手間をかけることの重要性が問われている。

いのち、って何？

命とは何か。身体のどこにあるのか。中学生に突然質問され、応えに窮した経験がある。生物学的には、明確な定義があるのだろうが、当の中学生はそんな答えを求めてはいない。茨城県つくば市の筑波山神社の元宮司、田中泰一・弓田香取神社宮司に助けを求めた。田中宮司によると、いのちの「い」は、息、呼吸している現在の姿を表現し、「ち」は血液、過去から受け継がれたものを表す。「血統」「血筋」という言葉がある。では、「の」は何か。２枚の別々の布を縫ったり修繕したりする時に、「の」の字を描くように縫い合わせる。呼吸と血液を調整して結びつけ、未来へと巡らすことを意味するのだという。

身体の器官でいえば、呼吸を表現する息の「い」は呼吸器系であり、血液の「ち」は循環器系、さらに、呼吸と血液を結ぶ「の」は、身体に吸収されて体内に養分をくまなくめぐらす消化器系だという。過去から受け継がれた血液の「ち」から、呼吸する現在の息の「い」を経て、血液と呼吸を調整してつなぐ「の」が未来に巡らされる。いのちは身体を持続させるメカニズムであり、「命は過去から現在、未来へと永遠につながっていくもの。決してその折々の人の都合で途絶えさせてはならない」と田中宮司は強調する。

地球が誕生して46億年。生物誕生から38億年の時を経て、人類が出現して500万年、途中で進化を経るものの、生命が途切れることなく今に継続している。新たな生命が誕生し循環する大きな舞台が森林なのだろう。森林は生命の存続基盤であり、生命の源泉だ。そう考えると、我々、地球にある住民は、過去から引き継がれた人や他の生命を次につなぐ、バトンを引き継ぐ大事な役目を担っている。次の時代に、健全な森林をつなぐ責務を負っているように思えてくる。

第３章　はげ山緑化の歴史

困難な、一度失われた緑の再生

森林に恵まれた地域では、自然に畏敬の思いを持ち、折り合いをつけて暮らし、木材も余すことなく活用する知恵を育んできた。ところが、人口が増え、都市化とともに文明が進展し産業が発展すると、資源を求めて森林が大量に伐採された。第１部でも触れたが、国内の山々は荒廃し、はげ山が目立っていた。ヤマの荒廃は、生活を直撃し災害も頻発して居住も難しくなる。ところが、こうした国内のはげ山の歴史はあまり知られていない。この章では、森林が荒廃すると、どのような事態が起き、人の生活はどうなるか。はげ山の歴史を背負う地域を紹介することで、森林の重要性について考えたい。

（１）苦闘の緑化

集団移転も検討された、「襟裳砂漠」

まず、北海道の道南、日高山脈が太平洋に突き出した形の襟裳岬（えりも町）の事例を取り上げたい。森林の荒廃から生活難を強いられ、やがて集団移転も検討された地域住民による、森林再生への壮絶な闘いがあっただけに、少々長くなるが紹介したい。

日高山脈の最南端の襟裳岬一帯はかつて、山々から丘陵部にかけ、カシワやミズナラ、シラカバなどの広葉樹が広がる豊かな天然林の森だった。しかし、明治時代から開拓団が入植し、燃料や暖房用の薪に木々が過伐採されたうえに、牛や馬、綿羊の過放牧で木の芽や草が成長できず、さらにバッタの大量発生もあって荒廃が進んだ。伐採する木々がいよいよなくな

「襟裳砂漠」と言われた百人浜。1963年撮影（日高南部森林管理署提供）

ると、切り株や根っこまで掘り出した。

日高南部森林管理署やえりも町によると、一帯の主要地を占める「えりも国有林」421haのうち192haが裸地化や砂漠化し、昭和の初期には、「襟裳砂漠」と呼ばれた。さらに岬特有の強風が襲う。風速10mを超える日が年間270日もあり、台風が来ると40～50mの強風があたり前のように吹いた。火山灰の細かい赤い砂が、雨が降ると流れ出し、乾くと強風に飛ばされ、沖合10kmまで赤い海が広がった。魚介や昆布など海藻類の水揚げも激減した。住民の生活環境も悪化した。

後の国による緑化事業を当初から現場で指揮した昆布漁師、故・飯田常雄さんの妻雅子さん（81）は「生活はみな貧しく、周囲の町村から『（襟裳）岬には嫁に行かすな』と言われたほどだった」と振り返る。小樽から嫁入りした1956年当時は、主食はジャガイモとカボチャだけ。毎日、イモの皮をむいた。薪ストーブに裸電球で暮らした時代、住宅の建て付けもよくなく、すきま風が砂とともに部屋の中に吹き込み、廊下は字が書けるほど砂が広がった。食卓は家族がそろう２，３分の間でも新聞紙で覆った。

植林の前に強風対策

ジャガイモとカボチャは、岬の住民の畑が集まっていた百人浜で栽培されていた。岬の集落から百人浜まで約８kmの道を、肥料にする人糞を桶に入れリヤカーで運んだ。風が吹くと道の跡が消え、木が１本もないため目印となるものがない。砂嵐では方角も分からなくなる。そのため、道が判別できなくなる午後３時ごろまでには家路についた。イモがなくなる冬場は、買った麦粉でうどん麺をつくり食べた。

長男の英雄さん（56）は、赤い海を覚えている。海の泥砂は海底に沈んで堆積するため昆布は根腐れを起こした。収量はわずかで、収穫した昆布は、付着した泥を一枚一枚タワシで洗った。苦労して出荷しても、岬の昆布は「ドロ昆布」と呼ばれて買いたたかれ、上等ランクの昆布の半値ほどで取引された。岬から出る住民が目立ち、1950年ごろには、集団移転も検討された。

北海道森林管理局などによると、緑化への機運が高まったのは、第二次大戦前の1938年ごろ。当時の浦河営林署（日高南部森林管理署の前身）と住民で植林が試みられたが、ことごとく失敗。漁師たちも立ち上がって木を植えたが成果が得られなかった。そこで、1953年に浦河営林署が治山事業所を襟裳に設置、緑化事業を本格的にスタートさせた。作業は地元住民が雇われ、水揚げが減って困窮した漁師ら住民の雇用対策でもあった。ところが、緑化事業といっても、木を植える前に、いかに強風による砂の移動を食い止めるか、が最大課題だった。

そこで、荒廃地に草を成長させ、砂の動きを抑える草本緑化が実施された。草の種を播いたうえに粗朶（木の枝葉）とヨシズで覆い、防風垣で囲ったが、粗朶ごと吹き飛ばされた。防風垣を設置し直しても、赤土にすぐに埋まった。経費と手間がかかる割には効果がなく、「お手上げの状態だった」（雅子さん）。

雑海藻が、緑化の立役者に

閉塞状況を打開したのは、緑化の新技術でも新たな制度でも、なかった。漁師がゴタ（雑海藻）を敷き詰めるアイデアを提案した。利用価値がなく捨てられていたゴタは、網に絡みつき漁師らの「嫌われ者」だ。ところが、重みと粘り気があるため風に吹き飛ばされにくく、雨に濡れるとさらに重くなる。地面をしっかりと抑え、緑化に利用すれば草の肥料にもなる。ましてや、海に余るほどある。砂の抑えにゴタを播く方法は、「えりも式緑化工法」と呼ばれた。費用も従来の４分の１に削減できた。

ところが、ゴタの強烈な腐敗臭と大量のウジに悩まされた。「ゴタを播いていると、ウジが腕まで這い上げって来た」と話す雅子さんは「生活がかかっていた。みんな必死だったから、気にする余裕はなかった」と振り返る。ゴタは漁協から一括購入されるため、漁師には有り難かった。

現場作業の仕切り役だった常雄さんは、出稼ぎ先の小樽市で雅子さんと知り合ったが、「森が出来れば昆布もとれる」と話し、出稼ぎをせず緑化に専念した。帰宅するのは午後７時過ぎだった。緑化事業が始まっ

1960年代初頭のゴタ撒き作業（日高南部森林管理署提供）

た1953年当時、トラックは営林署の１台しかなく、土を運ぶリヤカーは木の車輪だった。重いうえによく砂地にはまって動かなくなった。雅子さんら女性も動員され、天秤棒で土を運んだり、防風垣の杭打ちをしたり作業を手伝った。特に木杭はなかなか固い地層まで届かないため、女性たちは重さ20kgもある鉄棒を持って打ち込み、30kgの肥料袋を肩に担いで運んだ。

事業に着手して10年以上が経過した1965年ごろ、草本緑化は８割終え、飛散や土砂流出が減少、魚介類の水揚げも回復し出した。67年には荒廃地の192haを草で覆う草本緑化がほぼ終了した。ようやく、木を植えても育つ環境ができた。いよいよ木を植えて森を育てる木本緑化の段階に入った。

ところが、道内にあるあらゆる樹木を試植したが育たず、元々、自生していたカシワとアキグミがわずかに残っただけだった。そこで、道内には自生していないクロマツの苗を植えたところ、活着した。クロマツを中心に植林することにし、強風対策に通常の５倍の密度に相当する、１ha当たり１万5,000本を高密度に植えた。しかし、今度は凍上の問題が浮上した。冬季は地下30cmまで凍るため、凍った土が苗木の根ごと押しあげた。春先には凍った土が解けて苗木は根こそぎ不安定になった。そこへ強い西風が吹き根こそぎ飛ばされた。凍上対策に、排水溝を全員で掘り、植樹地の余分な水分を逃がした。

戻ってきた海の幸

1970年ごろになると、昆布の収量も増え、年によっては干す場所がなく、岬の住民は「浜が足りない」とうれしい悲鳴を上げ、家の屋根にまで干した。「襟裳岬」の歌がヒットした1974年には、住民の生活も持ち直してきたようだ。

英雄さんは、生活苦と緑化の苦労が分かっていただけに、岬を離れ機械整備士を夢見ていたが、大学受験を目指していた高校３年の時に、常雄さんが体調を崩した。英雄さんは昆布漁師の跡継ぎになることを決意し卒業後、父子で緑化事業にも携わり、排水溝掘りや苗木が飛ばされないよう根踏み作業もやった。２人で仕事をしながら、常雄さんはカシワやイタヤカエデ、シラカバなどの、かつての豊かな広葉樹の森に戻す夢について語っていた。

緑化の手当より、より有利な他の仕事を求めて男衆が出稼ぎする中、現場に立ち続けた常雄さんは、人工透析を受けながらも作業に携わったが、

2005年に亡くなった。作業にも従事した、ひだか南森林組合の盛孝雄・専務理事は「昆布漁をしながら、緑化事業に最後まで責任を持って続けた」と常雄さんを悼しんだ。

２年後の2007年、192haの荒廃地での木本緑化は終了した。英雄さんによると、療養中の常雄さんは、自身が取り組んだ緑地に出かけた。春になると、森の所々に巣を作ったヒバリの鳴き声を聞きに、よく森に入った。雅子さんは「鳥も住めなくなった場所を緑に戻し、やっと鳥が戻ってきた。命の声が聞きたかったのでは」と察する。歌の歌詞に登場する「何もない春」には、森とともに野鳥の新たな生命が宿った。

北海道森林管理局によると、えりも治山事業所を新設して緑化をスタートさせる前年の1952年、72トンしかなかった魚介類や昆布の水揚げ量は、草本緑化が８割に達した1965年には227トンに回復し、木本緑化を終えた2007年には、2,476トンになった。赤い海だった岬の海はかつての青い海が蘇り、昆布のほか、毛ガニ、ツブ貝にウニをはじめ、アジやタラなど豊富な海の幸が戻ってきている。

たった１％の森林荒廃で居住地を失う

日高南部森林管理署は現在も枯死した部分に補植するなど植林を継続しているが、広葉樹が生えるようクロマツの枝落としや、本数調整に間伐を1990年から実施している。作業を請け負うひだか南森林組合は毎年10ha前後間伐を行っている。

昆布漁師を継いだ英雄さんは、ひだか南森林組合の岬事業班長として、チェンソーによる間伐などの森林整備に携わるが、「木を伐るのがつらい。できれば伐りたくない」とつぶやく。「緑化当時は、１本でも多く木を生かそうと祈る思いで、２人でやってきた」と、父子ともに緑化に立ち向かった植林時代を振り返り、「こんな寒くて

蘇った緑。1963年撮影の写真と同位置から2011年撮影

風強い地にやっと生え、大きくなってくれた木を伐るのは心が痛む。申しわけねえな、と、心の中で謝りながら伐っているが、声を上げて謝る時もあるよ」と正直に話す。

常雄さんは生前、雅子さんに、森が荒廃して水揚げが減った事実を取り上げ、「漁師だからといって、海ばかり見ずに、後ろ（山）も見ないとだめだ」と口癖のように言っていた。「森と海は夫婦のようなもの。どちらが欠けてもだめだ」と。常雄さんの言い伝えは英雄さんに伝えられ、さらに６代目の跡継ぎとなった直宏さん（32）に引き継がれた。

岬の森では、いまも小中学生による植樹や町の植樹祭が実施され、常雄さんの夢見た、かつての広葉樹の森に戻ろうとしている。

襟裳岬の岬地区を含め、えりも町には２万3,000haの森林がある。このうち、たった１％たらずの192haが荒廃しただけで、漁獲量が急減し漁業が立ちゆかなくなった。人が住めなくなり、集団移転も検討されたほどだ。また、１％足らずの荒廃地に森が再生されると水揚げが回復し、人間が生活できるようになった。襟裳岬の緑化事業の歴史は、森林の重要さと、一度失われた森林の再生が、いかに困難を伴うかの教訓を与えてくれる。

100年以上続く足尾銅山跡の森林再生

さらに、日本の近代化を支えた鉱山も、はげ山になった例は多い。「公害の原点」として知られる、栃木県旧足尾町の足尾銅山周辺の山々も、森林が荒廃した。荒廃の原因は、①鉱山開発に伴い鉱道を支える鉱木や薪炭などを確保するための森林の乱伐、②山火事、③銅の精錬時に発生する亜硫酸ガスによる煙害、④花崗岩を中心にした脆弱な地質と夏の豪雨と冬の凍結融解による地盤崩落――などが上げられる。豪雨に

1970年頃の足尾銅山（上）と同じ位置から2006年撮影（栃木県西環境森林事務所提供）

なれば水害となって下流の街を直撃し被害を出した。

関東森林管理局によると、1897（明治30）年ごろから、国によって緑化が試行錯誤され、1956年から本格的な緑化事業が始まった。はげ山となった荒廃地の緑化は困難を極めた。植生が失われたことで表土が流出し、岩盤がむきだしになった。降り注いだ雨は、地下に浸透することなく、そのまま岩肌を洗う。客土を入れて苗木を植えようにも、風と雨によって、土もろとも吹き飛ばされ、流された。その繰り返しだった。

緑化作業が大きく進展したのは、1950年代半ば。土に種と肥料を混ぜて固めた「植生盤」が開発された。発芽すると根が土をつかみ岩盤を抑える。足尾でも採用され、本格的な緑化事業が展開されたのも、植生盤によるところが大きい。

当時、旧足尾町の下間藤地区にあった精錬会社の社宅に住んでいた秋野峯徳さん（71）＝日光市今市＝は、植生盤を使った緑化作業をよく覚えている。1958年から59年、中学２年から３年までの２年間、山火事と煙害の被害で農作物ができなくなり、村が廃村となった松木地区で、夏休みに緑化のアルバイトをやった。松木地区は、渡瀬川の源流部にあたる。

秋野さんによると、植生盤は30㎝角の正方形で厚さ約２㎝。１枚は１kg近くあり、木製の背負子で30枚ほど積んで運搬した。峰の高い場所になると、標高差は500ｍほどになり、斜度15度ほどの山の斜面をジグザグ式に２㎞以上も歩いた。緑化する場所には男たちが待機し、あらかじめ等高線に沿って溝を掘る基礎工に、植生盤を置いていく。これが植生盤工法だ。

女性も50kg担いで緑化に貢献

ところが、運搬係は中学生のほかは、全員が、45歳前後の足尾に住む女性だった。植生盤を１人40枚～50枚背負子に担ぐ。50枚だと重量は50kg近くになる。１時間半ほどかけて登り、男たちに手渡しては山を下り、再び担ぎ上げる。女性たちは１日に４～５回、山を往復した。作業時間は午前８時～午後４時半で、一つの工区に、女性は13人ほど、男性は５～６人いた。夏の作業はきつい。女性たちも大量に汗をかくため、服を脱ぎ、周囲の目も気にせず薄い肌着一枚で斜面を登った。秋野さんは「みな、作業に必死だった」と当時を振り返る。

松木地区では、植生盤には、繁殖力が旺盛なイタドリの種が混ぜられていた。活着しやすく、３年もたつと、大人が力を入れても抜けないほど、根張りがいい。イタドリを植えて地盤を安定させ、そこへ樹木の苗を植えて緑化した。断崖など人力での作業が困難な場所には、60年代半ばからヘリコプターで種を混ぜた土を投下する緑化工法が生み出され、全国に先駆けて導入された。

本格的な緑化事業に入る前後には、洪水がたびたび起き、下流の社宅は床上浸水した。秋野さんが中学３年の時、ついに秋野さんの社宅が流されたが、緑化が進むにつれ、水害はなくなっていった。

足尾銅山跡の周辺の荒廃地には、これまで858ha の緑化が完了した。100年以上たった現在でも、林野庁の緑化事業は継続して実施されており、栃木県も岩肌が向きだしになった場所で基礎工を実施し、2003年から、市民による植樹が開催されている。渡良瀬川の上流部と下流部にあった市民団体が集まり、1996年に「足尾に緑を育てる会」（日光市足尾町）を結成、秋野さんが中学時代に緑化に携わった松木地区で植樹活動を展開、現在も活動を継続させている。秋野さんは育てる会の副会長として活動を先導しており、半世紀以上にわたり、足尾の緑化に関わっていることになる。

足尾の荒廃地は、歴史的な負の遺産だが、日本の近代化やいまの繁栄や便利な暮らしは、森林を犠牲にして成り立ってきたとも言えるのではないか。森林の再生に、多くの時間と予算がかけられ、さらに砂漠化した土地や急峻な斜面の緑化に献身した先人の気の遠くなるような苦労があったことを忘れてはならない。

山々を上空から見ると、海外に比べ、日本の緑の豊かさに驚かされる。しかし、日本の山は古来、豊かな森林だったわけではない。多くの労力と緑化費用をつぎ込んで、長い年月をかけて、やっと再生できた緑なのだ。襟裳岬や足尾銅山跡のように再生が途上のヤマも多い。だからこそ、次世代に対し、植樹の体験を通して前向きな形で歴史と森林の重要性を伝える意味は大きい。

（2）はげ山の歴史

日本の山々は、はげ山だった

国内のはげ山は、都市化の進展と産業の発展の陰で進行した。災害におののき、緑化に奮闘するものの、森林が再生されるとまた、はげ山の歴史は忘れ去られてしまう。はげ山の歴史は、災害の歴史でもある。メソポタミア文明やギリシャ文明が消滅したのも、森林の乱伐が要因の一つに挙げられている。生命の源泉といわれる森林を、文明の発展を求めて伐採すれば、その報いはやがて人間に跳ね返って住み家すら奪う。ヨーロッパでは、アメリカに移住した事例もあるほどだ。山形県の庄内地方でも、移転を余儀なくされた住民もいた。各地のはげ山の歴史を見ていきたい。

3大はげ山県

「3大はげ山県」という言葉がある。①愛知県、②岡山県、③滋賀県――の3県だ。各県にとっては、有り難くない名称だが、愛知県と岡山県は地場の産業に主に由来し、滋賀県は飛鳥時代以降の都の造営など都市化によるものが主要因だ。

瀬戸焼で知られる愛知県は、近世の人口増加によって食糧増産が求められ、農地や農業生産の拡大のため、森林が伐採され、また森林から繰り返し燃料用の薪や枝葉、緑肥用に下草が採取され、特に瀬戸地方は窯業が盛んだったことが影響しているといわれる。そこで、藩政時代、尾張藩は1782年、ハンノキとマツを植える植林制度を創設。これが愛知のはげ山復旧工事の始まりとされる。

愛知県が位置する中部地方から中国地方にかけ、風化しやすい花崗岩の脆弱な地質で、森林がひとたび失われると、再生が難しいことで知られている。中国地方は大量の薪を必要とする、たたら製鉄の歴史を持ち、岡山県の山間部は製鉄によって、また瀬戸内海の沿岸部は製塩業によって森林が大量に伐採された。藩政時代には森林伐採が規制されたが、明治維新前後の混乱期に乱伐された。

荒廃した愛知県瀬戸地方。1905年撮影。愛知県農地林務部治山課発行「愛知の治山」より

滋賀県は、特に田上山山系が、藤原京遷都（694年）をはじめ都の造営や桃山時代の築城など長期にわたり大規模に森林が乱伐された。さらに花崗岩質のため、広

大なはげ山となった。水害も多発したことから、明治政府は砂防工事の実施に向け、オランダ人技師、ヨハネス・デ・レーケを招き、1875（明治8）年、デ・レーケの指導で、周辺景観や自然と調和した近代砂防事業による緑化に着手した。いまでは緑豊かな山々が蘇っている。

森林の荒廃で住民移転も

このほか、度重なる戦乱を契機に乱伐が始まり、裸地化したのは、庄内砂丘だ。山形県の庄内地方、北は遊佐町から南の鶴岡市まで沿岸部に広がる日本の三大砂丘の一つ。中世頃までは、うっそうとした森林に覆われていたが、戦国時代から江戸時代にかけての戦乱で焼かれ、また、製塩の薪材とりに乱伐が繰り返され、森が消滅した。江戸時代中期から植林が続けられたが、1951（昭和26）年ごろには飛砂の影響で移転を余儀なくされた住宅もあった。林野庁や自治体、研究機関、学校、地区住民らが連携した森づくりが続けられ、現在ではベルト状に松林が広がっている。

このほか、神戸港を見下ろす六甲山も、明治時代中期までは、はげ山で有名だった。神戸港の開港（1868年）に伴い、交易が盛んになるにつれ、人口が急増し神戸の都市化が急速に進んだ。燃料の薪や住宅建材用に、樹木が大量に乱伐されたことなどが要因だ。洪水が頻発し、外国人居留地も大雨が降るたびに浸水した。そこで、東京帝国大学（現在の東京大学）教授の本多静六が調査し、1902（明治35）年、最も被害が深刻だった再度山北側にクロマツを中心にヤシャブシなどの植林が実施された。再度山北側の修法ヶ原池の湖畔には、「六甲植林発祥の地」の石碑がある。

愛媛県大三島の禿げ山緑化には女性が活躍した。1910年撮影（愛媛県今治市大三島支所提供）

神戸と同様、瀬戸内海沿岸の愛媛県今治市大三島町は、藩政時代の乱伐ではげ山となり、1905（明治38）年には豪雨で川が決壊、多くの人家や田畑が流出・埋没した。この大災害をきっかけに、1909年～1911年の3年間にわたり、治水工事が実施された。大三島町史は、享保の大飢饉（1731～1732年）の時には、森林の荒廃によって農作物の収量が激減したうえ、飢えに苦しむ住民が、山野の草や根、木の皮まで食べた記録があることを紹介し、山野がさらに裸地化した要因にもなったことをうかがわせている。多くの教訓を伝えるため、「護山治水」と呼ばれている。

有田焼や伊万里焼で知られる佐賀県も、窯業の燃料確保に森林が伐採された。『佐賀県林業史』（1990年刊）によると、1907（明治40）年には森林（５万1,900ha）と原野（４万9,100ha）はほぼ拮抗するほど森林が荒廃していた。ところが、その後の植林などによって、1965（昭和40）年には森林（11万1,800ha）は全体の96.2％に拡大し、一方、原野（4,400ha）は3.8％に縮小した。1907年～1965年の60年近くの間に、２倍以上森林を増やしたことになる。

近世以来400年ぶりの豊かな森

ところで、はげ山は全国的にどれだけ広がったのだろうか。千葉徳爾氏の『はげ山の研究』（そしえて刊）によると、日本の森林は、明治中期に最も荒廃し、面積は約700万 ha に及んだ、という。日本の森林荒廃について詳しい太田猛彦・東京大学名誉教授は、日本の森林が最も劣化した時期については、明治時代後半の1900年ごろと推定し、その荒廃地や劣化した森林は国土の３分の１にもなった、とみている。特に、鉄道敷設や鉱山開発などによって近代産業が台頭し産業都市の発達した明治中期から森林伐採が大規模に行われたと指摘する。両者とも森林荒廃の最劣化時期は明治時代と一致しているが、その広さについては異なっている。

太田氏は、薪や炭など燃料の確保に里山の森林が伐採される一方、都の建築用材のために森林が伐られて荒廃が進み、製塩や窯業、製鉄の産業によって荒廃地の拡大が加速した、とみている。新田開発や都市開発、インフラ整備が急速に進んだ江戸時代の初期を深刻な山地荒廃の始まりととらえ、現在の森林について、量的には400年来、最も森林が成熟している、と説明。「江戸時代中期から昭和時代前期まで、我々の祖先は鬱蒼とした森林を目にしていない」と話した。我々は、最も恵まれた立場で森林の恩恵を受けているのだ。林野庁によると、終戦直後の1948年、国内の荒廃地は岩手県の面積に匹敵する150万 ha に及んだ。1950年に造林臨時措置法を制定して植林を本格化させた。６年後の1956年には造林未済地の植林を大方終了させ、はげ山はなくなった。この後、広葉樹を伐採し針葉樹を植える拡大造林政策を本格化させるが、後で詳述する。戦後植林した人工林が成長し、緑は蘇ったが、太田氏は、人工林や里山の天然林の荒廃を指摘し、質的に豊かな森林について考える必要性を訴えている。

(3)近世以降の日本の森林

公益社団法人国土緑化推進機構常務理事　青木正篤

中世以降、人口の増加が木材需要を増大させ、それに伴って里山の荒廃が進み洪水の氾濫や山崩れなどの自然災害が頻発した。このため、江戸幕府は寛文6(1666)年に「諸国山川掟」を定め、諸代官に植林を奨励した。明治に入って入会慣行地の所有権の混乱により濫伐、盗伐、職を失った士族の授産払下げ地の濫開墾などによって、森林はさらに荒廃。明治中期までに豪雨災害がしばしば発生した。当時の状況は「森林のうち樹木で覆われているのは30%、残余の70%は赫山禿峰(はげ山)である」と言われている。明治18(1885)年の大水害が契機となり、明治29年(1986)には河川法が、翌年には森林法、砂防法が成立し、いわゆる治水3法が整った。

天竜川の治水と金原明善

古くから「暴れ天竜」と呼ばれ、しばしば大洪水をもたらした天竜川の治山治水に、私財を投じ一生をささげたのが金原明善である。明治元年の大洪水を契機に明治新政府に「天竜川水害防禦策」を建言、「治河協力社」を組織し自ら資金調達し工事に当たった。明治10年には、先祖伝来の全財産を国へ献納することにより堤防改修事業を進めるため国の援助を得た。明治18年に事業が内務省土木局の直轄事業に引き継がれ、同社解散財産の一部7万円が戻ってきたが「一たび公益に供した資産は再びこれを家産に投ずべきではない」。この金を何に使うべきか、明善は考えた。

「山がはげ山では、川ばかり工事しても洪水を止めることはできない。洪水を防ぐ一番大切なのは山をはげ山にしないこと。山に木を植えることだ。治水と治山は一体となっている。植林こそ治水の根本政策である」として、天竜川上流瀬尻地区の官有林を選定。濫伐により荒廃した官有林に私財をもって植林し緑を国家に献納する計画を立てる。明善55歳の明治19年から13年を要して750ha、292万本を植樹、手入れを完了し、国に返納した。同時に周辺の山1,200haを購入、植林し天竜林業地の礎を築いた。それ以降も、国土の荒廃を憂慮して植林事業推進のため岐阜県、広島県をはじめ全国を行脚し、植林を指導した。

金原明善が植林し、立派な杉林に。浜松市で

本多静六と東京都水道水源林

東京都最西部の奥多摩町から山梨県下の小菅村、丹波山村、甲州市にかけて東西31km、南北20kmに広がる約２万2,000haの東京都水道局が管理経営する水道水源林がある。設定されてから110年以上の歴史がある。この地域は江戸時代には幕府直轄地の「お止め山」として厳重に保護され、地域住民の入会利用を一定の規則の中で認め、必要な林産物利用が許されていた。それが明治維新後御料林に編入され、地域住民の利用ができなくなるとその反発から、盗伐、濫伐などが横行し、「はげ山」となり著しく荒廃して山地崩壊や洪水が発生した。

このことを憂慮した本多静六（明治神宮の森や日比谷公園を設計した日本初の林学博士）は、時の松田秀雄東京市長、千家尊福東京府知事に水源林の保護と造林の必要性を進言。千家知事の代理として宮内省との払下げ交渉の任にも当たり、譲渡が実現すると10余年間にわたり水源林の一切の経営監督と指導を任された。事業開始から39年間に2,500万本が植樹され約5,000haの「はげ山」は解消された。水道水源林は現在に至るまで適正に管理経営され、役割を果たしている。

（4）拡大造林政策

はげ山植林から針葉樹への転換

広葉樹伐採しスギ、ヒノキを植林

国内のはげ山の歴史について見てきたが、関連する政策として、戦後の拡大造林政策について言及しておきたい。戦後の復興期の住宅需要の拡大時期に、外国産材を段階的に輸入した背景には、伐採し出荷したくても、戦後植林したヤマが十分に育っていなかったことについては、先に触れた。戦後の木材需給対策（1951年閣議決定）では、木材消費が抑制され、続く「木材資源利用合理化方策」（1955年閣議決定）では、森林の過伐採と木材資源の枯渇の対策が喫緊の課題となったこともすでに紹介した。戦前にはすでにはげ山が広がっていたにもかかわらず、第二次大戦の軍需用の木材確保に森林がなおも伐採され、荒廃地がさらに増えていた。木材資源の枯渇は現実化していたのだ。国内の木材需要に対応して木材を自給するどころの話ではなかったのだ。外国産材の輸入は、高まる木材需要に対応するために取られた、窮余の策だったのだ。

政府は1950年、造林臨時措置法を制定し、軍需用に大規模伐採された跡地に、再びスギやヒノキを植林する再造林を実施した。その後、広葉樹林を伐採しスギ、ヒノキを植林する、拡大造林政策を展開した。ここで、拡大造林政策が実施された背景として、次の２点を抑えておきたい。第１点は、先にも触れた、燃料革命と化学肥料への転換である。家庭の燃料として、薪や木炭が使われてきたが、石油に取って代わる燃料革命が1950年半ばから始まり、薪炭林は需要を失った。さらに、肥料にも緑肥や落ち葉が活用されたが、化学肥料の登場で、薪炭林と合わせ広葉樹林は使い道がなく

拡大造林時代は、大量の広葉樹林が伐採された

なった。

復員者の雇用、ヤマが受け入れ

第2点は、広葉樹林が需要を失ったことで、山間部の現金収入の道が断たれ失業者対策が求められ、さらに戦後、戦地から帰国した復員者の雇用確保の問題があった。植林を実施することで、ヤマに雇用の場が設けられ、山間住民の生活が支えられたのだ。

この時代、薪炭の仕事を失って夫が出稼ぎに出て、介護と子育ての生活に苦しむ妻に対し、現金収入を与えるために、営林署の職員が予定になかったヤマの測量の仕事を急ごしらえした、こともあったと聞く。その是非はともかく、それほどまでに山間地域は困窮していたのだ。拡大造林政策による植林は、木材資源の拡大のほか、山間地域の存続をかけた地域対策でもあったのだ。

戦後の植林によって、はげ山の問題はなくなり、人工林は1,000haを超えるまでに拡大、量の面では、世界有数の森林国になった。しかし、人工林の手入れ不足による荒廃や、活用されなくなった広葉樹の衰弱が指摘され、太田名誉教授が指摘するように、森林の質の問題を考える時代にある。

(5) 古代文明の滅亡

森林乱伐し自ら消滅した古代文明

森林伐採による食糧難で崩壊したメソポタミア文明

冒頭でも触れた文明と森林の関わりだが、平成7年度版の環境白書に注目したい。地球環境問題に、初めて文明の発展との関わりを取り上げた。人類は、資源やエネルギーを大量に消費し、森林の減少など環境の大きな改変を伴いながら文明を築き、人口を増大させてきた歴史を紹介。そのうえで、「人類の文明が環境に影響を与え、その結果、当時の文明が対応できない程度に環境が変化し、文明が滅んでいった」過去の事例を示し、「持続的可能な発展を人類が続けるための文明のあり方について、今日の我々が反省し、学ぶべき点も多い」と指摘している。

白書の「古代文明の盛衰の歴史」の項目では、古代文明について解説している。チグリス河とユーフラテス河の流域の洪水多発地帯に成立したとされ

居住地拡大に森林を伐採した古代ローマの遺跡

るシュメール（メソポタミア）文明については、上流域での森林伐採などで土壌に浸蝕が進み、河川に流入した土が下流に堆積することによって塩類が沈泥し、塩害が加速した。これにより、大麦の収量が減少しシュメール帝国は崩壊したという。

新たに森林求め、移動したギリシャ文明

森林を求めて移動したのはギリシャ文明だ。白書は、経済の拡大とともに人口が増大し、木材資源に対する需要の拡大と農地の拡張が、森林の減少を招き、ギリシャ文明の中心は、かつて森林に覆われていたギリシャ本土から、森林が豊かな小アジアに移った、としている。

また、ローマ文明についても言及し、ローマを囲む森林はまず居住地域の拡大のために伐採され、家畜の放牧や農地の拡大で森林が減少した経緯を説明。このため、ローマは征服によって、木材を補充する道を選び、周辺地域を征服し森林を領土の中に取り込んでいった、と巨大帝国の拡大の背景に森林資源の確保があったことを説明している。

森の神を殺害した伝説の王

古代文明といえば、先に紹介した京都大学の薗田名誉教授は、古代メソポタミアの伝説の王・ギルガメシュが森の神フンババを殺した叙事詩を取り上げ、古代文明は森を破壊して文明を築き、滅んだ歴史を紹介した。ちなみに、当時、メソポタミアは豊かなレバノン杉の森で覆われていたが、船の建造材などの確保で乱伐され、今ではレバノン山脈のカディーシャ渓谷の一部に残っているだけだという。カディーシャ渓谷の杉林は1998年、「カディーシャ渓谷と神の杉の森」として世界文化遺産に登録された。レバノン共和国の国旗には、スギが描かれている。

森林伐採でアメリカに移住

世界的には、森林伐採によって居住地を追われ、新天地に移住した例がある。欧米の森林環境に詳しい米国・ジョージア大学のエルジーン・オウエン・ボックス教授（生態学）によると、アイルランドは1840年代、人口の増加に伴い、燃料や建築材の確保に加え、農地の拡大のために森林を伐採した。湿り気のある土地を持つ地域は、それまでは森林が余分な水分を吸収し調整していたが、森林の減少で水分が調整されず湿地が広がった。乾燥地帯は、森林伐採でさらに乾燥が進み、いずれも農地として利用できず、住民の生活は困窮した。

そこへ襲ったのが、疫病で主要作物のジャガイモの不作が続いたジャガイモ飢饉だった。当時、約800万人いた人口は、500万人がアメリカのニューヨークやボストンに移住を試みたが、半数の250万人しか移住できなかった。残りの250万人は飢饉で死亡した、という。

第４章　森に学んだ共助の発想

皆集まり森づくり

国内の森林は、文明の進展とともに、はげ山の時代が長く続いた。一方、自然との共生を目指した地域では豊かな森林が残り、共存や調和、平穏を重視する和の文化が育まれた。森林文化が根付く地域から植樹用の木々が寄せられ、都市部の緑化が図られた歴史がある。この章では、献木運動と、都市の復興、国の再起を森づくりから始めた歴史を取り上げる。

（１）献木運動

植樹木の寄付呼びかけ

献木運動で造った永遠の杜——明治神宮

東京オリンピック・パラリンピック（2020年開催）の主会場、新国立競技場から伸びる、都心最大の森が、明治神宮の森だ。カシ類やスダジイなど常緑広葉樹を中心に、内苑、外苑合わせて約120haの大緑地。しかも、人間が造った、いわば人工林だ。この緑は、全国から樹木が提供された献木運動によって植林された。

明治神宮が創建されたのは、1920年。明治天皇と昭憲皇太后がまつられている。東京オリンピック・パラリンピックが開催される2020年には、鎮座100年を迎える。神宮の森づくりは、林学博士の本多静六が中心になって計画した。明治神宮境内の第二次総合調査の座長を務めた進士五十八・東京農業大学元学長によると、自然にしかも永遠に生き長らえる「永遠の杜」をいかに造るか、が最大課題だった。東

全国からの献木運動で作られた明治神宮の森

京に元々自生する常緑広葉樹の森を目指した。

ところが、神社林といえば、伊勢神宮などのスギが主体。スギ林を主張する当時の大隈重信首相の意見をはね除け、説き伏せた話は有名だ。本多らは、植物遷移の理論を基に、針葉樹が徐々に減り、150年後には常緑広葉樹に移行するよう林相予想図を作成。常緑広葉樹や落葉広葉樹とともに、針葉樹も植栽することにした。しかも、植栽用の樹木は献木運動によって集め、全国から作業を担う人材を集めた。経費削減のためではない。全国から多くの人々を関与させたことに、当時の関係者の高い見識が伺われる。

なぜ、献木運動だったのか。進士氏は「公益性の高い森林づくりは、市民が参画することで、市民が森づくりの意味を理解し、親しみもわく」と説明した。

結局、全国から365種の樹木計12万本が寄せられ、各地の青年団が10万人参加し、庭師の親方が指導し、6年の歳月をかけ、植栽を終えた。2011年8月から1年かけた第二次総合調査の結果、針葉樹は1,700本が残っており、植栽当時より半減し、常緑広葉樹は逆に倍増して1万3,500本になっていた。落葉広葉樹は一定しており、6,100本だった。林相予想図通りの結果に調査団は驚いた。しかも、150年後の姿が約100年で達成されつつあった。

植栽当時の12万本は、234種計3万6,000本になっていたが、高さ30mを超える樹木もあり、安定した森になっていた。神宮の森は、市民から親しまれる森に成長している。第二次総合調査では初めて動物調査も実施し、哺乳類は5種が見つかり、野鳥は133種と多様性豊かな森になっていることが確認された。進士氏は「日本の近代造園学の発祥地」と自慢する。100年前の学者らの先見性には驚くばかりだ。

献木で誕生した100m道路の街路——広島市平和大通り

また、原爆が投下され、廃墟となった広島市の中心部を貫く平和大通りなども、献木運動で木が植えられた。市などによると、「広島を永遠の緑で覆われた平和の郷に」と、市は1957年から58年にかけ、県内各町村に植樹用の苗木の提供を呼びかけた。被爆の記憶も鮮明な時期だけに、献木運動の輪は広がり、市内から1,000本を超える苗木が寄せられ、県内23町村から総計約6,000本が集まった。さらに、市民やほかの町村民が協力し、平和記念公園や平和大通りなどで植栽が行われた。

当時、百メートル道路と呼ばれた、全長約3.6kmの平和大通りには高木だけでも2,500本が植えられた。現在では、所々にベンチも置かれ、市民の憩いの場にもなっている。

（2）復興は森づくりから

希望喚起する植林作業

戦災復興の広島、仙台

震災や戦争からの復興を、日本は森づくりから始めた歴史を持っている。被災者に植樹作業や思いを共有してもらい、奮起を促すねらいのほか、職を失った被災者の失業者対策の意味もあったとみられる。

献木運動によって街路樹や公園の森づくりが展開された広島市では、平和記念公園には各種団体や海外からも苗木が寄せられ、年ごとに成長する木々は、公園内でくつろぐ市民に安らぎを提供、市民から親しまれている。また、平和大通りは祭りイベントも開催され、市民が集うコミュニティーエリアにもなっており、緑化事業は、平和都市建設のシンボルとなっている。

また、仙台市青葉区の青葉通も、第二次大戦の仙台空襲で被害にあった市の戦災復興事業として整備された。仙台駅から仙台城址まで続く大通りがつくられ、ケヤキ並木で知られるようになった。また、同様にケヤキ並木が続く定禅寺通は、クリスマスシーズンには、イルミーネーションが飾られ、冬の風物詩にもなっている。ケヤキ並木は、「杜の都」のシンボルとして、市民に親しまれている。杜の都を「森」を使わず、「杜」を使った理由に、平和や復興への願いや思いが込められる、と解説する市民もいる。

戦災復興でまず植樹された広島市の平和大通り

また、100m道路は、広島市の平和大通りだけではなく、名古屋市にもある。100m道路は、終戦直後、都市空襲の教訓から、国が打ち出した戦災地の復興計画基本方針の中で大都市に計画された。しかし、財政難などで計画が縮小され、現在では、広島、名古屋両市に残るだけだ。名古屋市の久屋大通では、道路両側の街路樹には落葉広葉樹が主に植えられ、中央分離帯には常緑広葉樹が多く植栽されている。騒音防止などの機能のほか、夏は常緑樹や落葉樹の蒸散による冷却効果や緑陰効果で涼しく、冬は落葉によって日光を通りの内部まで入れて暖かくするなど工夫されている。

震災復興の広村堤防と神戸震災復興記念公園

戦災復興のほかに、震災復興にも森づくりは貢献した。和歌山県広川町の国の史跡「広村堤防」もその一つ。1854（安政元）年に多くの犠牲者を出した安政の南海地震による津波を契機に、当時の実業家、浜口梧陵が私財を投入して整備した。漁港と住宅地の間に、高さ３～５ｍの土手が636ｍにわって伸びる。海側の斜面には、マツが間を開けて立ち、住宅地側には、常緑広葉樹が茂る。土手の中央部には道があり、散歩する住民の姿もみられ、マツの樹間から海の異変が気づけるように、また、住宅地を津波から守ることが出来るように工夫されている。

さらに住宅地側には、ロウソクの原料となるハゼが植えられ、修復費が稼げるようになっている。津波除けの防波堤の後のメンテナンスまで考えて造られていることに、当時の人々の、これまた先見性に驚かされる。

土手のかさ上げには、津波で打ち上げられた石などが埋められており、被災した住民を雇って整備した。また、1946年の昭和の南海地震では、町は津波に襲われた犠牲者もあったが、堤防で守られた中心部の家屋は無事だった。いまでも、小中学生が参加して「津浪祭」が開かれ、子供たちが持ち寄った土を堤にまいて補修しており、防災への構えが引き継がれている。

和歌山県広川町の国の史跡「広村堤防」

阪神大震災（1995年）の被災地でも植樹が行われた。

被災の経験や教訓を後世に伝えようと、市民がドングリから育てた苗木を持ち寄り、2008年から植樹会が、JR貨物神戸港駅跡地に整備された「みなとのもり公園」(神戸震災復興記念公園)で開催された。震災では、街中の樹木が火災の延焼を食い止めるなど防災機能を発揮したことから、市民の協働意識を盛り上げ、災害に強い都市づくりに向け、市民が主体となった緑地公園を整備することになった。

このほか、戦災や震災とは異なるが、先に紹介した水俣市でも水俣湾の埋立地に、市民が「実生の森」をつくり、森の成長を見守っている。

生死の淵に立つと緑を求める

ところで、戦災や震災の復興を、まず緑化から始めるのは、なぜだろう。失業者対策なら、阪神大震災の被災地での植樹会は、当てはまらない。そこで、造園家で東京都市大学の涌井史郎特別教授に聞いた。涌井教授は、アメリカのコーネル大学のキース・G・ティッドボール博士の唱える「レッドゾーンとグリーニング」を取り上げる。博士は、戦場で命も省みない兵士が、足元の小さな花を踏みつけないよう避けたり、過酷な環境に置かれた戦争難民が、空き缶などに好きな植物を植えたりする行為に注目したという。涌井教授の解説では、戦争や災害で、自分の生存が脅かされると、人が頼るのは花や緑だというのだ。植物は、人の心を安定させる役割を果たすのだという

樹木や森林が精神面を安定させる力があることは先述したが、生存を脅かされる窮状では、緑が心の安定をもたらし、勇気づける働きがあるようだ。さらに、先の浅田教授や水俣の緒方さんの話のように、木は人をつなぎ、動かす大きな力があり、緑の威力が、復興へのバネとして、個々の力では到底及ばない大仕事を成し遂げさせるのではないだろうか。

国土と人心の再起かけ、全国緑化運動

ここで、茨城県の筑波山の北西山麓にある「全国緑化行事発祥之地」を紹介したい。日本が近代化を成し遂げる過程で、窮地に追い込まれた時代に、森づくりに活路を求めた歴史を背負っているからだ。

全国緑化行事は1934(昭和9)年4月、第1回植樹が筑波山麓の椎尾村(現在の茨城県桜川市真壁町の鬼ケ作国有林)で実施され、スギとヒノキが植林された。昭和初期のこの時代は、世界的な金融危機を招いた世界恐慌(1929

年）によって、国内でも繭の暴落などの昭和恐慌が起き、東北、北海道の大冷害（1931年）などによる昭和大飢饉が重なり、子供の身売りや行き倒れ、自殺や欠食児童が急増した。東京では、地方から職を求めて流入する困窮者に対し、餓死を示唆するチラシを配布して阻止する動きもでるほど、都市部も困窮していた。

全国緑化の原点、筑波山麓に建つ発祥地の石碑

さらに、浅間山の噴火（1930年）や昭和の三陸大地震津波（1933年）などの自然災害をはじめ、浜口雄幸首相の狙撃事件（1930年）や５・15事件での犬養毅首相暗殺（1932年）、満州事変の引き金となった柳条溝事件（1931年）も発生した。先に述べたように、この時代は、はげ山が拡大し森林も荒廃していたが、農村や人心も疲弊し全国的に社会が不安定な時期だった。

そこで、国が計画したのが、全国的な緑化運動だった。林業家で組織する大日本山林会が筑波山麓での第１回植林を主催し、以降、茨城県内をはじめ東京都などで実施され、第二次大戦での中断をはさんで1949年まで計14回行われた。植林作業によって農村を財政支援する意味もあったようだ。そして、全国緑化行事は1950年、「荒れた国土に緑の晴れ着を」をスローガンに始まった植樹行事ならびに国土緑化大会に引き継がれた。大会は、第21回大会（1970年）に「全国植樹祭」と名称を変更、国土緑化推進機構と各県持ち回りで主催している。

筑波山麓は、いわば日本の緑化の原点。1986（昭和61）年には、大日本山林会が全国緑化行事発祥之地の石碑を建て、緑の少年団ら子供たちも参加して除幕式が行われた。第１回植林のスギ、ヒノキは21世紀に入り、人間で言えば還暦を過ぎた。荒れた国土はすっかり緑の晴れ着で覆われた。2015年５月の石川県小松市での全国植樹祭は初めて「森林の利用」がテーマになり、2015年10月の全国育樹祭では、皇太子殿下が木にノコギリを入れ、森林を循環させる、新たな時代に入ったことをアピールした。

森林の荒廃は、動植物の生命も危機にさらし、活路を求めて移住が行われ、他地域に進出していった文明はやがて滅んでいった歴史について考えてきた。緑化は、単なる森林の再生や環境保全の意味だけではなく、人心をも安定させ絆をつなぐ重要な意義を持つ。

（3）森林ボランティア

「実践」で示した草刈り十字軍

全国的な緑化運動は、いわば行政が主導する形で展開され、緑化への機運をもり立ててきた。公害問題が叫ばれた70年代以降、市民自ら緑化に乗り出した。森林ボランティアの登場だ。その草分けとなったのが、現在も富山県内で継続する「草刈り十字軍」だ。全国から学生ら不特定多数の参加者を募り、森林組合などと連携し、夏場の過酷な作業を代表するとまで言われる、林業地での下草刈り作業を続けている。

草刈り十字軍が始まったのは、1974年。公害関連法案を成立させた国会が「公害国会」（1970年）と呼ばれ、環境庁が新設（71年）されるなど、公害問題に国が対応に追われた時代だった。当時の林業地では下刈り作業の負担軽減に、ヘリコプターを活用した、除草剤の空中散布が行われていた。森林生態系への影響を懸念し、これに待ったをかけたのが、当時、富山県立短期大学の教授だった足立原貫さん（85）だった。農薬散布に反対するだけではなく、「反対運動がつぶされずに農薬散布を阻止するため」にと、足立原さんが取った行動は、全国の学生に参加を呼びかけ、過酷な夏草刈りに率先して取り組むことだった。

草刈り十字軍の2015年入山式

74年の第１回作業には、全国から252人の参加者が集まり、187haで草刈りを実施した。以降、入山式では柄の長いカマを掲げ、気勢を挙げてから、約10日間の草刈りに入るのが恒例となった。2015年８月に実施された作業は42回目を迎え、計38人が参加した。実施主体の草刈り十字軍運動本部の代表を務める足立原さんが「この運動は、文明批評の実践だ」などと、年齢を感じさせない勢いで挨拶した後、富山市や黒部市など4カ所に分かれ、3つの森林組合の作業員らとともに約13haの草を刈った。作業の中日には全員が射水市の宿舎に集まり交流した。これまで、参加者の実数は4,214人にのぼり、草刈りの実施面積は1.868ha に及ぶ。

草刈り十字軍の参加者は、徐々に減っており、1999年から二ケタ台に割り込み、高齢化もしている。2016年8月の作業を最後に、運動は「修了」、43年の歴史に幕を閉じる。草刈りガマは収めることになったが、過去の参加者たちは、各地で独自に森林や環境保全のボランティア活動を展開している人も多く、森林ボランティアのすそ野を広げている。

浜のお母さんが立ち上がる

環境問題が叫ばれ始めた80年代後半には、魚介類の水揚げの減少や海の異変を感じた漁業関係者が立ち上り、植樹活動を始めた。まず、立ち上がったのは、北海道の漁業を支える女性たちだった。北海道漁協婦人部連絡協議会が1988年、設立30年の記念事業に、「百年かけて百年前の自然の浜を蘇らせよう」とのキャッチフレーズに、道内各地に一斉に植樹を始めた。全道95漁協の婦人部が参加し、「お魚殖やす植樹運動」を展開した。

運動を始めて四半世紀になる2012年には植樹本数は全道で97万本を超え、2014年には100万本に達した。現在では、林業団体や消費者団体も加わるようになり、各地の川の上流部に、ミズナラやカツラ、ハルニレなどの広葉樹を中心に、アカエゾマツなどの針葉樹も植樹している。

ところが、お魚殖やす植樹運動には、先駆けとなる女性たちの運動があった。ホタテ養殖の発祥地として知られ、サロマ湖の西岸に広がる北見市常呂町。常呂町時代の1969年、常呂漁協女性部に所属する浜のお母さんたちが、湖畔のワッ

ワッカ原生花園の森に立つ新谷恭子さん

カ原生花園の中に植えたのが始まりだ。

北側に針葉樹、南側に広葉樹がそびえ立つ原生花園の森に立ち、当初から植樹活動に関わり、全国漁協女性部連絡協議会の副会長も務めた、新谷恭子さんは「ここが私たちの運動の原点です」と森を見あげた。風で砂が吹き飛ぶ砂地のため、強い風が吹き込む北側に、砂地でも育つ針葉樹を植えて風を防ぎ、日当たりのいい南側にナラやカシワなどの広葉樹を毎年植えて育てた。「漁師はヤマを見て漁をする」と古くから伝えられてきた。魚が寄りつく魚付林は、土砂が湖に流れ込むのを防ぐ効果もあった。

工場排水とヤマの荒廃

ところが、植林を始める前の60年代初め、すでにサケの水揚げが減少していた。常呂川上流の都市部にあった工場の排水が原因とみられた。61年に漁師が立ち上がり、常呂川汚濁防止総決起大会を開き、北見市内をデモ行進した。新谷さんによると、「ねんねこを負ぶった」浜のお母さんもハチマキ姿で行進した。

1979年には上流80kmの置戸地区にあったサケ、マスの孵化場を訪ねると、湧水が減少し、「水がチョロチョロ流れるだけ」。畑だった場所はササやぶに変貌し、調べてみると、周辺の農家が離農して無人となり、ヤマが荒廃していた。高度成長により、地域から都会へ人が流れ、集落が次々に消えていった時期だった。ヤマの保水力が急減していたのだ。

そこで、漁協が買収した孵化場の隣接地30haで1988年、お魚殖やす植樹運動と連動する形で植樹が始まった。斜面のササは足が滑りやすく、作業は難航した。さらに、植樹時期の５月～６月は、ホタテ漁師は一番の繁忙期、ホタテの稚貝をサロマ湖からオホーツク海に放流する大事な時期だった。「漁師に嫁入りし、なぜ木を植えなければ、ならないのか」「海に出れば、稼げるのに」などと不満を漏らし、中には、来年の植樹作業を拒否する構えの女性たちもいた。浜のお母さんは、漁の仕事に介護、子育てに家事をこなしながら、植樹に来ていた。不満が出るのも、当然だった。

森が成長し海が蘇る

ところが、翌年、植樹地に向かうバスが、前年の植樹地を通ると、窓外に「みんなで苦労して植えた１本１本の木から、赤子の手の平のような新芽がでていた。感動した」。風雪に耐え、シカやネズミの被害を乗り越えた苗木が根付いたのだ。植樹に不満を漏らす女性はいなかった。新谷さんは「植樹は、女性にとって子供を育てるようなもの。大地と母親の気持ちは一緒なんだよ」と笑う。

植樹を始めて15年後の2003年、孵化場を訪ねた。植樹地は高さ10m以上の森になって湧水の取水口には、水がこんこんと流れていた。すでにサケやマスの漁獲高も回復していた。漁協は苗の調達や植樹の指導で地元の森林組合と連携し、さらに、ホタテの貝殻を粉砕した粉は、農協が土壌改良に農地に播いている。農業と漁業は、常呂では車の両輪となって町の経済を支えている。

常呂の植樹運動は、地球環境を保全するとか、そんな肩肘張った遠大なことを考えていたわけではない。生活している身近な環境を守るためだった。新谷さんによると、植樹はもう身近な、生活の一部にもなっているという。2011年からは、成長した過去の植樹地での枝打ちや間引きなどの手入れに入った。町内では毎年5月に市民が参加して植樹が行われ、地元の小学生や高校生も木を植えている。緑化の原点の原生花園では、地元高校生が毎年、草刈りをし、緑化が引き継がれている。

森は海の恋人植樹

漁師が植樹する運動で有名なのは、「森は海の恋人運動」だ。カキ漁師の畠山重篤さん（72）は、いまや国連のフォレストヒーローズに選ばれ、京都大学の社会連携教授、NPO法人森は海の恋人理事長として、講演などで全国を飛び回っている著名人だ。簡単に紹介すると、きっかけは、プランクトンが異常発生する赤潮といった、気仙沼湾の異変だった。そこへ、大川をせき止め、ダムを建設する計画が持ち上がった。

海に出た漁師は、大川の源流にある室根山（895m）

大漁旗がはためく2010年森は海の恋人植樹祭

を目印に、見える方角によって、海上の自身の位置を知る。漁師にとって、山は身近な存在でもある。気仙沼湾と室根山の関係を調べているうち、北海道大学教授による研究成果に行き着いた。広葉樹の森の腐葉土層でつくられる生成物質が河川から海に運ばれ、カキのえさになる植物プランクトンや海藻を育てるという、山から海につながる食物連鎖のメカニズムを解明したものだ。

さらに84年、カキの養殖が盛んなフランスを視察し、成育のよいカキの漁場の上流部には、必ず大規模な広葉樹林があることに気がついた。帰国後、ダムができれば、山から海につながる食物連鎖が断たれ、海がだめになると、ダム建設に反対を表明し、「安心して跡継ぎに任せられる海を守ろう」と、88年、気仙沼市と唐桑町（現在、気仙沼市）のカキ養殖業者に呼びかけ、「牡蠣の森を慕う会」を結成、翌年の89年、室根山での植樹活動を始めた。

巨大魚付林で植樹する

1994年には小学校の教科書に掲載され、全国的に知られるようになり、ダム建設の計画も、公共事業費削減の政府方針によって、98年に中止となった。植樹は室根山から矢越山に会場を移し、ヤマの大漁旗をなびかせて毎年続けられる植樹活動は、年々参加者が増え、最近は1,000人超える。「森は海の恋人」運動は、全国の漁師がヤマに植樹する活動を広める推進力となった。

「川の先に三陸の海がある」。アムール川の支流に浸かって叫ぶ畠山重篤さん

さらに、ロシア、中国、日本の３カ国の研究者が集って発足させた「アムール・オホーツクプロジェクト」（現在は終了）で、中露国境のアムール川に含まれる鉄分が、オホーツク海や千島列島を経て、やがて太平洋へ流れるメカニズムが解明され、「アムール川の鉄分が、海に生きる生命を支えている」（プロジェクトリーダーだった白岩孝行・北海道大学低温科学研究所准教授）ことが分かった。浜のお母さんの新谷さんが、最初にワッカ原生花園で

植樹し成長させたのが魚付林だったが、実は、全長約4,000㎞のアムール川沿岸の広大な森林は、太平洋の魚介の命を支える巨大魚付林だった。

原生花園の浜のお母さんがつくりあげた魚付林も、アムール川沿いの巨大魚付林も、ともに地球規模の壮大な生命のメカニズムの上に成り立っている。

この研究結果に触れ、畠山さんが長年抱いていた問い、世界の３大漁場ともいわれる三陸沖だが、なぜ、豊かなのか、との疑問が氷解した。2014年には、アムール川の河口に近いロシアのハバロフスク郊外で植樹活動を続ける日本のNPO法人むさしの・多摩・ハバロフスク協会の招きで、ハバロフスク市内の国立大学の学生らと一緒に、植樹をした。森は海の恋人の運動は、海を渡った。

お魚殖やす植樹運動も森は海の恋人の運動も当初は海の異変という身近な問題から発展した。最初から、地球環境の保全を意識した運動ではなかった。しかし、運動が全国の漁師をヤマに目を向けさせた功績は大きい。同時に、襟裳岬の昆布漁師にも共通するが、山と森のつながりを理解し言葉を引き継いできた先人の洞察力には驚かされる。

「土から遠ざかることを、高度で高尚とする現代文明」

話を草刈り十字軍に戻そう。2015年夏の入山式で、足立原さんが挨拶の中で言及した「文明批評の実践」について、考えたい。ところで、草刈り十字軍の運動には、布石があった。東京オリンピックが開催され、高度成長の機運に沸いた1964年、最後の住民が離村し廃村となった小原地区（現在は富山市）を拠点に、農業開発技術者協会を個人的に設立し、70年に「人と土の大学」を開学した。全国から呼び集めた学生30人が毎年、農作業しながら、学習する３泊４日の夏の体験合宿を始めたのだ。「一つの社会、一つの文化、一つの価値が死んだのが廃村」で、その廃村から現代社会を見つめ

除草剤問題が降って沸いた小原地区で当時を振り返る足立原さん

直そうと、「土こそ人間が生きる基盤だ」と説き、「ともに地球を耕そう」と呼びかけた。

高度経済成長の陰で、公害を生み出した経済発展に疑問を抱える学生ら若者が小原の廃村に集まった。当時、食糧危機が深刻だったインドではインディラ・ガンジーが1966年に首相に就任、食糧危機克服を世界に訴えた。日本では食糧が豊富にある一方で食糧危機に陥る国が存在することの矛盾を共に考え、東京が肥大化して活力を蓄える一方で、地方が萎縮し集落が消滅する現実について語り合った。

その小原地区の裏山の山林に降って沸いたのが、農薬の空中散布問題だった。足立原さんは「空中から農薬で草を枯らすとは大それたこと。文明の流れによる手抜き行為だ」と農薬散布を批判、「手間をかけて刈ってきた、かつての姿を実践しよう」と立ち上がり、人と土の大学の学生らを通して全国に参加を呼びかけた。「教育の城は、ヤマに築け」が持論の足立原さんにとって、草を刈る現場こそが、教育の場でもあった。

幼少の頃の話を聞くと、現在の東京都墨田区の本所で過ごしたという。終戦直後の1946年に、当時死の病と言われた結核を患い、自宅で療養した。食糧不足でサツマイモしか食べるものがなかった。それでも、生き長らえていることに思いを馳せ、「食べるものは八百屋ではなく、土から出来る。土は命を支える確かなもの」であることを確信した。東京大学農学部に進み、作物学を学んだ。

「土から遠ざかることを、高度で高尚とする現代の文明に、一石を投じる運動だ」と強調する。運動は当初、森林組合や林業家、県などの行政側と時には対立することもあったはずだ。利害の対立を乗り越え、現在は、森林組合や行政と連携していることを評価したい。教育の城は、ヤマに築け。運動は、全国で活躍する森林ボランティアの養成学校でもあった。

（4）森林整備に新たな力

新システム開発し地域リーダーも

増加する森林ボランティア

90年代には、森林ボランティアの活動が活発化する。地球サミット（1992年）で地球環境問題が注目され、京都議定書の採択（97年）によって地球温暖化防止対策として、人工林の間伐問題が焦点となった。日本は1990年に比べ、６％の温室効果ガスを削減することを国際公約に掲げ、うち３分の２にあたる3.8%を森林吸収で賄うことになったからだ。

温暖化対策の間伐には森林ボランティアが活躍

また、95年には、緑の羽根募金（1950年開始）が法制化されことで、民間団体の森づくりを支援する体制が整備された。名称も「緑の募金」に改められ、「国民参加の森づくり」が推進された。法律に基づく募金は、共同募金と、緑の募金しかない。さらに、社会貢献活動の発展、促進を目的に特定非営利活動促進法（NPO 法）が98年に制定され、間伐に取り組む森林ボランティア活動に弾みがついた。

2000年代に入ると、高知県が2003年度に森林環境税を全国で初めて導入して以降、森林県を中心に導入する動きが広がり、京都議定書で定められた第１約束期間（2008年～2012年）がスタートすると、間伐などの森林整備に乗り出すボアンティア団体や NPO 法人が増えていった。

平成26年度森林・林業白書によると、森林整備の活動を展開する市民団体は、2000年度には581団体だったのが、03年度には1165団体に倍増し、2012年度には3060団体まで増えた。森林環境税は、2014年度までに計37県で導入された。

市民団体や NPO 法人の特徴として、様々な職種や技術を持った会員がいるため、行政にはない、斬新さやアイデアが生まれ、非営利だからこその信頼性もある。行政需要が多様化し、財政が逼迫する自治体にとっては、NPO 法人の存在は大きくなるばかりだ。しかし、課題もないわけではない。資金の確保と高齢化の問題だ。いつまでも自治体からの補助金に頼っていては、行政の対等なパートナーとして力が発揮できず、ともすれば行政の下請け的な存在になってしまう。資金の確保は、最大の課題だ。

自活するNPO法人も

そこで、NPO法人としての力を最大限に発揮し、自活する森林ボランティアの団体も登場し始めている。NPO法人四季の会（塩川英彬理事長、鹿児島県姶良市）がその一つだ。補助金を上回る売上げを出す事業体に成長し、地域雇用にも取り組んで地域貢献している。

四季の会が発足したのは2006年。鹿児島県の森林ボランティアの養成講座の修了者を中心に設立し、森林組合長や市議、県職員OBのほか、会社員や主婦ら会員は現在41人。08年にNPO法人になった。活動は幅広い。植林や間伐、下刈り、除伐などの育林のほか、森林内の歩道整備や竹林整備、また、椎茸、タケノコなどの林産物の生産、販売に、移動クラフト教室などのイベントも開催する。森林整備活動では、グラップルに集材機を２台備え、フォワーダと運搬機を１台ずつ所有し、2011年には鹿児島県の林業事業体として認可された。

2014年度の実績は、間伐は77haで実施し、5,250㎥を搬出して市場で販売、路網整備は3,700mに及ぶ。収入（7,900万円）のうち、事業収入は5,900万円で全体の４分の３近くを占める。寄付金などを入れると、自活分は約6,000万円、補助金収入は1,900万円にとどまる。発足当初は、収入の８割を補助金が占めた。地域から現在、17人を雇用し、各自、200万円～300万円の年収を得ており、年２回のボーナス支給など企業と同じ待遇だ。

会はあくまで、社会貢献活動にこだわり、さまざまな制約ができる企業組織にはしない。信用度が高められて補助金が得やすく、税制が優遇されるNPO法人の優位性を最大限に活用している。地域の環境を保全する、循環型の森林整備を目指している。

今では自立する「四季の会」（四季の会提供）

四季の会の実績が示すものは、素人集団から出発した団体でも、研鑽を積み、技術を磨けば、プロ並みの事業が展開でき、自活できる、ということだ。そして、これが本来の目的だが、地域にしっかり貢献できる。営利団体と異なり、森林ボラティアの団体にとってのメリットは地域に役立っている、という誇りと生きがいだ。

活躍する「緑の募金」の「卒業生」

四季の会がどうして、これほどまでに実績を伸ばすことができたのか。緑の募金の支えがあった。自立できる団体の育成は、緑の募金の狙いでもある。ここでは、緑の募金の実績と成果について見ていきたい。1950年以降の緑の（羽根）募金の募金実績は、89年から10億円台にのり、97年以降は21億円～25億円で推移、2014年度まで64年間の累計は、652億1,400万円にのぼる。

一方、中央事業の事業件数を見ると、事業が開始した1996年には、助成団体27団体に対し、計6,190万円を交付した。ところが、2014年度には、助成団体は260団体に増え、交付金額も４億4,600万円に伸びた。14年度の内訳は、森林整備が115団体、次いで緑化の推進（95団体）、国際協力（50団体）の順になっている。この19年間の累計は、3,740団体計57億5,300万円にのぼる。１団体あたりの平均交付金は153万8,000円だ。

成果としては、四季の会のように、自立した森づくり団体の育成のほか、森づくりの交付金を受けた団体が、単なる森づくりにとどまらず、新しい林業のシステムを作り出すまでに成長していることに注目したい。

緑の募金を跳躍台に、大きく飛躍したのは、序章でも触れた木の駅プロジェクト。林地残材の収集システムを応用し、マニュアル化して全国に普及させた。地域振興にも役立っており、導入する地域が増えている。また、定年退職者らのやりがいや意慾を引き出すことから、元気な高齢者の生きがい対策にもなっている。

独自の林地残材の収集システムを考えだし、いまや、自伐型林業の推進に、全国組織を発足させたNPO法人土佐の森・救援隊は、緑の募金の助成を受けて事業規模を拡大させた。山村の経済的自立の可能性を視野に、都市部からの人口還流を目指しており、地方創生の政府方針（2015年）に自伐林業が明記されるきっかけを作り、注目を浴びているのは先述した通りだ。

さらに、緑の募金の成果としては、助成した団体が、市民の森づくりの技術や知識を習得することで、森づくりを目指す他団体の指導役に成長していることも、強調しておきたい。2001年に発足し、霞ケ浦の水源域にあたる筑波山麓で植樹を継続させ、2016年で10周年を迎えたNPO 法人地球の緑を育てる会（茨城県つくばみらい市）は、地元の企業の森づくりや他団体の森林整備を指導し、東日本大震災の被災地での森づくりのコーディネーターを務めるまでになった。

緑の募金の原資は、企業の寄付や一般市民からの浄財だ。寄付が集まることで原資が増え、森林ボランティア団体を育てることになり、日本の森林に新風を吹き込むことにもなる。

第3部

「ほっとする社会」へ新たな価値観

第１章　緑化の原点に学ぶ

次世代につなぐメッセージ

筑波山麓で道普請プロジェクト

「自然の中で汗かくと、頭が良くなるぞ」。東京農業大学の宮林茂幸教授は、そう言って子供たちを森に誘い込む。「頭が良くなりたい」子供は誘いに応じ、作業に熱中し、生き生きとして帰っていく。茨城県の筑波山麓で実施している山仕事での光景だ。教科書のない現場作業に、子供たちはどう立ち向かったか、紹介したい。

筑波山麓に建つ「全国緑化行事発祥之地」の石碑については、第２部で紹介した。市民団体や地元住民、都市部の子供たちが参加し、風倒木の伐採をはじめ、丸太の階段や橋づくりなどに汗を流す「道普請プロジェクト」が展開されている。1934（昭和９）年に始まった全国緑化行事は、都道府県と国土緑化推進機構が毎年主催する全国植樹祭に引き継がれた、いわば前身行事。その発祥地は、日本の緑化運動の原点でもある。ところが、石碑に至る山道が所々荒廃していることから、この地で第１回植林を実施した大日本山林会と国土緑化推進機構、東京農業大学、毎日新聞社と地元のNPO法人地球の緑を育てる会の５団体がプロジェクトを主催し、茨城森林管理署の協力を得て、2013年から山道の改修作業などに乗り出している。発祥地は、日本森林学会が2014年、林業遺産に登録した。宮林教授が、農大の学生を引き連れ、丸太階段づくりや古木の伐倒の仕方を子供たちに指導している。

道普請プロジェクトで杭打ちに挑む子供たち

樹齢80年を超えるスギとヒノキの混合林。作業は弁当をはさみ、午前と午後に続けられる。スギの木に絡みついた、太さ10cmもあるフジヅル切りには、男児や大人たちが喜々として打ち込むが、女児は、そこまで成長したツルの生命を絶ち切ることに戸惑いを感じ、ノコギリを止める。スギを守るために切るべきか、否か。女児にどう説明するか。子供も交え、皆が考える。自然を守る、とはどういうことか。大人も子供も、自然から宿題を課せられる。

習った知識が森の中でつながった

階段づくりで丸太を固定する杭打ち作業に、ヘルメット姿の子供がカケヤを手に挑む。感触を確かめながら、打ち方や力の入れ具合を自分で工夫する。広葉樹の杭を手ノコで切る作業も思い通りにならない。堅い節に当たり、切る角度や力加減を考える。「学校の工作では簡単に切れたのに」と愚痴も出る。汗をかきながら夢中になり、ノコが最後の樹皮を切り終えた瞬間、思わず笑顔が弾ける。見守っていた大人たちら全員の拍手を浴び、胸を張ってはにかむ。女児は、枯れ葉を胸に抱きかかえ、全員で作り上げた山道が雨水で流れないよう葉っぱを播いて仕上げた。作業に入る前、その女児は「虫がいそうで気持ち悪い」と泣き顔で枯れ葉を指先でつまんだ子だった。「森はおもしろい」とつぶやいた。

中高一貫校に通う中学2年生は昆虫好きだ。作業の合間に、朽ちた丸太を探しては穴を覗き込む。「森でみんなと作業すると、授業で習ったり調べたりした知識が、全部つながった」と喜ぶ。「森は、木がただ広がっているだけでつまらない」と話していた東京都内から参加した女児は、野鳥がさえずる中、サワガニやカエルを手にして興奮し、「森が生きている」と実感を話してくれた。森に浸り、土にまみれる一日だが、子供たちは自ら考え、自然と向き合う知恵を積み上げていくように見える。

これまで、第1部では、林業や木材業の、目を見張る動きを見てきた。第2部では、木材の底力や森の効用、自然と共生してきた歴史や森林を失った過去について考えてきた。第3部では、持続可能な社会が問われ、環境問題などの解決に森林や木材が重要なカギを握る動きを追っていきたい。さらに、林業や木材業の枠組みから離れ、森林も含めた「森林業」という視点で見ると、教育やメンタルヘルスの分野で都市部に新たな需要が生まれ、社会を進

展させる大きなエンジンになり得ることについて、考えていきたい。

第2章　持続可能性を求めて

後世まで続く、持続可能性は緑がつくる

クマゼミにチョウの仲間やオニヒトデも、生息圏を北上させ、入学シーズンに文字通り花を添えるサクラも、いまや卒業式に満開になる地域もあると話題になった。温暖化の影響が取りざたされている。地球温暖化をはじめ、リオデジャネイロの地球サミット（1992年）を契機に、持続可能性が強調されている。このままでは、地球が持続できなくなる。地球温暖化対策はまさに崖っ縁。ようやく各国の足並みがそろったようだが、持続性の維持に、大きな期待が寄せられているのは、やはり、再生可能な森林だ。

（1）期待される森林資源

温暖化対策と森林

京都議定書（1997年）に代わる、2020年以降の温暖化防止の枠組みを決めようと、パリで2015年に開催された国連気候変動枠組条約第21回締約国会議（COP21）。年内決定という期限ぎりぎりの12月12日、「パリ協定」が採択された。すべての国が参加する史上初の温暖化対策の国際ルールだ。2020年以降の温室効果ガス削減目標を作成し、５年ごとの見直しを義務化した。議定書の第一約束期間（2008年～2012年）での合意のように罰則規定はないが、そもそも合意が危ぶまれたのを、何とか各国が足並みをそろえることができたのは画期的だ。それだけ、地球温暖化に対し各国が危機感を募らせ真剣に向き合った成果だろう。日本政府は、削減目標の達成に向けた具体策を盛り込む地球温暖化対策計画を作成する。

志布志市では９月にサクラが咲いていた

COP21の開催前に、日

温暖化防止対策で、国は再造林も毎年実施する

本政府は温室効果ガスを、2030年までに2013年と比べて26%削減させる目標を条約事務局に提出した。吸収源として森林に熱いまなざしが注がれており、この削減目標が政府の地球温暖化対策計画に盛り込まれた場合、削減させる26%のうち２%を森林吸収でまかなう方針だ。林野庁によると、森林が担う２%の削減目標達成に向け、目標期間（2021年～2030年）の10年間に合計900万 ha、毎年90万 haの森林整備を行う。90万 haの内訳は、45万 haが間伐で残り45万 haは主伐再造林と下草刈りを実施する。このうち再造林は毎年６万 haを見込む。

問題の財源だが、国の「森林環境税」に期待がかかる。15年末に決定した与党自民党と公明党の税制改正大綱に、森林環境税（仮称）の導入の検討が盛り込まれた。導入された場合、市町村に配分され森林整備に活用される予定だ。ほかに、補正予算も考えられ、国は何とか安定財源を確保することにしている。

化石燃料への依存度低減に道

そもそも、地球温暖化は、地下から掘り出した化石燃料を燃やすことで、二酸化炭素などの温室効果ガスが発生し、地球を覆ってしまうことが原因だ。このため、熱が宇宙に逃げられず気温が上昇してしまう。また、化石燃料を燃焼させる過程で窒素酸化物や硫黄酸化物も発生し、大気を汚染する。温室効果ガスをはじめ、動植物など地球の住人にとって有り難くない物が大量に大気に充満する。どれも地下資源由来のもの。地下資源に責任はないが、それを使う人間が地球環境を悪化させ、自ら自分の首を絞めている。ほかの動植物にとってはいい迷惑だ。それどころか、生態系全体の存続の危機まで招いている。

地下資源としては、携帯電話などにも活用されるレアメタルなどの原料鉱物、最近はシェールガスも地下から掘り出されており、各国がこぞって、地下資源の掘削レースを展開している。有限な地下資源に対し、地上の資源は再生可能だ。太陽光や風力、森林などのバイオマス資源が注目されている。地下資源に対する依存度を下げ、その分を再生可能な資源に切り替えようと、エネルギー技術の開発も進んでいる。特に森林は、天候など自然条件に影響されず、安定供給できる再生可能な資源。かつての里山の薪炭林のように、成長量分だけ使っていれば、枯渇することなく永続する循環資源でもある。

自然の猛威に、しなやかさで対抗――グリーンインフラ

近年、持続可能性の脅威となっている災害が、世界的に増加傾向にあることが指摘される。東日本大震災（2011年）の被災地、仙台市で2015年３月に開催された第３回国連防災会議が開かれた。10年に１回の割合で開催され、次代に向けた防災戦略を議論する国際会議だ。国連の持続可能な開発目標の中でも、防災が重要テーマになっているという。この会議に合わせ開催された、防災会議の公式サイドイベント「防災・減災・復興への生態系活用」（国連大学サステイナビリティ高等研究所、環境省など主催）のシンポジウムで、「グリーンインフラ」の取り組みが紹介され、注目された。

インフラの整備といえば、道路や橋、河川の護岸など、グレーの色をイメージする鉄筋コンクリートが主流だ。グリーンインフラは、自然の恵み（生態系サービス）の中でも、防災・減災機能を重視し、インフラ整備に役立てる考え方だ。例えば、海岸線に設けた防災林が津波の威力を減退させ、湿地が洪水被害を軽減する機能などを活用し、コンクリートなどの人工物によるインフラ（グレーインフラ）の代替、もしくは補足する社会資本の整備のことをいう。

東日本大震災直後、津波でマツが壊滅する中、生き残ったマサキ。仙台市荒浜で

環境白書によると、近年欧米を中心に取り組みが進められ、2008年にはアメリカの環境保護庁が州政府

と協力し行動戦略を決めた。自然環境をはじめ、屋上緑化や雨水の浸透道路もグリーンインフラの対象に加え、水処理やヒートアイランド（都市の気温上昇）対策への応用をうたっている。

東日本大震災では、東北沿岸では、宮城県石巻市の堅牢なコンクリート防波堤や、高さ10m もある防波堤（岩手県宮古市の旧田老町）が破壊され、人工的な力で自然災害を抑える防災の考え方から、減災を基本とする考え方に転換した。

大津波に耐えたマサキの茂み

被災の３週間後に沿岸部を回ったが、津波が堤防を突破し、砕けたコンクリート塊が無残な姿を晒す海岸に立ち、コンクリート壁が破壊される時の力の凄まじさに圧倒された。一方、宮城県仙台市の沿岸部では、大人の腹部あたりの高さで、へし折られた幹が広がる松林の跡には、数本の松が立ち、所々に乗用車や、松林の内陸寄りに建っていたと思われる家屋の一部があった。松林が、津波で車が内陸に流されるのを食い止め、さらに相当な力で戻ろうとする引き潮によって家屋が海に流されるのを引き留めたようだ。しかも、驚いたことに、松の根元を覆うように、背丈ほどもある常緑低木のマサキが青々と茂っていた。破壊されたコンクリートの破片に幹だけ残った松林の灰色の世界に、青々としたマサキだけが目を引き、生を感じさせる。マサキはコンクリートよりもしたたかに、しなやかに生き残っていた。

頑強なコンクリート堤防を一瞬に破壊した津波でも、松林は全滅することなく所々に松の木とともに森林を自ら再生させる芽を残していた。猛威の力をかわす、自然の「しなやかさ」に驚かされた。

「いなしの知恵」の著書のある涌井史郎・東京都市大学特別教授によると、大都市や沿岸部に人口や資産が集中する傾向にあり、災害に無防備になっていることを指摘する。それだけ災害による経済損失も甚大で、二酸化炭素の増加と気温の上昇、動植物の絶滅数の増加の計３つの右肩上がりのカーブと、損害保険の支払い額の増加カーブは一致する傾向にあるという。涌井教授は「かつて自然と共生しつつ災害を減じた知恵に学ぶべきだ」と主張、グリーンインフラの重要性を訴える。

企業の永続性は「木」が支える

災害による経済損失は、企業にも大きな影響を与える。ところが最近、強調されているのは、従業員のメンタルヘルスだ。生産性を追い求める企業も、会社の存続に向け、その重要性に気づき始めた。都市が肥大化するのに従って、効率的で使いやすい人工物が都市にあふれ、利便性は向上するが、次第に自然や自然素材と離れていく。第2部で示したように、人間の身体は、自然素材と親和性があり、逆に言えば、自然と乖離した生活は、人間の精神的な部分に好ましからざる影響を与える。

精神的なストレスの要因は、自然との乖離だけが背景にあるのではなく、様々な要因が絡み合っている。厚生労働省は2011年、増加する精神疾患を、それまでの4大疾病（ガン、脳卒中、糖尿病、急性心筋梗塞）に加え、5大疾病と呼ぶようにした。「自然欠乏症候群」なる言葉も登場している。

企業が永続性を求め、生産性を上げるのに、社員の心も体も健康でなくてはならないのは当然だ。社員が不健康ではマンパワーが発揮されないばかりか、新事業に向けた新たな発想やアイデアも生まれてこない。そこで、経済産業省も2011年に商務情報政策局にヘルスケア課を新設し、健康に配慮した経営の支援に乗り出した。その一つが、東京証券取引所（東証）と一緒に始めた「健康経営銘柄」だ。2015年3月に、従業員の健康に取り組む企業22社を発表し、毎年、見本企業として世に広める。

ヘルスケア課によると、欧米の投資家を中心に、企業利益に加え、企業の継続性を重要視する傾向にあり、投資分野でも社員の健康管理への取り組みが重視されている。新卒の学生が企業選びする際に参考にされ、いまや、投資家や新卒の学生が企業選びする際に用いる、重要なモノサシの一つにすらなっている。企業にとっては、企業を発展させる資金や人材の獲得

癒しを求め、里山集落に移住する若者も増加

に、無視できない存在となっている。

健康経営銘柄が発表されたのと同じ15年の12月、労働安全衛生法が改正され、従業員に対するストレスチェックが義務化された。企業は従業員の健康管理に、これまで以上の配慮が求められ、その一環としてオフィス改革がある。社員が快適に過ごせるよう職場の環境づくりが重視され、机やイスなどのオフィス家具から、内装材まで快適性重視の材料を使い、また、自身で健康チェックできる仕掛けまで施す。その材料や仕組みづくりに、木材や木がほどよく光を吸収し陰影を作るなどの特性が注目されている。

先に述べたように、都市の木質化の動きと連動しており、今後ますます、木質オフィスは広がっていくのでないか。木材を活用した、具体的な動きは後の章に譲ることにする。

ESDと学校の森子どもサミット

最近、動きが注目されるESD（持続可能な開発のための教育）では、生きる力を育てる舞台として、森林が重視される。2015年８月、岡山県を舞台に開催された学校の森子どもサミットには、全国から小学校10校が参加し、日頃の実践活動の発表や互いに交流を深めた。ESDは、持続可能な社会づくりの担い手を育成する教育で、関係性を尊重し、判断力や責任感、実行力などを養う。

学校林は、学校校舎の建て替えなどに使う木材づくりのために、学校近くに植林されたものだが、最近は環境教育や体験学習の場としても活用されるようになった。サミットでは、参加校の一つ、岡山県の西粟倉小学校の地元、西粟倉村の人工林で伐採作業を見学した。自分たちが使っている木材製品は、どこで、だれが、どのようにして作っているのか。生産現場を知ることで、生産から消費までのつながりを理解した。

百年の森の村、西粟倉村で2015年開催の学校の森子どもサミットでは、給食具材の生産者と交流も

また、村自慢の広葉樹林では、村の年配者が樹木の名前などを教え、世代間の交流も図られた。2020年以降に小学校と中学校の改訂学習指導要領が実施され、体験学習や野外活動、異世代間の交流が盛り込まれるが、改訂版の指導要領を先取りする動きだ。

印象深かったのは、西粟倉小学校と参加校の子供たちが顔をそろえた給食だった。食事に入る前に、村の住民10人ほどが子供たちの前に並び、学校から一人ずつ紹介された。給食メニューの野菜を作った女性や魚を釣った男性、調達した若者ら村の大人たちがそれぞれ、食材づくりの思いを語った。西粟倉小学校が日頃から大事にしているセレモニーだというが、生産者の顔を実際に見ると、食材に安心感も沸くし、しかも粗末にできない。「いただきます」。子供たちは両手を合わせ、目の前に並ぶ食材を作ってくれた村の大人たちと一緒に会話しながら、少し緊張しながら食べた。

森のようちえんとアクティブラーニング

序章でも紹介した「森のようちえん」は、幼児期の森林ESDとして注目されており、急速に広がりを見せている。2015年にはさまざまな動きが展開され、「森のようちえん元年」と言えそうだ。森のようちえん全国ネットワークによると、現在、全国160カ所に広がっている。序章の智頭町の「まるたんぼう」のある鳥取県は15年3月、「とっとり森・里山等自然保育認証制度」を創設し、県内6カ所の「森のようちえん」を認証。翌月の4月には、長野県が後を追うように「信州型自然保育認定制度」を新設し、支援を始めた。さらに、同じ年の11月には、学識経験者を中心に、「日本自然保育学会」が設立され、「森のようちえん」に注目し、科学的効果の検証などを始める。また、先行する鳥取、長野両県など全国12の若手知事でつくる「日本創生のための将来世代応援知事同盟」も同年7月、国に対し、「森のよう

子供の野外活動が重視される。山梨県小菅村で

ちえん」の制度構築を緊急提言した。

問題は受け皿だ。自然に恵まれ、「森のようちえん」がすでに展開されている地域はいいが、どの地域でもすぐに導入できるわけではない。近くに自然が求められ、子供を安全に見守る人的態勢も必要だ。さらに、そもそも自然と離れた都市の生活が定着し、自然に馴染みが薄くなっている子供をどうやって野外に引っ張り出すか。自身がすでに自然に馴染まなくなって久しい親たちを、どう説得するか。都市近郊での展開には課題も多い。

そこで、公益社団法人国土緑化推進機構は、学識経験者や森林の関係機関などと連携して15年11月、「森のようちえん等の社会化に向けた研究会」を設けた。学校が連携できるNPO法人や、子供の育成に関心を持つ企業の側面支援を得て、地域で自然保育や環境教育を展開する枠組みづくりを検討していく。

後世まで続く人の営みをどうつなげるか、機構の梶谷辰哉専務理事は「人類が生存していく道を進むために、ESDは基本的に、やっていかないといけない取り組みだ」と力説する。中央教育審議会が2016年、体験活動や野外学習などを通して学ぶ課題解決型のアクティブラーニングの学習法を導入することを答申した。これを受け、文科省は2016年中に改訂し、2020年度から小中高校で順次実施する学習指導要領にアクティブラーニングの学習法を盛り込む。森林がますます注目される。

（2）循環型林業

人工林の下に広がる広葉樹。橋本林業の山林で

生物多様性がいいヤマを作る

ヤマの永続性を求め、循環型の森林経営に取り組む林業家を紹介したい。徳島県那賀町の橋本光治さん（69）だ。

ヒノキやモミ、シイなど針広混交の大木がそそり立ち、空を突き上げる。幹の足元には、ツツジやクロモジなど落葉広葉樹の枝葉が広がり、日差しを浴びながら風に揺れる。橋本さんのヤマは、人工林なのか天然林か区別が付かない。いまや林業界では天敵扱いのシカやイノシシをはじめ、サル、タヌキ、ハクビシンなどの名前を挙げ、「このヤマは、動物園ですわ」と笑う。悲壮感がないどころか、「これらが、いいヤマを作る」と自慢するほどだ。

豊かな自然は経済林を育てる

橋本さんは、101haの山林を持つ、専業林家。銀行を退職し32歳の時に先代から、「一利を興すより一害を除く」の言葉とともに林業を継いだ。収益に走るのではなく、支出を抑え永続性を優先させる。橋本林業の特徴は、自然との調和を重視し、自然の力を借りる林業経営を基本にした、長伐期の優良大径木生産だ。自然から学ぶ路網整備を心がけ、1ha当たり300mの密度を誇る。全国から視察があり、第1部の鳥取県智頭町の自伐型林業講習で講師を務めた橋本忠久さんは、橋本光治さんの長男だ。小型バックホーと2トンダンプ、フォワーダといった最小限の機械で、忠久さんと2人でヤマを守る。

「公益性が高いヤマは、収益性も高い」が持論だ。地下水脈から遠く乾燥しがちな尾根筋ややせ地にはマツをはやし、乾燥に比較的強いサクラやシキミなどを成長させて崩落を防ぐ。また、尾根筋の山側にはモミを生やして乾燥からヤマを守る。風があたる南斜面には、細かい葉が茂るシイを残して緑の壁をつくり、林内の木を守る防風林にする。土地が肥え水分豊富な場所には、スギを主体にケヤキを誘導し育てる。広葉樹も太くなればそれなりに売れるのだ。

「朽ち果てた大木も大事な肥料」と橋本さん

路網もバックホーが通ることができる幅員2.3mまでにとどめて、なるべく木々を切らずに残し、斜面の切り取りも切取高1.4mまでに抑え崩落を防ぐ。

皆伐は必要最小限にとどめ複層林での間伐、択伐を主体に施業している。大径木から中径木、さらに広葉樹の注文など、多様な需要に対応している。年間生産量は250㎥で、毎年10haずつ施業し10年間でヤマを回す。年収は２人合わせて400万円～600万円。頑張れば年収は当然上がるが、良質なヤマを後年に残すため、無理はしない。臨時に資金が必要になった時は、通常より多く伐り出す。ヤマは、預ければ利子が自然に貯まる貯金でもある。

林の中で気づいたことだが、地面に倒れ朽ち果てた大木がやたらに目立つ。接地面から野菊が薄紫色の花を咲かせているものもある。作業の邪魔にならないのだろうか。聞けば、意識的に放置しておくのだそうだ。片づけずに残しておくことで、落ち葉とともに微生物が分解してくれ森の肥やしになっていく。落ち葉が分解されて作られた腐葉土は土になり、ミミズが地中を這い回って土を耕し土中に酸素を供給する。地中の根がそれを吸って木も元気になる。

動物たちも、やがて森の中で命をまっとうし、バクテリアなどに分解され土に戻っていく。その土はまた、木々を成長させ豊かな森を育むのだ。枯れた老木は、死すのみではない。朽ちていく過程で、それまで溜め込んだ二酸化炭素をゆっくり放出し、その二酸化炭素はほかの木々の光合成の材料としても吸収され、森の若木を成長させる。橋本さんの森は、物質循環と生命の循環の輪が回る。森では動植物や微生物まで全員が主役だ。各自が、豊かな森を維持していく役割を担っている。多様性豊かな森林には多様な生物が活躍し、その豊かな自然の力は経済林をも育てる。

針葉樹か広葉樹か

速水林業では、広葉樹を積極的に残している

1,070haの山林を所有し、20年以上前から高性能林業機械を導入、林業経営の近代化を図ってきた速水林業（三重県紀北町）も、林の中の生物多様性を重視する。速水林業が所有林で実施した調査によると、生態保護林（広葉樹主体の天然林）では186種類の植物が

確認されたのに対し、ヒノキの人工林では243種類に及んだ。天然林の方が、人工林より多様性に富んでいるように思われがちだが、植物に関して言えば、人工林も天然林にひけをとらない多様性を維持していることを、この調査は示している。

以前は、人工林の中に広葉樹があると伐採や搬出の作業の障害になることから、広葉樹をことごとく伐採する林業家が多かった。しかし、速水林業は針葉樹林の中に、むしろ広葉樹の侵入を積極的に誘導する。理由について、代表の速水亨さんは①土壌微生物や土壌昆虫らが肥えた土壌を作り、②葉の広い広葉樹の下に下草が生えることにより、雨粒が葉や草に当たる度に力が弱められ、表土の流出を防ぎ土壌を守る③多様性豊かな森ほど、集中豪雨など環境の急変に強い——などの人工林に対するメリットを説明する。

間伐が行き届いたヒノキ林の林床は、青々としたシダで覆われ、常緑広葉樹のカシの木が急斜面を支えていたのが印象的だ。

人工林の生物多様性が議論される時、その場合の人工林とは、単一樹種による一斉林だ。多様な林齢（樹齢）の樹木で構成される林についての視点が欠けていることを指摘する。多様な林齢の木々からなる人工林は、それぞれの木々が異なった時間経過を経ているため、生物相もより多様なはずである。若木に集まる鳥もいれば老木を好む虫もいる。この視点を欠くと、広葉樹の方が圧倒的に生物多様性は豊かだと誤解されてしまう。

ワラビ栽培で下刈りの負担軽減

生物多様性が豊かな自然の力を利用し、林業の課題に取り組む動きもでてきた。山菜王国で知られる山形県が、下草刈りの省力化に向け、ワラビの試験栽培を始めた。2016年度から実用化に向けた取り組みを進める。県の低コスト再造林技術開発の一環。県森林研究研修センター（寒河江市）で2013年度から試験研究に取り組んでいる。

下草刈りは、夏場の暑さの中で行う過酷な作業だ。下刈りの辛さを理由に林業から離れた若者もいるほどだ。そこで、ワラビの旺盛な繁茂力を活用し夏草の成長を抑える効果について検証してきた。実用化できれば、下草刈りの省力化につながるばかりか、ワラビを収穫して販売すれば、造林の資金にあてられ、一石二鳥の試みだ。

こうした効果のほか、ワラビは秋には葉と茎は枯れてしまうため冬場の山仕事の支障にならず、さらに枯れた茎と葉はスギの肥料にもなることが期待される。観光ワラビ園に開放すれば、人工林に対する理解を広げる契機となり、また、ワラビの収穫に年配者も参加してもらえば、ちょっとした小遣い稼ぎにもなる。

県は、豊かな森林に恵まれた里山地域は多様な資源を持ち、積極活用することで、産業振興と雇用の確保につなげられるとして、13年に知事と35市町村長でつくるネットワーク組織「やまがた里山サミット」を設立。この中で、「やまがた森林（もり）ノミクス宣言」を行い、森林資源を活用した林業振興を呼びかけた。ワラビの試験栽培も里山の知恵でもある。

食害防止に獣道

もう一つ、自然共生型の試みとして、深刻化するシカによる苗木などへの食害の防止に、獣道を活用した新たな防御対策が注目されている。森林総合研究所森林整備センターの関東整備局が山梨県南部町に実験柵を設け、実用化に向け取り組んでいる。苗木を植林する場合、シカの食害を防ぐため、山の斜面の植林地を取り囲む形で柵やネットを張るのが普通だ。しかし、獣道を遮断する形で長く連続した防護柵を設けると、行き場を失ったシカが柵を破って進入し被害を受けるケースが少なくない。

周辺に下草が生え、スギ苗を植えた場所を実験地に選び、A区域（4ha）とB区域（2.9ha）に分け、A区域は通常通り高さ1.8mのネット柵を全体的に張り巡らせ、B区域については、内部を3ブロックに分け、各ブロックをA区域と同じ高さのネット柵を張り巡らせ、さらに各ブッロックの間をシカが自由に往来できるよう、幅数㍍の通り道を確保した。A区域とB区域は約500m離した。

2015年5月に両区域に柵を設置したところ、16年1月までに、A区域はシカがネットを破ったカ所が複数見つかり、3分の1の苗木を植え直すはめになった。ところが、B区域については、ネットは無傷だった。無人のモニターカメラには、シカが通路（獣道）を往来していることが、確認された。

整備センターによると、獣道を残す方法は、植樹地全体に柵を巡らす方法より、柱を多く必要とするため、初期投資は約1.5倍かかるが、破られたネットを補修したり、見回ったり、さらに植え直しのコストを考えると、獣道を残す方法の方が、2割程度のコスト削減になると試算する。

野生動物との共生

ここで、注目したいのは、シカはネットの中に見える苗木を食べるためにネットを破るとは限らない、ということだ。周囲に食べる草がある場合は、獣道さえ確保してやれば、被害を及ぼさない。獣道を遮断するから通り抜けようとネットを破り、手近な苗木を食べるのだ。周囲に草地がない場合は別だが、シカの被害がある場所はただ柵を巡らせればいい、といった固定観念は改めた方がよさそうだ。

獣道を活用した防護柵と上記のワラビ栽培の事例は、科学技術が進む現代にあって、ややもすると牧歌的に受け止められるかも知れない。しかし、第２部で触れたように、下草刈り対策は、農薬使用に反対して始まった草刈り十字軍の運動を巻き起こし、防護柵で言えば、電気柵に人間が感電する事故も起きている。下草刈りも防護柵の設置も、自然を撃退する攻撃的な発想に走れば、その報いは人間に跳ね返ってくる。誤解してほしくないのは、電気柵を否定しているわけではない。使い方次第なのだ。

特に防護柵に関しては、撃退する発想を貫く限り、イタチごっこの末に、シカと苗の双方が傷つけ合う結果になりはしないか。また、それ以上に重要なことは、苗木の植林地でシカの被害が続くということは、シカにエサ場を提供することになり、シカの繁殖を手助けすることになる。さらなる被害を誘発することにつながる。繁殖しすぎたシカの被害を抑えるのが目的だったはずの柵は、使い方を間違えると、シカにとってエサ場の出入口となってしまうのだ。

両者の事例は、いずれも人間の方が自然の方に歩み寄り、対話をするかのように反応を見ながら様々な試みを繰り返すことで、解決にたどり着く一歩だと理解したい。対立の緩和や調整は、和の文化を持つ日本人

シカなどの獣道を活用した防護柵が注目される

の得意とするところであり、野生動物との共生を図る森林文化が生み出した知恵が、解決の糸口を見いだすはずだ。

SATOYAMA イニシアティブ

ここで、生物多様性について、触れておきたい。分かったようで、質問されると答えにくい言葉だ。環境省によると、地球上には3,000万種の生き物（動物、植物、微生物）がおり、互いに直接的に、また間接的につながり合って生きている。これが、生態系そのものの姿だ。地球環境保全の意識が高まる中で注目され始めた概念で、先述した地球サミット（国連環境開発会議、1992年）で、気候変動枠組条約とともに署名されたのが、生物多様性条約（CBD）だ。①生態系の多様性、②種の多様性、③遺伝子の多様性——の３つの多様性を規定している。

国内では、第10回締約国会議（COP10）が名古屋市で2010年に開催され、日本が提唱した「SATOYAMA（里山）イニシアティブ」が注目された。環境問題を考える際、これまで必ず論議になったのが、人間中心の開発か自然保護か、の二極対立的な議論だ。さらに、自然に手を加えずに残す自然保護か、活用を前提にした自然の保全か、も話題になる。

ところが、日本の里山のような二次的自然地域は世界中でいま、利用されないがゆえに荒廃し、逆に生物多様性が損なわれているのが現状だ。そこで、地域住民など人が積極的に関与することで、生物多様性を維持させる方法として、SATOYAMA イニシアティブが提唱された。日本の里山は、地域住民が活用することで、開発と保護を両立させてきた歴史があるからだ。いわば、長い間にわたって社会実験済みの実践、これこそ、「里山の知恵」だ。

生物多様性を堅持するのは、原生的な自然を保護するだけではなく、二次的自然地域では自然資源を持続可能な形で利用することが求められた。このCOP10以来、SATOYAMA イニシアティブを効果的に推進するため、国際的な枠組みの設立が広く呼びかけられた。

ちなみに、名古屋でのCOP10に次いで、インドのハイデラバードで2012年に開催されたCOP11（生物多様性条約第11回締約国会議）では、「自然を守れば自然が守ってくれる」のスローガンが有名になった。里山の共生思想から言えば、人間は常に自然から守られている存在であって、「自然を守る」との表現は少々、違和感を覚える。

里山の知恵を世界に発信

田植え直後の棚田は美しい。熊本県水俣市で

COP10の SATOYAMA イニシアティブに話を戻そう。少々不満なのは、SATOYAMA イニシアティブが広報される際に、地域住民が自然とうまく折り合いを付けて暮らしてきた「里山の知恵」が明確に言及されてないことだ。SATOYAMA をうたいながら、開発と保護を両立させる、肝心の里山の知恵が説明されていない。これでは、なぜ、里山が開発と保護の両立を可能にしてきたか、明確にならない。例えば、棚田を例に挙げる。棚田はなぜ、曲がりくねった曲線を描いて重層的に設けられているのか。作業効率を考えれば、斜面を削り取って階段上に設けた方がいい。それでは、斜面崩落の危険性が高まる。等高線に沿って棚田を設ける方が斜面は安定するため、棚田は等高線に沿って曲がりくねった曲線を描く。あぜ道や水路、石垣など多様性に富む構造物のそれぞれに、さまざまな生物が生息する。

欧米型の合理主義では、斜面を一挙に削り取り、崩落が懸念されれば、コンクリートで固めてしまうかもしれない。それでは、多様性に富む生物の生息環境とは、ほど遠い。そもそも、効率性に劣る山の斜面には、畑を作らないだろう。

少々効率が悪くても、生物が生息する自然をなるべく痛めない、これぞ、開発と保護を両立させる里山の知恵だ。先述した熊の道や木守り柿も同様だが、自然に対し人間の方が少々我慢してでも利用させていただく、共生の考え方がうかがえる。「自然を少々利用させていただいても、自然は常に守ってくれる」有り難い存在なのだ。また、日本の急峻な山の斜面に棚田を設けることで、雪解け水があふれる山のダム効果を高め、洪水を調節する。防災をも念頭に入れた里山の知恵の奥深さを知る思いだ。

里山と豊かな感性

さらに、付け加えるならば、棚田の曲線美のように、自然と共生させた構造物は、なぜか美しさを醸し出す。山際に設けられた丸形の田んぼや雪中のかまくらも同様だが、ほのぼのとした安らぎさえ感じさせる。里山の住民は、田の水面に映る月を「田毎の月」と称して賛え合った。自然と向き合ってきた里山の知恵や豊かな感性は、国際的にもっと知られていいはずだ。

2020年のオリンピック・パラリンピックの東京開催が決定した際、「おもてなし」が話題になった。単なる日本人の礼儀作法、パフォーマンスで終わってしまうことを懸念する。同じ地球上で生き、運命を共有している遠方の賓客に、地球環境や自然に対する慈しみの心があってこそにじみ出る心情として、厚くもてなす心があるのではないか。地球の自然に対する敬愛や平和への感謝、思いを共有し共に生きる気持があってこその、おもてなしの心ではないのか。おもてなしは、里山の知恵や感性に通じるものがある。

（3）環境保全型林業

環境保全型が林業を鍛える

科学的林業経営に道拓く――FSC森林認証

シダの葉が生い茂り、所々に常緑広葉樹が生えるヒノキ林。ぬた場と呼ばれる、イノシシの泥浴び場が作業道沿いの窪地に目に付く。先に紹介した速水林業（三重県紀北町）の所有林で、代表の速水亨さんは「ここの生物多様性の豊かさは、広葉樹林にも負けない。環境が生きている」と胸を張る。この自慢の人工林が、国内で初認証された森林だった。

速水さんが、1,070haに及ぶ所有林を対象に、FSC（Forest Stewardship Council: 森林管理協議会）認証を取得したのは、2000年。林内の下層植生を維持し、広葉樹の繁茂に努める環境配慮型の森林経営を取り入れたことが、認証取得の動機だった。FSC認証は、1993年にできた世界最初の森林認証制度だ。

国内でFSCに初認証された速水林業の山林

認証制度は、森林の持続

可能な活用に向け、適切な森林管理が行われていることを第三者機関が認証する。認証された森林から伐り出された木材や製品には認証マークが付けられ、消費者はこのマークが付いた製品を積極的に購入することで、環境貢献の意志表示ができ、世界の森林保全を支援することができる。国際的な森林認証制度は、このFSCと、98年にスタートしたPEFC（Programme for the Endorsement of Forest Certification Schemes: 森林認証プログラム）の二つの制度が双璧だ。FSCが世界共通の基準に基づく認証であるのに対し、PEFCは、加盟する各国の認証制度を認め合う相互認証が特徴だ。比較的平坦な欧米の林業地と異なり、山が急峻で零細な林業家が多い日本の実情に合わせ、2003年には日本独自のSGEC（Sustainable Green Ecosystem Council: 緑の循環認証会議）が発足。2016年6月、PEFCに加盟し相互認証が実現した。

森林の認証制度が生まれた背景には、熱帯林の乱伐や違法伐採などで世界の森林が減少し、また法外な安さで取引され、木材の適正価格が維持できなくなるばかりか、価格競争がさらに乱伐を招き、世界の森林環境を劣化させる問題がある。さらに、無秩序な伐採によって現地住民の生活や環境が脅かされる実態があった。そこで、環境によい製品や環境貢献に熱心な企業の製品を購入することで、環境を保全する企業の動きを広め、問題のある森林伐採を減らすと同時に、現地住民の環境も守ろうとする運動（グリーンコンシューマリズム）が1980年代から広がったことも、制度づくりを後押しした。

認証を取得し速水林業には、木材の直接購入を希望する依頼が増えたという。しかし、速水さんは、認証による直接的な経済効果より、認証取得までの手続きを通して、科学的な森林経営の手立てが得られたメリットを強調する。日本の林業は、林業家のカンと経験で運営されてきたが、優良な森林を次世代に残すためには、経験を数値化したデータを管理するシステムが欠かせない。認証を契機に、木材の販売方法や植栽方法を見直した。さらに、林業に関心を寄せる一般者も対象にした林業塾を主催し、客観的データに基づく林業経営や林業者に求められる倫理観の普及、啓発に努めている。

地域や林業に誇り―― SGEC森林認証

一方、林業地域の一体感づくりや将来性に向け、森林認証を活用する動きもある。流氷の町、北海道紋別市の佐藤木材工業は2004年、SGEC認証を個人事業体として初めて取得した。佐藤教誘社長にると、林業・木材関係者

SGEC 認証を語る佐藤木材工業の佐藤社長

による懇談会を通して普及に努め、今では西紋別地域５町村の森林面積に対する認証率は90％に及ぶ。

なぜ、これほどまでに広がったのか。背景には、北海道の深刻な林業事情があった。紋別地域はかつて、夏場は農業、冬場は林業の暮らしが定着していた。ところが、大量の風倒木処理に追われた洞爺丸台風（1954年）をきっかけに、チェンソーやトラックが普及。夏場でも林業ができるようになり、専業化したところに、外材の流入による木材価格の低迷などで就労者も激減した。「北の果てで何もない所になったが、地域を守るために、まず自分たちが誇れるものを見いだそう」（佐藤社長）と注目したのが、森林認証だった。

外材の荒波以上に猛威となる、国際競争の台風の目にさらされるのを見越し、それまで互いに交流がなかった林業・木材関係者が共通認識を持つ雰囲気づくりも狙いだった。認証取得によって、環境に配慮した森林計画に基づく伐採が求められ、各自が思い通りに伐採することができなくなり、「いずい（やりにくい）」との声も出たという。しかし、「消費者が重視する環境を、自分たちも支えている」との意識が徐々に浸透し、林業に対する誇りと使命感が広がってきたという。

佐藤社長は、人口の減少などによる国内市場の縮小を前提に製品輸出も視野に入れており、SGEC 認証にますます期待をかけている。

再造林にあの手この手。川中側が動き出した

ヤマ側では、人工林が放置され荒廃が進む。成長量に合わせた伐採、再造林を繰り返す循環型の森林整備がなぜ、行き詰まるのか。伐採された丸太には、流通過程で中間業者が付加価値を付けて高く売ってもうけを出すが、ヤマ側は素材（丸太）を出すだけのなので、価格形成に関与することが難しい。結局、ヤマ側への利益還元は薄くなりがちで、構造的な問題が指摘される。

結果的に、森林所有者は再造林の資金を生み出せないばかりか、林業に対する意欲すら失う。伐採した林地を再造林し、林が成長したら伐採しまた再造林する循環型の林業は、再造林されないと、循環が途絶えてしまう。さらに、木材価格が安いため、伐採をためらう林業家もおり伐採もままならないのが現状だ。

いかに、ヤマに利益を還元し再造林につなげるか、が問われている。ここで、紹介したいのは、国産材を効率的に加工流通させるコンビナートを第１部で取り上げた、伊万里木材市場だ。木材市場は，森林所有者から立木を購入して木材を集め、製材所などに卸すのが業務だが、伊万里木材市場は、木材の循環利用に向け、自ら森林整備に乗り出した。

自力では植え付けができない森林所有者と、立木購入の際に森林整備協定を結び、５年間にわたって伐採、植え付け、下刈りを実施する。所有者の負担はない。林雅文社長は、その狙いについて、①木材の大量確保の維持②循環型の森づくり――の２点を説明する。木材を大量に必要とする木材市場は、木材が集まらなければ仕事にならない。そこで、５年間の無償造林をアピールし、立木の安定的な購入に導く。さらに、事業の継続には、ヤマも循環し永続してもらわないと困るのだ。ヤマも市場も運命共同体だ。

2014年度の再造林事業地は253ha に及び、このほか、森林管理士と森林施業プランナーの有資格者を雇用し長期施業の受託や森林経営計画の作成も行っている。循環の輪が回り出している。

放置される枝が利益循環を生む。川下も動き出した

ヤマ側の再造林支援に乗り出したフローリングの製造メーカーがある。国産針葉樹の無垢材にこだわった内装材の生産では、国内トップを誇る池見林産工業（大分市、久津輪光一社長）だ。伐採して収入を得る林業は、植林や下刈り、枝打ちなどの保育期間は収入が得られない。自分のヤマの手入れは、資金がなければ保育作業は続けられない。そこで、同社は、枝打ち作業で切り落とされ林内に放置される枝に注目した。ヒノキの枝の束を現金で常時買い取り、ヤマ側に還元する仕組みを考えた。それまでカネにならなかった手入れ作業が、収入を生むのだ。

具体的には、直径３㎝、長さ60㎝程度の枝約30本を一束単位として、１束約1,000円～1,300円で買い取る。30束なら最高４万円近くになり、「これ

フローリング材を補修する駒が造林を促す

なら、林業家はヤマに入り作業に精を出す」（久津輪社長）という。買い取った枝はどうするのか。再造林支援といっても、枝はフローリング材の補修に活用し、しっかり本業に役立たせている。

久津輪社長によると、スギやヒノキの針葉樹には節が多く、表面材としてのフローリングには向かない。板の９割に節があり、使えるのは１割程度だ。そこで、創業社長が節のある板も使えるようにと、ヤマから買い取ったヒノキの枝を細かく切って駒を作り、その駒を節などの欠陥カ所に埋め込むことで、良質な板材に再生する技術を開発した。今では、無節のフローリング材より、駒で再生したものの方が、よく売れるという。ヒノキの駒づくりは、障がい者施設に委託しており福祉支援に役立っている。

ヤマと都市に循環の輪を回す新システム

独自の木質資源の循環システムで、持続可能な森林利用を目指す企業の取り組みを紹介したい。国内最大手の合板メーカー「セイホク」（東京都）だ。再生可能な地球資源として国産材を活用する一方、木造住宅など都市に蓄積した木質材も回収し、木材の有効活用を図っている。

セイホクが、木を３段階で使う「木材の300％活用」という木質資源の循環システムを構築したのは2001年。丸太から製造した合板を使った住宅を解体した後、解体材をチップ化してパーティクルボード（PB）を製造し、今度は家具などに再利用する。さらに時間が経過し廃棄される家具を回収し、３段階目の活用として、工場のボイラー発電の燃料に使い、工場内の電力や合板乾燥の熱源に利用している。

セイホク石巻工場（宮城県石巻市）の置き場には、家屋の解体材や庭木の枝葉、なんと餅突きの臼まで保管されていた。こうした解体材や製造工程で発生する端材など再利用される量は年間６万㌧。捨てれば産業廃棄物だが、利用次第では生活部材を支える宝となる。製品を使いこなし、劣化の度合いに応じて段階的に木材を活用する、いわば木材のカスケード利用に似ている。古くなった和服を解いて布団生地にし、最後は雑巾として利用した、「山村の知恵」が生かされている、と言ったら言い過ぎだろうか。

建築廃材などが集められるセイホク石巻工場

合板を利用した住宅が新築され、最終的にPBまでも燃料にされるまで60年から80年。合板用に原木の伐採直後に植林すれば、廃材となって燃やされるころには、二酸化炭素を吸収、固定して木が成長し、再び合板の原料に利用できることから、循環型の森林活用が可能となる。

国産材を原料にできる技術開発を進め、国産材の積極活用を進める合板業界だが、セイホクは2011年、岐阜県中津川市に国産材100％活用の合板工場を県森林組合連合会などと設立。岐阜県の原木生産量の３分の１にあたる年間10万㎥の原木を使い、年間約10億円が周辺地域に還元されている。ヤマと都市を巡る、大きな循環型の森林活用の輪の中で、都市を巡る木材循環の輪が回る。

第３章　山村が走り出した

地方創生に求められるもの

ここで改めて、森林を抱え、里山の知恵を継承してきた山村、中山間地について考えたい。木材の生産基地でもある、中山間地の中には、相当な決意と覚悟をもって生き残りを必死に模索している山村もある。山村などの中山間地が存在する意味とは何か。林業地帯を抱える中山間地をなくしてよいのか、その是非などについて考えてみたい。

（１）地方創生

山村支える林業との兼業化のススメ

なぜ、中山間の山村には、雇用が生まれず、人口が都市部に流れるのか。群馬県川場村や山梨県小菅村など山間部の自治体と連携し地域おこしを支援してきた東京農業大学の宮林茂幸教授は、「原料生産の場には、資本の循環構造が有機的に結びにくい」と、林業地が背負う経済の構造的な問題を指摘する。付加価値をつけて高く売って利益を出す川下と違い、川上の素材生産現場は、買い手市場の中では価格形成に関われず、利益の還元が薄くなりがちだ。雇用が減れば、生活のために都市を目指すのは責められない。

その上で、宮林教授は、林業や農業、工業による複合的な多就労構造を作り上げることを提案する。林業や農業はかつて、専業だったわけではなく、林業と農業、漁業、畜産業との兼業が一般的だった。また、時には建設現場や工場で働く多就労型だった。それが、縦割りにされ専業化したことに問題が生まれた、と指摘する。そこで、兼業スタイルに戻すことで、景気の動向によって稼げる業種に力点を移す、柔軟な

山村こそ、森林が成長し宝の山だ。都市も守る

経営が可能になるという。愛媛県の林業とミカン栽培を兼業する菊池林業が思い出される。林業地の自治体も生き残りを図る道はある、というのだ。

林業×IT産業のシリコンフォレスト

また、先に紹介した東京都市大学の涌井特別教授は、豊かな自然を背景に、農林業とデジタル産業を調和させた産業配置を提案する。林業と一次産業ではなく、最も一次産業からかけ離れた存在に思いがちな、IT産業との調和だという。例にあげるのは、アメリカのシリコンバレーに対抗して、ポートランド（オレゴン州）からシアトル（ワシントン州）にかけた森林地帯に、情報通信関連の企業が集積するシリコンフォレストだ。両都市の人口は約60万人で、日本でいえば、東京都八王子市や鹿児島市の規模だ。ポートランドはインテルなどが進出している。一方、シアトルの地域には、コンピューターソフウェアー会社のマイクロソフトをはじめ、アマゾンなど、日本でも馴染み深い企業が並ぶ。

さらに、ポートランドがコロンビアやナイキなどスポーツ関連企業が立地するのに対し、シアトルは、スターバックスが開業し、タリーズコーヒーが拠点を置くなど、シアトル系コーヒーと呼ばれる企業が集まる。

都市のストレスを緑で緩和

涌井教授によると、デジタル社会を背景としたストレスが、自然に触れることで緩和され、生産性を高めることになり、健全な社会構成が可能となる。ストレス社会といった言葉が広がる現代だからこそ、中山間地にハイテク型産業を配置することが意味を持ってくる。

話はそれるが、アメリカでは自動車の普及と高速道路の整備によって住宅や商業施設の郊外化が加速し、都市中心部の空洞化を招いた。生産性や効率化が叫ばれ、大量生産に大量消費の時代。自動車に過度に依存したエ

ミカン畑を囲む人工林。兼業こそ山村を守る

ネルギー消費型の都市づくりによってコミュニティーが崩壊した、として、専門家らによる持続可能な都市づくりに向けた「アワニー宣言」が1991年に採択、96年には、コミュニティーや環境保全を重視し公共交通を整備するなどを盛り込んだ「ニューアーバニズム憲章」が採択された。

車優先社会から転換し、コミュニティーの再生や快適性を都市づくりに求めたニューアーバニズムに積極的に取り組んだのが、ポートランドだった。路面電車などの公共交通を整備し、緑豊かな中心市街地の再生に取り組んだ。いまでは、「全米で最も住みよい街」とも言われる。ポートランド再生の重要なキーワードの一つが、山間の豊かな森林であることは言うまでもない。

中山間地は「国土の管理人」

中山間地の必要性について、両教授がともに指摘するのは、森林の多面的機能が都市を支えている、という現状だ。涌井教授は「中山間地は、国土の管理人」と表現し、都市は、中山間地からもたらされる、清浄な水や空気、また防災機能などの生態系サービスで成立している、とまで主張し、里山や山村などの中山間地の重要性を強調する。宮林教授も、ヤマを守ってきたのは、中山間の山村だ、としたうえで、中山間地の住民がいなくなることで、ヤマの荒廃が加速し、例えば土砂の流出や流木によって、巨額の予算を投じて建設したダムが機能しなくなる事態も想定される。「そうなれば、都市は危険にさらされる。山村をつぶしてはならない」と力説するのだ。

「選択と集中」で山村が選別される？

ここで指摘したいのは、中山間地の重要性が語られる一方で、山村をたたむのも、やむなしとする雰囲気だ。研究者の中でさえも、人口が減り続ける山村がなくなるのも仕方がない、と肯定する声がある。こうした都市部の本音が、最近目立っているように思える。人口減少が続く自治体にインフラ整備など公共投資や社会保障費を投入するより、その分の予算も人口も、病院も学校もある都市部に集中させて充実させれば、山村出身の住民も喜び、しかも文化施設も身近に利用できて都会的な生活ができる、というのだ。ことは、そう簡単ではない。中山間地は「国土の管理人」。山村が無人化すれば、その報いは都市部に及ぶ。

末尾の年表を見ていただきたい。「平成の大合併」と言われる自治体合併が落ち着いたのが、2010年。市町村の数は半減した。２年後の2012年には、国立社会保障・人口問題研究所が人口減少時代の推計について発表。さらに２年後の2014年、増田寛也元総務大臣が議長を務める日本創成会議の分科会が、半数の自治体消滅の可能性という、衝撃的なデータを公表したその年に、今度は、政府が「まち・ひと・しごと創生本部」を設置し、地方創生をスタートさせた。

日本創成会議の発表は、このまま手をこまねいていると、2040年までに現在の1799自治体（福島県を除く）のうち、約半数の896市区町村が消滅する可能性があるというのだ。若年女性（20歳～39歳）の人口の減少率（2010年→2040年）をもとにはじき出したようだ。発表の意図を、データで示すことで警鐘を鳴らすものと、あえて理解したいが、気になるのは、増田氏は著書『地方消滅』（中公新書）で、「選択と集中」を徹底させ、地方中核都市に投資と政策を集中することに言及していることだ。日本創成会議の発表を受けるかのようなタイミングで、地方創生が動き始め、地方自治体は2015年度中に地方版総合戦略を立て、16年度から実施に入った。

地方創生が、「国や地方のあり方を見直すもの」（石破茂・地方創生担当大臣）として、市町村が自ら地域を見詰め直し将来ビジョンを描く契機になることは、否定するものではない。しかし、市町村の合併と消滅予測、地方創生の動きが、この５年以内の間に慌ただしく展開され、拙速に過ぎないか、との懸念を抱かせる。さらに、企業経営戦略として一時もてはやされた「選択と集中」の言葉が見え隠れする。選択と集中は1990年代に注目され、徹底を図ってきた国内の家電大手が相次いで赤字を拡大させ、必ずしも企業の業績回復の特効薬にならないことは、周知の通りだ。しかも、導入を図ろうとしているのは、民間の企業ではなく、生身の人たちが暮らす市町村だ。人口や経済数値など数値化された、目に見えるモノサシを基準に選別され、基準を満たさなければ十把一絡げで合理化される。数値に表現しにくいものが勘案される余地はない。

「林業は地方創生の要」

石破大臣が、2014年の「木材復活・地域創生を推進する国民会議」で、林業は地方創生の要である、との認識を示したうえで、①バイオマス発電、②CLT、③自伐型林業の３項目をあげ、期待を述べた。バイオマス発電や

CLTに、いかに国が注目しているか、が分かるが、地域の林業振興の視点を求めたい。なぜなら、地域材を活用してこその地域振興だが、地域材を活用できる基盤が、地域ですでに崩壊していることを、第2部の木材活用の項目で紹介した。地域の林業振興には、地域材を活用できる基盤の再生が欠かせない。これまで、林業の振興に向け、国産材をいかに使うか、について考えてきたが、国産材なら何でもいいわけではない。地域材を地域や周辺地域、さらに都市部でしっかり使う方策も考えないと、地域は維持できない。何度か紹介した東京チェンソーズが、「東京材」を川下側に直接働きかける動きが示す通りだ。

国の地方創生についても、そこには、政策を実行できるだけのマンパワーすらない町村など国の地方創生対策の外に置かれる自治体への対策が必須だ。実は、こうした自治体こそが、里山の知恵がかろうじて引き継がれ、都会の住民がリフレッシュする豊かな森と豊富な人工林を抱えているのだ。最近では、こうしたヤマの魅力に気づき始めたのだろうか、首都圏から移住する若者も増えており、さらに、下流域の都市部を災害から守っていることは、先に説明した通りだ。「国土の管理人」たる山村を淘汰させてしまうデメリットは、あまりにも大きいように思える。

(2) 都市と連携し自立探る

林業が山村と都市を結び、持続性を生む

群馬県川場村の木材コンビナート事業

日本創成会議分科会が予測を発表した消滅可能性自治体の線上にある山村の動きを紹介したい。予測公表のずっと以前から動き始め、山村が存在する意義を示している。

東京都世田谷区と縁組み協定を結ぶ、群馬県川場村。首都圏の水がめとなっている、利根川の源流部を守る村で、区民と村民が一緒にヤマづくりの腕を磨く里山塾が、毎年行われている。2015年の12月に中野地区の山林で行われた塾は、例年と少し雰囲気が違った。「植えて育ててきた40年。ヤマに収入は全くなかった。(これから)いよいよ事業につながる」。森林組合出身の外山京太郎村長が開会式で力説すると、30年間にわたって村づくりを側面支援してきた、東京農業大学(東京都世田谷区)の宮林茂幸教授も「よう

やく、日の目が見えてきた」と威勢がよい。参加した約80人も拍手で応じた。川場村は、若年女性人口の減少率がわずかに低く、消滅自治体を免れた。

川場村の里山塾開会式で決意を述べる外山村長

２人が期待を膨らませる事業とは、2016年度から本格的に動き出す「木材コンビナート事業」だ。製材所と熱電併給型のバイオマスボイラー施設を中心に、森林組合や温室農業施設などをを結び、村の振興につなげる。関連の異業種施設が一カ所につながって生産性をあげるコンビナートにあやかる。村と東京農大、大手ゼネコンの清水建設が産学官包括連携協定を締結し、事業内容を詰めてきた。どの施設も規模は小さいが、身の丈に合った経済システムを模索する、いわば仕組みづくりの事業ととらえた方がよい。16年といえば、区と村の縁組み協定が結ばれて35周年の節目の年でもある。区と村は2016年２月に環境に関わる新たな協定に調印し、川場の木材が世田谷で積極的に使われるようになる。

この事業に注目するのは、グリーンチェーンプログラムの考えを取り入れていることだ。グリーンチェーンプログラムは、森林や林業を核に、企業や団体がつながることで新たな価値を生み出し、新しい産業の創出を模索する仕組みのこと。村民は合併せずに耐えてきただけに、事業に対する期待は大きい。

製材所とチップヤードは16年５月に稼働させ、森林組合から引き取る間伐材などの未利用材（年間約6,000㎥）を処理し、造作物に使う一部を除き、大部分はチップに加工しバイオマスボイラー施設で使われる。電力（出力45Kw）は工場内で活用し、発電で生み出される廃熱は、トマトやイチゴなどを温室栽培する農業施設（5,000㎡）に供給する。ボイラーも農業施設も17年度の稼働を目指している。生産された野菜は、村内の道の駅で販売し学校給食でも活用する計画だ。

世田谷区との縁組み協定が素地

1981年の縁組み協定（世田谷区民健康村相互協力に関する協定）は、東京都と群馬県が立ち会い、締結した。区民が健康的な余暇を過ごせるふるさとを設ける「区民健康村構想」を掲げ、受け入れる自治体を探していた。そこへ、林業が下火になって人口減少に悩み「農業＋観光の村づくり」を掲げた村が名乗りを上げた。区と村は150km離れているが、以来、区立の全小学校の５年生が泊まりがけで農業体験をする移動教室など、交流がいまも続けられている。

村の将来構想は、地元森林組合が生産する木材を、村内の経済循環を経て、電力と野菜とともに世田谷区内に供給する。その収益が森林組合を通してヤマに還元され、水源地の森林が整備されることで、水の安定的な供給が確保されるとともに下流域の災害の防止につながる。区は、薪ストーブを楽しむ世帯が多いことで知られ、薪の消費量が増えているという。山村と都市の利益と公益の循環の中から、山村に新たな雇用を生み出す可能性を秘めている。

将来構想の中で、大工学校の設立が検討されていることを付記したい。第１部の木材活用の項目で見てきたように、地域の林業振興につながるように地域材を活用できる基盤の再生が急務となっている。また、大工職人の減少は深刻な問題で、地域材の見立てができ、多様な木材を工夫して活用できる人材の養成が求められる。そこで、村に養成機関を設け、地域材を地域や都市部で活用できる基盤づくりとともに、良材を選別して優良住宅が建てられる技術者を育成するのが狙いだ。手仕事やもの作りに関心を示す若者が増える傾向にあり、既製の製材品だけではなく、曲がりや節のある材も取り入れた建築物を志向する人も現れている。養成機関ができることで、卒業生が全国に散らばり、川場材の販路拡大の契機にもなる。都市部で顕著になりつつある、木材に対するニーズの多様化に対

川場の里山が、東京都世田谷区を支える

応できる人材が求められており、大工学校も注目されるところだ。

区と村は1995年、防災協定も結んだが、外山村長は村内１世帯に１台ずつ計約1,000台の軽トラと村の銘柄米があることを説明したうえで、「世田谷に、もしものことがあったら、500台に食糧を積み込み、いつでも支援に向かう態勢はできている」と胸を張る。35年に及ぶ交流の成果だ。

「上質な田舎」売り込む西粟倉村百年の森構想

都会に木製品を販売し、森林の循環整備を通して100年生の森を育てる、息の長い構想がある。第１部などでも紹介した、岡山県西粟倉村の「百年の森構想」だ。「消滅自治体」に名指しされたが川上と川下の両側に、それぞれ工夫した仕組みをつくっている。戦後の植林から半世紀。自治体合併を拒否（2004年）し、退路を断った村は2008年に構想を立てた。森林管理をあと50年諦めず、「百年の森に囲まれた上質な田舎を目指そう」が合い言葉だ。04年以降、若手家族ら計150人以上が都市部から移住し、村内で生まれたローカルベンチャー企業は10社を超える。

川上側で展開するのは、長伐期間伐に向け、村が森林所有者と交わす長期施業の管理契約だ。村が所有者から10年間、所有林を預かり、地元森林組合に施業を委託する。森林組合は村が預かった森林を集約化し、効率的な森林経営に取り組む。所有者の負担は一切なく、村が、森林の一体的な維持、管理ができる。2012年度に開始し、翌年に原木市場への出荷を取りやめ、森林組合の土場から直接、川下に販売する。間伐面積（14年度）は90.2haで、中でも林内に間伐材を放置する伐り捨て間伐は63haに減少、契約開始の前年、2011年度と比較すると５分の１になった。

西粟倉村の「百年の森構想」をヤマが支える

どの自治体も頭を悩ます川下対策だが、村は09年、拠点となる株式会社西粟倉・森の学校を、都市部の若手による民間会社などと設立した。原木は基本的に、森林組合の土場からＡ材、Ｂ材は森の学校に販売されるが、このほか、一部のＢ材は村外の合板・集成材を製造する製材会社に売り、Ｃ材はチップ業者に販売している。森の学校は、村の地域商社だ。村によると、地場産品の企画から、マーケティング、販売まで展開し、都会向け商品の販売をはじめ、イベントツアーや木工教室などを開催している。また、閉鎖した製材所を再稼働させ、住宅部材から割りばしまで製造している。森の学校に関連する事業所などに、これまで60人を超える雇用が生まれている。

川下で利益を吸ってしまうと、ヤマに還元される分は目減りする。村のヤマに、どれだけ還元されたが気になるところだ。村によると、森の学校などへの原木の販売代金は、経費を差し引いた後、利益を所有者と村で折半する。14年度の販売実績は2,300㎥で、所有者49人に平均10万6,000円を支払った。１㎥当たり3,000円を還元した計算で、前年度の６割増しだ。所有者への還元により、さらに契約面積は増加し、森林整備が進む。

（３）村長の叫び

中国山脈の屋根に位置する岡山県西粟倉村。第１部でも取り上げたが、都会からの移住者が増えつつも、人口の減少に歯止めがかからない。「消滅可能性自治体」に名指しされたことは紹介した通りだ。ところが、「百年の森構想」にかける青木秀樹・村長は「この村は、日本を変えるモデルになる」と息巻き、志を高々と掲げる。「わだ（俺）ばゴッホになる」と叫んだのは、画家の棟方志功だったが、村長も負けてはいない。

すべてのものをカネに換算する社会

我々の村は小さな村だが、日本の社会の一部を担っている。市町村は、日本という身体を維持している、小さな細胞の集まりだ。たとえ小さくても、体が健全に機能するのに欠かせない役割を持っている。

ヤマを抱える我々の役割とは何か。課せられた使命は何か。消えていってもいいものではないはずだ。化石燃料がいまは主流だが、持続性を担保するには、自然環境からエネルギーを調達することだ。我々の地域は、循環して成り立つ仕組みと知恵を持っていた。ヤマの資源と仕組みを知恵で発展させ、それを率先して示すことで、小さな市町村だって持続できる、というモデルとなる役割があり、それを示す責務がある。

いま、日本の社会が何に苦しんでいるか。人口の減少に少子高齢化であり、社会保障制度、年金制度だ。これ（人口減少や少子高齢化）は、経済が回らなくなる現象であり、そうなれば行き詰まるのが社会保障であり年金の制度だ。その危うい所に、いろんな制度を組み立てている。今後は、さらなる人口減少に規模縮小は避けられない。カネがあった時は、カネに頼っていい生活が成り立った。そのカネがなくなった時、いろんな制度が機能しなくなる。

「地球を救う緑の文明」をうたう西粟倉村

なぜ、我々のような田舎は人が減っていくのか。なぜ、地域が経済を失ったのか。地域もカネにすべてのものを換算して考えるようになったからだ。だから、地域にカネが回らなくなったら都会に出ていく。こうして、都会は人口を飲み込んで膨れあがり、一方、田舎は疲弊していった。

今は、人間が持続的に生きていくことからかけ離れている。安易に化石燃料に頼って、便利に生きていく方法を身につけてしまったからだ。利便性をカネで買い、燃料など多くを外部から調達する、この方法では、永久に稼ぎ続けないといけない。外に払うカネを稼ぐために生きる。それをまず置き換える。外に頼ってきたものを、内に頼ることに置き換えるのだ。

これまで、盲目的に大事な価値を見失ってきた。それを取り戻す。循環型の社会を持続させる、大事なものだ。カネばかりに頼る生活ではなく、我々はしっかりヤマで働くシステムを作っていく必要がある。身体を動かし工夫して、生活を成り立たせるのが基本のはずだ。地域にある、様々な資源をうまく使えば、持続可能な社会に利用できる。

昔は、家族で何でも面倒を見て、隣近所助け合った。その支え合うコミュニティーがなくなり、カネで全部済ませるようになった。カネがなくなれば、人の力しかない。昔のように地域のコミュニティーを復活しなければ、日本社会が持続的に生き永らえていけない。置き去られたものを通して考える。そこが、持続社会を考える第一歩だ。

人を必要とする社会をつくる

我々の村のように、会社もない事業もない、税金が集まりにくく自己財源比率が低い自治体は、国や県に頼るのが、行政運営がうまくいっていると、考えられてきた。そうではない。地域に課せられた役割を果たせるよう、自分たちに何ができるか。それができなければ、合併するしかない。しかし、必ず自分たちで自立できる方法があるはずだ。それぞれの地域が、そこしかない価値を生み出し役割を果たせたら、日本全体を健全に維持できる。

市場経済が過度に進み過ぎると、モノの価値がゆがんでいく。本来の価値とは何か。村の価値は何か。そこで、どういう価値を生み出していくかだ。自然は、清らかな水をつくり、きれいな空気を作る。二酸化炭素を溜め込み、豊かな産物を作り人を育てる。村の場合、身近な自然をうまく使ってエネルギーを取り、自然と共存する道があるはずだ。その中で、人間がよりよい生き方を選択した方がいい。

人口を増やすための工夫は、カネの力を下げて人の力を上げることだ。家族のあり方、人の絆を大事する。共同体を分断してしまうと、人の力を発揮できないから、地域のコミュニティーを復活させる。人と人の関わり合いを重視する仕組みを作ることが重要になってくる。ところが、人の力を重視しないから、無闇に機械に走る。効率性だ、合理的だ、と言うが、機械化はある意味、

西粟倉村では、薪ボイラーの普及に力を入れる

人を排除する。これでは地域に人は増えない。

そうではなく、地域に人を必要とする社会を作ることだ。人を増やし経済を作っていく。人間復興。人間によって支えられる社会システムを再構築していく。そうしないと、社会保障だって成り立たない。カネがないのだから。根本的に考え方を変えないといけない。

この日本で、人の力を発揮する仕組みが失われ、人のつながりがなくなっていくのが、一番怖い。

「百年の森構想」は、村の意志として続けていく決意だ。それと、百年といった長い期間、合併せずに頑張るという、この二つの決意と覚悟の意味が込められている。森は単なる木材生産の場ではなく、林業は単なる産業ではない。ヤマを抱える村の価値と役割を見据え、環境意識が広がる都会の消費者と交流する。そこで、人が増えさらに新たな価値が生まれる。価値は経済を生み出し村を持続させる。人間復興だ。(談)

第４章　自然資本の考え方

新たな価値生む「天恵物」

「天恵物」という言葉を聞いたことがある。高度成長時代、ダム建設で沈む村の住民補償を土地価格や収入という、カネに換算され数値化された金額を基に補償しようとする国に対し、住民側が突きつけた言葉が「天恵物」だった。山菜やキノコ、薬草などをはじめ、景観や居住まい、森林のさまざまな機能などを自然の恵みとして感謝する気持ちから生まれてきた言葉だ。現在では生態系サービスとも呼ばれるが、恵みの価値を人が計り知ることは到底かなわないから、山村住民は「天恵物」と呼んだのだろう。数値化できるもののほか、目に見えない恵みをどう評価し補償するか。国を悩ませた。ダム建設の補償では、「天恵物補償」の項目が設けられた。

ところが最近になって、こうした自然の恵みを、価値を生み出す資本ととらえ評価する、「自然資本」という考え方が生まれた。「自然環境を国民の生活や企業の経営基盤を支える重要な資本の一つとして捉える『自然資本』という考え方が注目されて」（平成26年度版環境白書）いるという。白書によると、ブラジルのリオデジャネイロで2012年６月に開催された「国連持続可能な開発会議」（リオ＋20）で、自然資本の様々なイベントが開かれ注目を浴びた。経済的側面で見るか、感謝の気持ちを含むかは別にして、天恵物と似た考え方だ。

（１）山村ビジネス

自然資本が新たな価値生む

「二束三文」を正当に評価する

例えば、都会では落ち葉がいまや嫌われ者だが、葉っぱは、土壌微生物によって分解され腐葉土となり豊かな土壌の原材料になる。そこで成長する樹木は木材となり、経済を生み出す。さらに、新緑や紅葉を求めて都市部から観光客が保養に訪れ、名所のある地域の道の駅などは大繁盛だ。１枚の葉っぱに価値を感じる人はそんなにいないだろうが、経済的価値を生み出す材料になり、マーケットができれば経済が成り立つ。葉っぱも立派な自然資本だ。そう考えると、普段、何気なく見ている街路樹の葉っぱも、おちおち踏みつけてはいられない。

年間２億6,000万円の葉っぱビジネス

ところが、その１枚の葉っぱに価値を見出し、年商２億6,000万円の経済を作り上げた町がある。徳島県上勝町。高齢化率は51.9%で県内どころか四国１位、およそ半数が65歳以上の高齢者だ。その、人口1,700人の小さな町が、料亭などの料理に添える「葉もの」の独自の集荷・販売システムを築き、「葉っぱビジネス」で全国的に有名になった。

葉っぱビジネスを展開する彩り事業がスタートしたのは、1986年。当時農協の営農指導員だった横石知二さんが農協の中に立ち上げた。山々に囲まれた町の耕地面積は２%にも満たない。当時は木材とミカンの産地だったが、斜面はきつく重労働で農業離れが深刻だった。横石さんが大阪の寿司店で、料理に添えられた葉っぱの美しさに惹かれた女性客が、１枚持ち帰ろうとするのを見たのが、きっかけだった。

事業の導入は難産だったが、説得に４人が応え出荷してくれた。初年度は116万円を売り上げた。いまでは、平均年齢70歳の農家の女性ら200人が登録し、320種類の葉っぱ類を売り、売り上げも200倍を軽く超えるまで成長した。町の2015年度当初予算（一般会計29億4,600万円）の１割近くを、年配の女性たちが稼ぎ出す。1,000万円を超える農家も数軒あり、「葉っぱ御殿」と呼ばれる家も出現した。1999年には町も出資し、第３セクターの株式会社「いろどり」が設立され、横石さんが社長に就いた。

料理を彩り季節感を演出する葉っぱだが、ヤマに採りに行かなくても農家の庭先にふんだんにある。１月から４月までは梅から桃、桜へ、４月から７月まではアジサイがつなぎ、いが栗は８月から10月まで活躍す

葉っぱを丹念に選ぶ西蔭幸代さん

る。秋口になると、いよいよ赤モミジの出番、11月までと出荷時期が長い。クリスマスシーズンには、赤い実付きのナンテンや千両、万両が人気で、正月に彩りを添えるマツ葉や葉椿が珍重される。このほか、笹葉やナンテン葉は年中出荷できるから有り難い。年間を通して出荷する素材があるということは、それだけ町の自然が多様で豊かな証明だろう。

パソコンやタブレットを駆使

いろどり独自の集荷・販売システムは、市場から注文を受けるたびに、専用ウェブサイトに葉っぱの種類や発注量を表示する。登録農家が受注マークをクリックして送信するのだが、早い者勝ちだ。受注を勝ち取った農家は箱詰にし、種類や数量、農家名が分かるバーコードのシールを箱に貼って農協の選果場に送り、農協はバーコードを読み取って記録し、専用トラックや航空便で全国に発送する。東京、大阪の首都圏と名古屋圏が多い。

ウェブサイトがおもしろい。発注や受注の機能のほかに、過去の出荷実績から単価の比較表、市場価格が表示されるが、出荷農家の売上額累計の順位もアップされるのだ。農家を競わせるような仕掛けにも見えるが、横石社長によると、パソコンや市場動向にとかく関心を示さない農家の女性の顔を、サイトに向けされるためだという。ほかの農家の実績は気になるもの。女性のツボを押さえた仕掛けだ。

高齢化率の高い山あいの山村は、「経済が成り立つはずがない」「ヤマは二束三文（で価値がない）」と言われ、かつては「道路やトンネルは、タヌキやイノシシのためにつくるようなものだ」と悪口もたたかれた。ところが、視点を変え、葉っぱ1枚に価値を見出すと、たかが葉っぱが、大化けすることもあるのだ。葉っぱは軽くて扱いやすく、さらに鮮やかで美しい。横石社長によると、女性は粘り強くコツコツと仕事をし、何より美しい山野草が町の

紅葉の里全体をビジネスにする構想も

どこにあるか、を知っているのだ。村全体が自然資本の宝の山だ。葉っぱビジネスは女性に打って付けなのかも知れない。

若者の定住者も

山間の町に新しい風を吹き込んだ「葉っぱビジネス」だが、今度は若者の活力を呼び込む作戦に乗り出した。都市部の若者が１週間から１カ月、町の宿舎に泊まり込み、町内の農家や企業で研修する、インターシップを始めた。「人は誰でも主役になれる」をうたい文句に、いろどりが実施している。ここ５年間で548人を受け入れたが、このうち33人が定住、町内の企業や民間団体で働いている。

町も、「いろどり山事業」の構想を掲げる。山に梅や桜、モミジなどの広葉樹を植栽し、ツツジやアジサイ、山野草を楽しめる遊歩道を設けるなど「いろどり山」を整備する新たな交流拠点づくりの構想だ。いろどり山を核に、観光客や視察者を誘致し、地域の起業や商品の開発、販売を促進させる計画だ。

一枚の葉っぱから生まれた「葉っぱビジネス」は、小さな町に活気と若者を呼び戻している。料理の彩りから高齢者の生きがい、また現代の若者を引きつける魅力や地域振興への発想力へと、価値の連鎖が進む。

ビジネスに立ち向かう農家の年配女性たちは、いまやパソコンに向かい、タブレットを操る。市場動向をうかがいながら葉っぱを見つめる。まるで都会のトレーダーのようだ。元気に働くようになり、町の税収増や医療費の軽減にも貢献している。高い木の葉っぱ採りは、インターンシップの若者が手伝ってくれることもあり、新たな絆も芽生える。人間も自然資本に見えてくる。

都市住民救う「スギ枝葉ビジネス」

花粉症の治療薬づくりに役立つスギ花粉が、循環型の森林整備にも貢献する事例を紹介したい。今度はスギの「枝葉ビジネス」。都会の嫌われ者が、日本の森林再生の救世主になるのか、期待がかかる。

スギ花粉の中に含まれる、アレルギーの原因物質（アレルゲン）を少量ずつ体内に吸収させることで、アレルギー反応を弱める治療法は、すでに確立されている。製薬会社と組み治療薬づくりを目指す、フィルターの製造販売大手、「和興フィルタテクノロジー」（東京都）は、花粉集めを業者に委託せず、森林再生に取り組むNPO法人地球の緑を育てる会（つくばみらい市、石村章子理事長）に依頼、実験などの準備に使う花粉の買い取りを2008年から始めた。

育てる会は、花粉を含んで実が膨らむ頃合い（1月末～2月）を見計らって、スギの木を間伐。枝葉を集め、筑波地域の住民らから手伝ってもらい、ビニールハウスの作業で花粉だけを取り出して集め、工場に引き渡す。工場では、得意のフィルター技術を活用し、不純物を取り除いて精度を上げてアレルゲンを抽出、精製してエキスを作り出す。樹齢50年のスギ1本から約80kgの枝葉が採集でき、最終的に2.5kgの花粉が回収できる。

東日本大震災による原発事故を契機に、育てる会は枝葉集めの作業を2012年から、静岡県掛川市のNPO法人時ノ寿の森クラブに委託した。

時ノ寿の森クラブは、市の倉真地区を拠点に間伐や植樹活動を展開しており、枝葉集めの作業に地域住民を毎年動員している。平均年齢は73歳ぐらい。間伐のスギが倒れる先から、待機していた住民が木を囲み、素早く枝葉を切り取る。作業場で枝葉をそろえ箱詰めして筑波に送るのだが、1シーズン（実働20日間）延べ100人が作業にあたる。中にはゲートボール大会を返上して来る人や作業を楽しみにしている人も多い。

間伐も推進、一石二鳥

同社の村上洋一会長によると、商品化となると、約300kg以上の花粉が必要になる。クラブは現在、既定の間伐に合わせる形で枝葉採りをしているが、クラブの松浦茂夫理事長によると、発注される量によっては、枝葉採りのために間伐することも可能だ。しかも、間伐作業に支障が出たり、効率が劣ることもない。ヤマに利益が還元され、間伐がより進むことになる。

いまや都市住民の天敵の花粉が住民を救う

花粉採集作業を業者委託しなかったのは、企業の社会貢献活動の一環として、NPO 支援が狙いだった。間伐の推進になることは想定していなかったという。育てる会の石村理事長から、間伐などの森林整備につながるとの説明を受け、村上会長は作業の意義を理解した。注目されるのは、NPO 法人に作業が委託されたことで、ヤマでの間伐作業に結びつき、治療薬の原料を求めていた企業側が、花粉の生産現場であるヤマの現状を知ることにつながった。

日本中いたる所にあるスギの枝葉が、花粉症の治療薬を求める都市部の需要によって価値を生み、有効活用されるのは大いに結構なことだ。それよりまして、作業に森林整備の視点が加わることで、枝葉は、森林再生を促進させる価値を生み出す。葉っぱも枝葉も、自然資本というフィルターを通すと、新たな価値や産業の芽が現れてくる。

（2）森林ビジネス

都会の安心・安らぎの需要がヤマに向く

アロマオイルで、人もヤマも元気に

自然素材を活用して都会を引きつける商品の一つに、アロマオイルがある。癒しを求める都会の人たちに支持が厚い商品で、様々なメーカーから販売され広がりを見せている。その中でも、世界遺産の豊かな森のイメージと合わせることで、類似品との差別化を図るオイルがある。しかも、ここでも山村集落の年配女性が活躍しており、日本の山々を元気にする壮大な構想が控える。

世界自然遺産・白神山地の玄関口の一つ、青森県鰺ケ沢町一ツ森地区。約70人ほどの小集落だが、ここから、都会に安らぎを与えるアロマオイルが2015年11月に、誕生した。白神ゆかりの広葉樹、オオバクロモジ（クスノキ科）でつくった「黒文字」がそれだ。ほか２種類のアロマオイルとともに、廃校になった集落の小学校校舎跡に間借りする白神アロマ研究所（永井雄人所長）が開発し、販売している。オオバクロモジは、油分を多く含み、曲げてもしなって折れない性質を活用し、かつては、この地域では冬季には欠かせなかったカンジキの材料になり、さらに火をおこす着火材として利用されてきた。都市部では、和菓子に付く楊枝の材料と言えば分かりやすい。

しかし、白神のクロモジは、使われることもなく、一部では低木林がツルで覆われ藪となっているのが、現状だ。そこで、ここの国有林を管理する津軽森林管理署と協定を結び、世界遺産の登録エリアの外側で、ツル払いしてクロモジを間伐し、アロマの材料にしている。青森市内のアロマセラピストから指導を受けた、集落の女性10人ほどが伐採、搬出し、枝葉の手洗いから乾燥、煮沸、蒸留して精油を抽出するまでの作業を一手に引き受けている。集落の女性たちには当然、相応の賃金が支払われている。

仙台市など東北地方の物産関連のイベントでPRし、ネット通販で販売しているが、すでに1年で50箱の注文があるという。

世界遺産・白神山地を守るアロマ

研究所と同じ、廃校校舎にNPO法人白神山地を守る会があり、永井所長は、守る会の理事長も務める。守る会はこれまで、ブナの実生苗を育て、荒廃地や崩壊カ所などに植樹するなど、1993年から白神山地の自然が保たれるよう活動を進めてきた。

永井所長によると、白神山地は遠望するほどには、美しい山々を楽しめるが、山中に入ると、変様がみられる。夏場にブナの実が結実せず、世代交代が進みにくくなっている。考えられる要因は夏の渇水があげられる。また、豪雨による土砂崩壊も増えており、渇水と集中豪雨といった、近年の極端な気象によって、白神山地の環境に異変の兆しが見えるという。

アロマづくりの狙いは、白神山地の保全に向けた資金の確保や集落振興、白神山地の森林整備につなげることだ。さらに、アロマを手にした都市住民が白神山地に関心を持つことで、白神山地を保全する動きを誘発する狙いもある。

白神山地の玄関口の一つ、鰺ヶ沢町一つ森集落

癒しを求める都市住民に購入してもらうことで、集落に利益が還元されるとともに山村が維持され、それが白神山地の環境を支える

ことにつながる。現代では見向きもされなくなったクロモジだが、「都会の癒し」という視点が入ることで、新たな価値が生み出され、世界遺産を守ることにつながる。

永井所長によると、アロマはハーブや樹木などを材料につくられるが、その約８割は外国産だという。研究所は、国産の材料で製造している産地と連携し、全国の生産者による連合組織をつくり、国産アロマを普及させることで、全国のヤマを再生させる道を開くことを目指している。当然、外国産だって構わないのだが、国産材料を活用すれば、国内のヤマに利益が還元され、ヤマの保全再生につながる。

さらに言えば、クロモジの着火力は、雨に濡れていても火がつく、有り難い存在だ。クロモジに注目し、「都会の災害」という視点を持って都市部の小公園にでも植えておけば、災害など緊急時に暖が取れる。低木なので大きく繁茂することはなく、花も薄緑で見た目もかわいい。楊枝になるぐらいだから、香りもよい。

クロモジから学ぶ防災意識

こうした主張に対し、都会では必ず、不審者が火を付ける、との懸念が持ち上がる。責任を追及する声があがり、その場所が公有地の場合は、行政はたじろいでしまう。不審者の隠れ場所になる、との懸念が、都市部に樹木が増えない一要因となっているのと、同じ発想だ。話は少しそれるが、この問題は、都会の樹木緑化を考えるうえで、焦点となるので少し説明したい。

国際森林年の2011年に、当時全国一の過密都市といわれた東京都豊島区の小公園で、近隣住民ら区民による植樹が行われた際、マルチング用のワラ敷きは放火される可能性があると指摘された。実施してみると、植樹直後から、公園には散歩する高齢者や公園デビューを果たす母子が集まり、年配者や子育て中の母親、さらに若者ら見ず知らずの人同士が植樹した苗木を話題に、会話するようになったという。公園に誰かしら人が往来するようになったことで、いい意味での監視の目が行き届いた結果、ワラに放火されることはなかった。地区の町内会長は、住民同士の絆が深まることで、地域の防災、防犯の態勢づくりの基盤ができる、と喜んだ。

樹木が悪いのではなく、都市部の地域を守るコミュニティーがほころんでいることが背景にあるのではないか。不審者が放火したり隠れたりする環境を排除するよりも、都市に住民の共同体意識を再生することで、不審者の行動を抑え、罪を犯させないようしたい。樹木や市民植樹は、地域コミュニティーを蘇らせる有効な手段の一つと考える。放火を心配する気持ちも分かるが、都会が樹木を排除することで、自ら安全や癒しの場を遠ざけてしまうのだ。

クロモジ一つで、地域に安らぎの空間が生まれ、防災や防犯の意識が広がる、きっかけになれば、予算を投入しても生み出せない、地域の立派な財産となるはずだ。

クロモジから、様々な活用の仕方が生まれ、都市と自然の再生につながる、価値の連鎖に注目したい。

都会の安心や安らぎに森林の株が上がる

都会で高まっている安心や安らぎに対する需要に、早々と対応したのは、序章で取り組みの数々を紹介した鳥取県智頭町だ。都会で暮らす人々が精神的に疲れた時や、災害など緊急時の一時的な逃げ場となるよう、受け皿となる森林を整備、「みどりの風が吹く疎開のまち」をコンセプトに２つの事業をスタートさせた。「日本の田舎」や「原風景」を人に安らぎを感じさせる価値あるものとし、その中の重要な要素である水や空気、人を「根源的な魅力」と位置づけており、自然資本の考え方を取り入れているのが、特徴だ。

ユニークなのが、2011年３月、東日本大震災の直前に導入した、国内初の「疎開保険」。疎開とは、災害や戦争などの緊急時やそれが予想される事態を見越し、山村などに一時的に避難することを言う。最近はなじみが薄くなった言葉だが、こうも災害が頻発し異常気象が重なると、疎開の言葉が現実味を帯びてくる。疎開保険は、１人年間１万円、１家族人数により年１万5000円～２万円を町に支払い加入すると、災害救助法が適用された地

疎開保険を導入した智頭町の駅前。駅に降り立つ来町者は増えている

域の加入者は、１泊３食計７日間にわたり、宿泊場所と食事が提供される仕組みだ。平時には、町内で生産された米や野菜など特産品が送られる。

災害時には、食糧のほか、水と燃料が求められ、東日本大震災では、暖を取る燃料がなく苦しめられた住民は多い。また、飲料がなく風呂のたまり水を飲んだ話も聞いた。緊急時には、水と燃料は生命をつなぐ必需品だが、その両方が手に入るのが、森林のある里山だ。森林が都市の背後にあるというのは、都市住民にとっては、「いざ、という時の逃げ場所」であり、安心のより所でもある。

疎開保険には、現在、269人が加入し、関東、大阪、それ意外の地区がほぼ同比率となっている。緊急時に、全員が智頭町に疎開するとは思えないが、漠然とした不安を抱きながら、どこか安全な場所と何らかの形でつながっていたい、という都市住民の心理は分からないでもない。こうした災害に不安を抱える都市住民の需要に、「安心のより所」との視点を入れることで生み出されたのが、疎開保険だと理解したい。当然のことだが、森林がなければ成立しないシステムだ。

森のビジネスセラピー

疎開保険とセットで導入したのは、森林のセラピー事業だ。2011年に推進基本計画を決め、降雨の多い気候が育んだ深い森と清流が楽しめる渓谷に、３コースのセラピーロードを設定しガイドも養成した。疎開保険が緊急時の一時避難場所としての活用なら、セラピー事業は、都会で働く都市住民の心を疎開させるポケット、といったところか。

中でも、「森のビジネスセラピー」に注目したい。2014年に本格導入した試みだが、産業医や産業カウンセラー、精神科医らと共同開発した専用プログラムを作成し、日帰りと１泊２日の２つのプランを設けた。企業のメンタルケアー研修として活用してもらおうと、

智頭杉ばかりか広葉樹も豊富でセラピー効果も

売り込んでいる。単なる森林浴を楽しむひとときを過ごすのではなく、間伐や植林などの体験作業を通して、普段使わない筋肉を森林環境で使うことで五感を刺激し、仲間とのコミュニケーションの力を向上させる。

また、昼食弁当は、食材の７割以上を町の生産品で作り、品書きを入れて食材の特徴を説明し作った人の思いなどが書き込まれている。ファストフードやコンビニ弁当だけに走りがちな食生活を見直してもらうのが狙いだ。宿泊は町内の農家民泊で、親戚付き合いができるようになれば、第２のふるさととして帰る場所や逃げる場所にもなる、というわけだ。

推進基本計画では、森林を３世代に分け、第１世代は、木材や山野草などの食材を生産する「森林の生産財の利用」の時代、第２世代は、森林スポーツや散策など「森林空間のレジャー利用」の時代ととらえている。そして第３世代を、セラピーやリラクゼーションなどの「森林効用の保健・医療的な利用」の時代として、森林活用の変遷を図で表している。企業で働く社員のストレスチェックが義務化され、メンタルケアへの関心が広がっている。森林への期待はさらに高まるのではないだろうか。

（３）「雑木」を生かす

見直されるモノを大事にする知恵と感性

「キズもの」にも価値

これまでは、針葉樹主体の人工林のヤマを巡る動きを見てきたが、広葉樹に焦点をあてて考えたい。かつて訪れた、福島県で「カネにならん広葉樹を、気持ちいいほどにバンバン、伐ってやった」と言う伐採業者の昔話を聞いた。拡大造林の時代だ。稼ぎにならない広葉樹を、よほど憎かったのだろうか。雑木（ざつぼく）とも呼ばれたが、価値なきものとして、どこか侮蔑したような、語感を帯びる。ところが、その広

線菌による「ボケ」を椀に仕立てる作家も登場

葉樹の、しかも割れや腐れを伴った木材を扱う作家が現れ、都会では人気を呼んでいるという。理由を追って、北海道と会津に飛んだ。

第１部で紹介した北海道中川町は、今は広葉樹による木工の町だ。流域はかつて、良質のミズナラの産地で、「小樽オーク」「北海道オーク」として流通した。町は素材の主力生産地だった。

過疎化で廃止された幼稚園の園舎跡の一角に、木工用の乾燥場があった。約50畳ほどの広さだ。イタヤカエデにオニグルミ、キハダ、ミズナラ、ヤチダモにカンバ……。まな板用の平板とともに、仕上げ前に荒削りした器ものが並ぶ。木の内部に糸状に黒い線菌が蛇行するように走る椀や、皮の部分が木の中に一部潜り込んだボールの類いが中央部を占め、いやおうにも目に付く。

先に紹介した町の産業振興担当、高橋直樹さんによると、線菌が付いたものは「ボケ」、皮が入り込んだものは「イリカワ」と呼ばれ、かつては、迷うことなく捨てられた。イタヤカエデは白身の部分しか使われず、凝芯と呼ばれる赤身はパルプの原料にしかならない。ところが、３年前から、白身も赤身もうまく工夫して使い、ボケやイリカワも特徴をとらえて作品に仕上げるフラフト作家が次々に現れ、しかも売れるようになった。欠点のない商品と並び、時にはそれ以上に高く売れる。使う側、消費者の感覚が、潮目が変わるように変化している。

特徴から用途見出し何でも売る姿勢

素材生産の町は、木工作家を呼び込み、木工品づくりに取り組んだ。かつては、下級材としてしか扱われなかった木材を、町は積極的に活用する。典型的なパルプ材と呼ばれるケヤマハンノキは、作家と共同開発を進め商品化し、町でも庁舎の腰板に使っている。シラカバやウダイカンバの樹皮も町が活用を勧める。剥いで乾燥させ繊維を取る

針葉樹も広葉樹も中川町は木を正当に評価する

と、編み込んでカゴやバッグ、ポットマットなどができる。水洗いできるから便利だ。皮をフィンランドから輸入すると１㎡当たり8,000円近くもする。すぐ手元に材料がふんだんにある。使わない手はない。樹木本体は薪にして使う。

拡大造林時代は、カラマツ以外はカネにならないと言って、広葉樹が次々に伐られていった。「いろんな木々が、いろんな所に役立つはずだ」と信じる高橋さんは、人間の都合で森林の多様性が失われていくのが我慢ならないらしい。「森が森らしくいられるように、人間が工夫すべきだ。そこが出発点だ」と主張する。

これまで見捨てられていた木材を積極的に活用している若手の女性作家の一人は、東京からやってきた。きれいに製材され整ったものだけが珍重されたが、うまみのある所だけを使うことに後ろめたさがある、という。使い道がなく捨てられ、ヤマに朽ちていくものを生かしたい。手をかけ工夫すると、美しい木目が現れ、味が出る。その材しか表現できない個性や魅力が際立つようになるという。作家の醍醐味だ。

町は、価格競争の中で、木材の安さを競うのではなく、いかに木を高く売るかに知恵を絞る。しかも、有用広葉樹と呼ばれるミズナラやニレ以外、パルプ材しかならない木でも、用途を開発し高く売る。デザイン性を高めた木工品や家具のほか、樹皮や盆栽木、種木。用途を作れれば何でも売る覚悟だ。

かつては、太く曲がった木を梁に使い、節のある反った木も柱の一部に使った。木の個性に合わせ、工夫して活用した文化があった。町の取り組みは、木を正当に評価し本来の価値を引き出す試みでもある。

同じ生命を持つものへの共感

なぜ、都市の住民は、「キズ物」として排除された木材にも、目を向けるようになったのか。そこには、作り手と買い手の意識の変化が、背景にあるのではないか。木工作家が多様な材の個性に気づき、工夫した作品を世に出すことで、エンドユーザーの都市住民が個々の商品の個性的な持ち味に気づき始めたのではないだろうか。それにしてもなぜ、割れや腐れなのか。高層湿原で知られる尾瀬を抱え、広葉樹の木工が盛んだった福島県南会津地方を訪ねた。

福島県南会津町で、原木販売から製材、住宅建築や家具の製作まで手がける、小椋敏光さん（59）は1992年、「きこりの店」をオープンさせ、木材や木工家具などを直販している。自分で値段を付け、節や虫穴、割れがあるものも意外に売れるという。家具メーカーだったら当然返品してくるようなものだが、説明すると、気に入ってもらえる。

節や穴は、木が生きてきた歴史だ、と客にイメージしてもらう。動物にかじられ、石が落ちたり、風に揺られ雨や雪にさらされたり。木の生きてきた痕跡が刻まれているのだ。木の傷は個性と考え、木目に想像力を働かせると、ふと一息抜ける。きれいなものだけを求めていたら、人間がギスギスする。人は、いろんなことがあって当たり前。木の傷は、むしろ自分や人の人生に重なる。愛着も生まれてくる、と。

樹齢200年もの木になると、生命の響きが感じられる、という。「同じ生命を持つものに対する共感がある」と心境を語る小椋さん。「木が人に与えてくれる恩恵を理解すると、日常の暮らしの中で安心感を覚える」と静かに話す。

木の傷にある種の共感を覚え、安堵する。都会人の感性が変わりつつあるようだ。

里山の価値観が、環境分野で世界を先導

話がそれるが、環境問題の新たな考え方が入ってくるたびに、欧米は環境先進国のように思えるが、実は国内、特に里山を抱える山村では、すでに受け継がれているケースが多々ある。環境の分野でも、自然共生型の里山の知恵は、もっと注目されていいのではないか。

前項で述べた天恵物にしても、2012年に「国連持続可能な開発会議」（リオ+20）で「自然資本」が取り上げられる以前から、さらに「生態系サービス」の言葉が用いられる、はるか前から、山村では使われてきた。また、茶の産地では、高度成長前までは、出がらしの水分を含んだ茶がらを捨てずに部屋の掃き掃除に使い、室内のほこりやちりを吸着させた後、そのまま茶畑にまいて肥料にし、茶木の成長を促すなど循環型の生産に活用した。捨てる部分はない。自然界に排出される廃棄物を積極活用することで、廃棄されるものをゼロにする「ゼロ・エミッション」を国連大学が提唱したのは、日本では高度経済成長が収まってしばらく経った1994年だった。

林業の分野でも、2000年以降、特に木質バイオマス利用の絡みで指摘さ

れるようになった「カスケード利用」は、資源を利用すると品質は下がるが、劣化に応じて段階的に何度も活用することを指す。資源の新たな有効利用方法に思えるが、山村の暮らしの中では、例えば、長らく使っていく過程で和服の生地は布団生地になり、さらに草履の鼻緒から最後は雑巾にするなど、多段階活用が当たり前だった。

山村では、今日のように環境意識が浸透していたわけではなく、資源循環の重要性を経験で悟り、感謝の気持ちとともに、モノを大事にする価値観が根ざしていたのだろう。無機質なものまでにも感謝と弔いの気持ちを抱き、「針供養」をし、「筆塚」を建てた。こうした自然やモノに対する感性が、結果的に環境の保全につながったと考えられる。

さらに、Reduce（ゴミの削減）、Reuse（再利用）、Recycle（再資源化）の環境活動の３Ｒが叫ばれ、日本でも循環型社会形成推進基本法（2000年制定）にも導入されたが、ノーベル平和賞を受賞したケニア人女性のワンガリ・マータイさんが2005年に来日した際、３Ｒを一言で表現する「もったいない」の言葉に感動した話は有名だ。その後、「もったいない＝３Ｒ＋Respect（敬愛）」として広まり、日本語の「もったいない」は環境保全のキーワードになった。

第５章　ヤマと都会

直接交流で見えてきた課題と新たな需要

これまで、中山間地域と都市との関係から森や木材を見てきたが、この章では、地域と都市の接近について、新たな林業の動きを追っていきたい。生産地の林業と消費地である都会は、これまで、PR イベントを除き、互いに直接的な接点はなかったが、交流することで、課題があぶり出される一方、新たな需要も見えてきた。

（1）林業が都会に接近

都市に乗り込む東京チェンソーズ

第１部で紹介した、若手による林業会社「東京チェンソーズ」。本社を置く東京都檜原村は、東京の水源の村、人口約3,000人の、東京で唯一の村だ。観光名所になっている「払沢の滝」の駐車場近くに広がるスギ林の伐採跡には、中央部に小さな祠が立ち、残っていたスギの根本には御神酒代わりだろうか、カップ酒が備えられている。ヤマの儀式の跡だ。古風な趣を感じただけに、東京チェンソーズの持ち山だと聞いて驚いた。

東京チェンソーズは、都市部と直結することで利益を生み出し、補助金に依存せずに自立できる林業を目指す。日々悪戦苦闘している社員の共通認識は、地域のヤマをきれいに仕立て、次の時代へのつなぎ手になることだ。それが、東京の環境保全に役立つのだ。林業は本来、誇りを感じられる仕事のはずだ。

チェンソーズが、ヤマへの投資に似た仕組みを考え打って出たのが、「東京美林倶楽部」。１口５万円で正会員になると、提供されるスギの苗木３本を植え、

チェンソーズの山林の伐採跡に置かれた御神酒

30年後には、伐採できるまでに成長した木を間伐時に２本もらえる仕組みだ。植える場所は、会社の持ち山だ。すぐ成果が求められる風潮がある日本には珍しく、息の長い仕掛けだ。残りの１本は会社が育てあげ、間伐し、切り頃に伐採し会社の収入にする。投資家は利益を増やして回収するが、美林倶楽部の会員には、現金は戻らない。代わりに、植林や間伐など30年間にわたるヤマ仕事約13回について、①社員の指導を受けながら携わることができ、②東京の環境づくりに貢献した満足感が得られ、③樹齢30年の２本の間伐材を利用できる。作業が終われば、地元の年配者が指導する木工教室や薪割りなどのイベント、さらに郷土料理の昼食が楽しめ、社員らと交流する。

この特典を高く評価するか否か、見方は分かれるだろう。2015年に第１期販売分計100口は、すぐに完売、第２期分を売り出した。第１期の購入者は、家族購入者が全体の７割を占め、うち子供連れの家族は６割で、圧倒的に子供のいる家族の購入が目立っている。第１期の植林作業に同行し、話を聞くと、「30年後に間伐材で、子供の赤ちゃんへのプレゼントを作って贈りたい」「新築する家に置く家具を作る」などそれぞれ夢を語るが、年配者の中には「30年後は生きていない。よい環境を、この世に恩返しさせてもらいたい」と話す男性もおり、植えられた苗木は、様々な人々の思いを背負っている。

ヤマが流通をコントロールする

社長の青木さんによると、補助金を導入せずに、間伐や下刈りなどの作業をして60年生の木を育て伐出するまでに、１㎥あたり約５万円の経費かかる。現在の市場での丸太価格は１㎥あたり約１万円にしかならない。補助金がなければ成り立たないし、再造林の費用捻出はほど遠い話となる。これが現実なのだ。さらに、市場に出すと、値付けをするのは当然、買い手側。東京農大の宮林教授が指摘するように、ヤマ側は木材の価格形成に関与できないのだ。さらに、自宅を新築した青木さんを驚

東京美林倶楽部の見学会には多くの参加者が

かせたのは、材料費の安さだ。延べ床100㎡、木造２建ての価格は2400万円だった。構造材から天井、床、壁など木材をふんだんに使ったが、製材費を含めた木材費用は約250万円と全体価格の10分の１だった。素材生産のうま味は薄い。

それでも、青木さんは林業の可能性を信じ、諦めてはいない。この、ヤマ側が関与出来ない価格形成の壁を突破しようというのだ。ヤマを降り、都内の設計士や工務店を回り、流通過程で地域材の情報ルートがすでに途絶えていることに気づいた。東京産の木材の需要はないわけではない。設計士や建築士が、地域材の扱い方や入手先が分からないのだ。伐採、製材風景などを収めた動画を見せると、自身の顔がほころぶほどの金額が出てくる。それに、製材所の時間単位で扱う賃挽きを活用するなどでコストを削減すると、１㎥あたり３万円の利益が生み出せる。丸太の販売収入が１万円なので、あと１万円を超える上積みができれば、経費分（１㎥５万円）を超え、利益が出せる。もう少しだ。

つまり、チェンソーズが製材所と連携し、都内の設計士や建築士、工務店を探し、直接取り引きすることで、価格と情報の両面で流通をコントロールしようというわけだ。「顔の見える仕事」を基本に据えていることから、流通を追跡できるトレーサビリティーの考え方に基づき、自分たちが伐り出した材の流通ルートを把握することができる。会社側とエンドユーザー双方の満足度を上げることができ、付加価値も加えられる。

東京美林倶楽部は第１期は当初から100口の目標を掲げたが、好調な第２期募集では目標はあえて立てていない。第１期の作業に多い時には家族連れなど200人を超える参加者が集まった。当然、社員総出でも、流れ作業になりがちで、現場の社員は参加者とゆっくり話す時間がない。30年の長い付き合いだ。参加者とじっくり対話しながら、苗木への思いを共有することにした。

青木さんは、今の山主が手入れに向かうような、地域林業を描く。ヤマで働く人も使う人も喜ぶ仕組みを作りたい、と意欲的だ。都市部との連携の絆は、新たな流通ルートを開拓するのか、注目したい。

加子母の完結型林業

川上の動きから、次は川下へ話を移そう。かつては木材問屋の集積基地と

中島工務店の東京モデルハウスのお披露目式

して栄えた東京・新木場（東京都江東区）に、東濃ヒノキの産地として知られる岐阜県中津川市加子母に本社を置く中島工務店（中島紀于社長）のモデルハウスが2016年１月、お目見えした。しかも、ユーザーも参加して一部を施工した参加型のモデルハウス。体験宿泊もでき、住み心地を確認できる。東京で初となるモデルハウスは、加子母のヤマを背負っている。

モデルハウスは木造２階建て、延べ100㎡。玄関に入ると、長さ９ｍ、２階まで伸びる27㎝角のヒノキの大黒柱が目を引く。手で触れてみると、なめらかなぬくもりさえ感じる。柱のほか、梁、壁、天井、床と、無垢材がふんだんに使われている。ヒノキの香りが漂い、五感で木の感触を味わうことができる。

さらに、フローリング貼りや塗装、左官作業、庭造りなど６工程それぞれを、一般参加者10人を募集してワークショップを開き、職人が教えながら、完成させた。定員を大幅に上回る200人が参加したという。作業に参加し、これだけの木材に囲まれれば、いやがおうでも、愛着が湧き、木の家の特徴を体感していくだろう。

人と自然の乖離、人と木材の隔たりが言われて久しい。都会のマンションをはじめ、木造住宅ですら、壁紙で壁や天井を張った大壁方式の住宅が増え、住民が直接、木材に触れる機会はめっきり少なくなった。木のぬくもりどころか、木目がうるさい、と嫌う若者もいるというのだ。モデルハウスは、木材から遠のいた都会の住民の感性を引き戻す吸引力を持つ。

中島工務店は、素材生産から製材、加工、建築まですべて、加子母地区内で行う「完結型林業」が売りもの。東京をはじめ大阪、名古屋、神戸など全国に10支店を構え、新築、リフォームを合わせた実績は年間100棟に及ぶ。すべて材料は加子母産だ。おまけに大工まで派遣して建てる。住宅着工戸数の減少傾向を背景に、価格競争が激しさを増す中、中島創造・東京支店主任は「若干高めになる」と正直に話してくれた。

東京マネーを吸い上げる

完結型林業で重視するのは、加子母のものづくの姿勢を知ってもらうことだ。家造りに関心のある都市住民を村に招き、生産、製材、加工、建築の各現場を見せる。さらに、家が完成した客を再度村に招待し、１泊２日のキャンプを実施し、伐採跡地にヒノキの苗木を植林し、加子母を第２のふるさとにしてもう。加子母地域と地域材に愛着を感じ、納得できれば、若干高めでも、都市住民は購入を決めるだろう。さらに地域が気に入れば、リピーターも増え、地域は潤う。

この完結型林業は、東京や大阪で建てる住宅でさえ、原木の伐採から大工の建築まで一貫して加子母地区で賄い完結させる意味のほか、経済を地区内で循環させる意味もあるようだ。

市町村の多くが、燃料や商品を地域の外から購入するため、地域の中で利益が循環せず、結果的に地元の雇用の場を失う。逆に、燃料や商品を地方に流通させ、地方のお金ばかりか人口までも吸い集めて膨張しているのが、東京であり大阪だ。まるで、ブラックホールだ。ところが、加子母の場合は、そのまた逆だ。地方から吸い集めて肥えた東京や大阪の東京マネーや大阪マネー、加子母にとっては、いわば外貨を加子母に逆吸引し、自らの地域内に供給して循環させている。こう言っては失礼かも知れないが、合併で村を閉じた人口3,100人の小さな加子母地区が、巨大都市の東京マネーを吸い上げる。実に小気味いい。

このモデルハウスは、加子母のものづくりを知る玄関口であり、木のぬくもりを体感する案内口でもある。また、東京マネーを加子母に届ける吸入口ともいえそうだ。

購入者が伐採跡地に植林するヤマは明るい

（2）都会が林業に接近

大学が動き出す

九州各大学の「天神西通り木質化プロジェクト

第1部で、建築物などの木造化の広がりの状況を見てきた。なぜ、いま都市に木造なのか。ここでは、都市での木材活用を模索し、木造・木質化の可能性を追究し始めた、大学の動きを追っていきたい。里山の知恵が生かされている。

宙に浮く真四角の建物を、大木を思わせる円柱が貫く巨大な建築物。また、鉄筋コンクリート建てのビルを背景に、大量の角材を一定間隔で縦横に組み合わせた構造物は、ジャングルジムを思わせ、その透明感は背後に迫る堅牢なビルの威圧感を和らげる。木造や木質化による仮想都市をデザインした模型だが、人をほっとさせ、それでいて、どこか洗練された、しゃれた雰囲気を醸し出す。福岡市内で開催された、「ティンバライズ九州展」の中の展示の一つ、「天神西通り木質化プロジェクト」。2012年11月に開催され、今では展示写真で見るしかないが、どこか古くさく感じてしまう木造のイメージを吹き飛ばす。

九州展は、「木」の可能性に挑む建築家・技術者集団のチームティンバライズ（現在はNPO法人・チームティンバライズ）が、木材を新たな視点でとらえ、09年から東京をはじめ、愛知、北海道などで開催した巡回展示会の一環。天神西通り木質化プロジェクトは、福岡大学や九州大学、佐賀大学など九州の7大学が参加し、福岡市中心部の天神通りを木質都市にする仮想デザインをパネルと模型でそれぞれ提案した。材料も、一般木材をはじめ、集成材やCLT、LVL（単

日本家屋の特徴の一つ、格子のリズム感は、佐久間研究室のデザイン模型にも採用された

板積層集成材）などを使い工夫を懲らしている。

九州工業大学の佐久間治教授の研究室の作品は、「木造軸組による積層空間で構成した、人間性豊かな都市環境としての居場所を創造する」がコンセプト。角材を横に格子状に並べた商業施設の建物が、都市広場を囲むように、それぞれ方向を変えて建つビル群が特徴的だ。建物ばかりか、広場や道路、空などを含めた空間デザインを強調しており、未来都市といった風情だ。伝統的で、しかも現代的な感覚が楽しめる。

佐久間治教授は、人間にとって何が快適な空間か、を追究し都市の大型建築のあり方などについて研究している。話は専門的になるが、佐久間教授によると、空間デザインは、①構成比率（プロポーション）、②寸法（スケール）、③テクスチャーの３要素が基本だという。テクスチャーがくせものだが、物の表面の手触りや質感のほか、見た目や見栄えなどの材料の材質感覚のことを言い、食材でいえば、舌触りや歯ごたえ、食感といったところか。

もっと木造が見直されていい

佐久間教授は、日本建築の木材の質感や木組みの見栄えについて「日本人が培ってきた伝統的なテクスチャーであり、感覚だ」と解説する。さらに、寺院などの木の柱と柱の間に広がる透明感や、細木を一定間隔で並べた格子のリズム感、などを例に挙げ、日本家屋のもつ、空間デザインは癒しの感覚に欠かせない重要な要素だという。また、縁側に投影される庇の陰など日本家屋の特徴的な陰影は、心地よい心理的影響を与え、さらに、坪庭や石庭など暮らしの中に自然を取り入れ、自然と一体となることでさらに癒される、その感覚を支えてきたのが、日本の木造建築だと主張する。癒しが求められる現代、特にストレス社会が叫ばれる都市部で、もっと木造が見直されていい。

都市部の快適な住まいは、使い勝手と見栄えの良さが求められ、若い夫婦が住みたくなるような、魅力的でおしゃれで、それでいて地域の文化が香り緑がある家だ、とは佐久間教授の主張だ。盛りだくさんの注文だが、現代的な感覚に、日本の伝統的な空間デザインを導入することで、快適な住居を木造で実現するのは可能で、むしろ木造だからこそできる。コンクリートのビルが、街を覆うように林立する都会では、木造の空間デザインがビルの圧迫感を緩和し、快適さを導く。その心地よさによって、自然と生き別れて久しい都市住民が、木のぬくもりの感性を呼び戻すことにもつながる。

集成材やCLT、また耐火集成材などのエンジニアリングウッドが登場したことで、鉄とコンクリートとプラスチックがあふれる無機質な都会の街に、木材が加わる道が開けた。木材の研究開発と建築分野の研究が進み、鉄やコンクリートと相互に交流することで、都市の快適性が一段と高まるはずだ。

コンクリートとプラスチックをはじめ、エンジニアリングウッドは工業製品であり、文明の利器だ。欲を言えば、そこに例えば、格子に奈良の吉野杉や岐阜の東濃檜などの無垢材が少しでも取り入れられることで、似たようなデザインや建材で文明化した都市に、地域性や物語性、個性などの文化的な要素が生まれ、人の息づかいが感じられる街になるはずだ。「東濃檜でできた表参道のビル」や、「喜多方の大工が作った在来工法の体育館」が注目される背景には、木造建築物の機能性のほかに、地域や人との関わりが感じられる無垢の文化の存在があり、木造により親しみが増す。

名古屋大学の「都市の木質化プロジェクト」

次に紹介するのは、都市と森林双方を蘇らせる一挙両得の試みだ。「都市の木質化プロジェクト」。名古屋大学が2009年にスタートさせた取り組みだ。森林や木材、建築、都市計画などの分野の研究者が、木材関係者や企業担当者ら学外の実務者、地域住民らと連携し、森林と都市の再生につなげるのが、プロジェクトの目的だ。駐輪施設を丸木で製作するなど学内の木質化をはじめ、森林見学会や都市部で木材需要を喚起させる手立てを考えるシンポジウム、セミナー、研究者によるワークショップなどを実施し、社会実験などの実践活動を通して、問題解決の糸口を探っている。

「都市の木質化プトジェクト」の出発点は、森林の荒廃だったという

注目したいのは、「森林と都市の再生」を主眼にしていることだ。間伐が滞る人工林や高齢による広葉樹の荒廃が指摘され、森林の再生は必須だ。一方、都市

の再生とは、どういうことか。プロジェクトを主宰する、名古屋大学大学院の佐々木康寿教授（木質環境設計学）によると、プロジェクトを始めたのは、人工林は成熟したにもかかわらず、木材の７割は外国から輸入し、しかも伐採、再造林が進まないなど、素朴な疑問がきっかけだった。ところが、高度経済成長期に人口が膨れあがった都市も、いまや住民生活の環境劣化に悩みを抱えている。ヤマも都市も、転換期なのだ。

経済が右肩上がりで都市に人口が集中した高度成長期。経済発展によって道路は広げられ、市街地はコンクリートの建物で埋まっていった。ところが、いまでは、世代交代によって郊外に住宅を構えて市街地から転出していくスプロール化など、市街地は人口が減少し、また大型郊外店舗の展開などにより、中心市街地の人の流れが変わった。往来が減った道路は不必要に広すぎて使いずらく、ヒートアイランド現象（都市の異常な高温化）によって、生活空間そのものの質が低下している。そこで、都市に木材を投入することで、街のにぎわいを呼び戻す方法を考えようというわけだ。

過疎化する中心市街地の活性化に木が活躍

名古屋市の都心部、中区錦２丁目の長者町地区に、プロジェクトが飛び込んでいったのは、2012年だった。この地区は、日本の三大繊維問屋街の一つとして戦後栄えた。しかし、今では空きビルが増え、建物を取り壊して整備したコインパーキングが目立ち、街の衰退への懸念が広がる。地元の「錦二丁目まちづくり協議会」と連携して取り組んだのが、木材による歩道拡張の社会実験だった。長者町通りの一区画約80mにわたり、道路の片側１車線をつぶしそのスペースにスギの角材を並べ、幅２mのウッドテラスを敷いた。木のテーブルやベンチを置き、青々とした樹木の鉢を並べた。角材は森林組合から調達した。車道を狭めることで、交通安全や道路のあり方を改めて考える試みでもある。

異常高温の抑制などに壁面緑化も。横浜市内で

社会実験は半年間で終了したが、市内外から大勢の来場者があり、「木の上は歩くと気持ちいい」「ブロック敷きの歩道より、足腰にやさしい」などの声が聞かれ、若者たちはテーブルを囲んでコーヒーを飲みながら団欒を過ごし、高齢者がベンチでくつろぐ姿もみられ、好評だったという。夏から秋にかけて開催される縁日やえびす祭りの時には、知事や市長らも訪れ、関心を示した。

プロジェクトの過程で、佐々木教授は、森林・木材の関係者や研究者、住民が連携する機会がないことに気づき、機会を設けることの重要性を指摘する。まちづくり協議会を中心に地元住民や東海・近畿地域の学生を対象にした森林施業を視察するバスツアーが実施され、地域の森林の現状や木材の特性などを知る契機となった。機会をつくることで、森林に一般市民の目が向き、木造、木質化の重要性を理解するようになったことは注目される。

木材は環境、防災両面で威力

70年代の公害、80年代の地球温暖化の問題を経て、90年代は都市の環境問題がクローズアップされた。都心では真夏日が増加し、ヒートアイランド現象の対策が求められた。そして、東海地方を中心に甚大な被害があった東海豪雨（2000年９月）を契機に都市型水害が重要課題に浮上した。都市の集中豪雨は、ヒートアイランド現象との関連性が指摘され、河川などの洪水に対し「都市洪水」の言葉も生まれた。

ヒートアイランド現象は、真夏日の増加や集中豪雨のほかに、熱帯夜や熱中症との相関関係を指摘する研究もあるという。対策の一つに、街路樹や屋上緑化などの都市緑化が進むが、木材の活用はあまり聞かない。プロジェクトの社会実験を見ると、木材も大いに力を発揮しそうだ。ビルの外壁を木材で覆う実験も登場しているが、道路の木質化も考えられる。屋上に敷き詰めるチップも役に立ちそうだ。都市空間に木材が活用されれば、大量の木材が消費され、森林整備が進むことが期待される。

このほか、地震などの災害時にも、都市中心部の木造化は有効だ。阪神大震災（1995年１月）や東日本大震災（2011年３月）では、凍える体を温めるのに苦労した話をよく聞いたが、身近に木材があれば、燃やせばいつでも暖を取れる。さらに、神戸市長田区で、阪神大震災では街の中心部には鉄骨とコクリートの瓦礫しかなく、瓦礫を除けられずに救助できず、悔しい思いをした話も聞いた。角材があれば、瓦礫を取り除く手立てになり、また、負傷者の体を支える添え木にもなる。木材は鉄骨と違い、その場で長さを調節したり束ねたり、使いやすいように加工できる利点がある。

都市にとって、木材は環境、防災両面から、もっと注目してもいいのではないか。プロジェクトは、市民が森林と都市の再生を考えるきっかけ作りになるほか、都市に住む人のコミュニケーションの再生にもつながる。社会実験で終わらせてはならない。

失われた半世紀を取り戻す「木匠塾」

名古屋の中心市街地での実践から、舞台を山間の林業地に移そう。

東濃ヒノキの産地で知られる、岐阜県中津川市加子母地区。合併（2005年）で市に編入した旧加子母村に、関東や関西から大学の建築学科で学ぶ学生約200人が、夏場に大挙して押しかけ、木造建築を学ぶ取り組みが、毎年行われている。加子母村時代から続く「加子母木匠塾」だ。参加を希望する学生が年々増えており、地元の事務局はうれしい悲鳴を上げる。2015年８月に２週間実施された塾には、東洋、立命館、京都、金沢工業の各大学など８大学から学生計250人が参加、市の研修施設で全員が共に合宿しながら、古民家の修復や薪小屋づくりなどの木造建築に挑戦した。

岐阜県の別の場所で開催されていた木匠塾が、切り盛り役の担当者の転勤によって、旧加子母村で行われるようになったのは、1995年。戦後に植えた人工林が伐採時期に入った頃だ。塾を主宰する実行委員会の事務局でもある市加子母総合事務所によると、複数の大学の建築学科の教員たちが、学生が大学で木造建築に触れる機会がないとして、実地研修の受け入れを村に要請してきたのが、始まりだった。村や森林組合、工務店などで実行委員会を発足させ、受け入れ態勢を整えた。教員は付き添い役に徹し、大工ら

木匠塾の学生は、天然記念物の杉の囲いも制作

地元のプロが教師役を担う。林業に関わる村の若者が兄貴分としてサポート役を務める。

木匠塾は、木材の特性をはじめ、木の生い立ちから人の暮らしとの関係まで幅広く教えるのが特徴だ。スギとヒノキの違いが分からず、また、まともに木材を触ったことのない学生もいる。建築学科だけに、強度など木材の性能に関心が行きがちで、木材を単なる建築材料として見る傾向がある。これでは、国産材も外国産材も同じ。地域材でなくても、家は建つ。そこで、代々受け継がれてきた森林に連れて行き、製材現場を見せ、民家を訪ねる。木造建築の研修というより、木材生産の現場の森と樹木を知ってもらうことから始める。木を見て木を削り、組み立てる作業を通し、学生は木の手触りを感じながら香りをかぎ、木に馴染んでいく。

建築家を目指す学生4,200人が巣立つ

さらに、技術やデザインばかりではない。学生はまず、村や学校、高齢者施設、住民などからの製作依頼を受け、仲間で協議し作品案を依頼者に提案する。言葉の壁や生活習慣の違いを乗り越えながら、住民（施主）の意向をくみ取る理解力とプレゼンテーション能力が問われる。認められれば、設計から施工まで学生たちが汗を流す。これまで、バス停留所の建物や専用農園を持つ小中学校の農機具小屋、さらにゲートボール場の休憩室などを手がけた。2015年開催の塾で佐賀県立大の学生は、今ではすっかり見かけなくなった五右衛門風呂の浴室小屋づくりに挑戦した。浴室から窓外の景色や星空が楽しめ、一方外からは浴室内部が見えない、あい矛盾する要素を満たす建物に知恵を絞った。あくまでも利用する側、村人サイドに立った発想だ。

木造建築を学ぶ学生を加子母の里が受け入れる

塾の経費は、材料費は市が単独助成しているほか、国、県の補助金など毎年やり繰りしてつないでいる。建築家を目指す学生に東濃ヒノキを知ってもらうメリットは大きく、大学側に

とっても、研究室では教えられない、木材の奥の深さを学ばせられるものの工務店の設備使用料や講師代、世話代は一切出ず負担は増すばかりだ。

初年は5大学から約100人の学生が教員とともに参加したが、受け入れ態勢の事情もあり、最近では、1大学大方25人に制限し、大学側も選抜、抽選して学生選びをしているが、どうしても参加が多くなる。2015年は初めて200人を突破した。それだけ、学生の木材志向の強さがうかがえる。15年に20周年を迎えた塾に、これまで延べ約130大学が通い、4,200人にものぼる、建築家を目指す卵が巣立っていった。

需要を失なったものは、技術や研究開発からも置き去りにされ、利点があっても顧みられることもなく、さらに活用されなくなる。この、半世紀にも及んだ木材の暗い時代に、一筋の光を差し入れたのは、まずは人工林の成熟ぶりではないだろうか。しかし、失った森林を再生させるのは容易ではないのと同じように、一度失った需要と研究技術を呼び戻すのは簡単ではない。

コンクリートの巨大団地群の千里ニュータウン（大阪府豊中市など）が入居を開始したのは1962年、国内最大規模のニュータウン、多摩ニュータウン（東京都町田市など）が募集を始めたのが71年。都市部ではマンションが林立し、コンクリートジャングルの言葉が生まれて半世紀近くが経つ。先述した筑波山麓での道普請作業で葉っぱを嫌った女児ら子供たちは、コンクリート建築で生まれ育った世代の3代目にあたる。世代が進むにつれ、木に対する愛着も薄れる。この半世紀は、技術開発の遅れのほか、国内の木造需要を喚起させるための土台になる、木のぬくもりに対する消費者の感性までも薄れさせた、50年だったのではないか。

木造建築の研究から遠ざかろうとする大学の学生を必死でつなぎ留め続けた林業地と、失われた半世紀を取り戻そうとする、大学の研究者や学生を、国や自治体はもっと支援する必要があるのではないか。そもそも、今後ますます期待される木造建築を学ぶ場を、いつまでも加子母地区に担わせてよいはずはない。

（3）都会と木材

都会的空間に木を導入する新たな意味

都会のオフィスで木が存在感

木材を都市に取り込む都市木造の動きの中で、注目されるのは、オフィスへの活用だ。オフィス家具メーカーのイトーキ（東京都中央区）は、木材を積極的に取り入れた商品開発を進める。社員が普段働く１階から３階をワーキングショールームとして、床から机、テーブルに一部天井まで木材をふんだんに使い、また、植物の鉢を方々に配置し、社員は森の中で仕事をしているような雰囲気だ。フロアの木製家具や工夫の一つ一つが商品として並ぶ、ショールーム。健康、コミュニケーション、環境の３要素を取り入れたオフィスづくりに力を入れている。

エレベーターホールを囲むように、柔らかさが漂うスギ板の床が延び、一周すると120m 歩くことになる。床の一部には、一定間隔に目印が表示されており、目印に歩幅を合わせて歩くと、消費カロリーをアップさせる仕掛けも。天井には照明が取り付けられておらず、机上から天井を照らす間接照明は目に優しい。

精神的にリラックスできるよう、日中は照明を太陽光と同じ明るさに保ち、夕方になると、やや黄色がかった光に変える工夫もストレスの緩和に役立っている。注目されるのが、複数の社員が机を並べて働く一角を格子状の木材で四角く取り囲んだスペースだ。健康的で仕事に対する集中力をアップさせる工夫が光る。ラミナ板を縦に25cm 間隔に並べて作った格子状の仕切りがこのスペースを囲み外側からは、働く姿が格子の間から見える社員が仕切りの中で守られているような雰囲気だ。床板の通路と職場空間を何となく区切る中間領域を演出し閉塞感がない。板

イトーキのワーキングショールーム

の一枚一枚に、照明光による陰影が施され、気分が落ち着く。九州工業大の佐久間教授が指摘する、日本建築の癒しのデザイン空間の考え方が取り入れられている。

圧巻だったのは、社員の往来が多いエリアに陣取った、樹齢280年のアカマツの大きなテーブルだ。イスやテーブルの細い脚など細めのデザインがおしゃれな空間を演出していたオフィス家具とは対照的に、このテーブルは天板が分厚くごっつい。気分次第で社員がノートパソコンを持ち込んでは仕事や打ち合わせをし、昼食時には社員が弁当を広げる多目的スペースだが、歴史を感じさせる重厚な板には所々に、アカマツ特有の節が散らばり、灰色がかったシミが目立つ。家具の常識では、キズ物の類いだろうが、そのナチュラル感が、気軽に集まって来る人たちに、くつろぎを与え、会話を弾ませるという。

第４章の「雑木を生かす」で紹介した、節や穴に木が生きてきた歴史を感じ取る感性や、同じ生命を持つものに対する共感が、安堵感を与え和んだ雰囲気を醸し出す。

都会で異質な存在も、デザインで克服

イトーキが、自治体や企業の環境意識の広がりを背景に、木材を採用したオフィス家具を商品化するエコニファ事業を開始したのは、2010年だった。公共建築物の木材利用促進法が施行された年だった。都会のオフィスには、木材はもはや異質な存在だ。しかし、木材家具の商品化は、ヤマ側の事情と都会のニーズをつなげる作業である。安全性や機能性に最大限の配慮が求められるオフィス家具の、どこに木材を使うか、当初は思案したという。

イスやテーブル、机の種類ごとに、デザイナーを起用し、デザイン性を高めた。パソコンが並ぶオフィスに調和するよう、木製の机やイスの脚の部分だけ、スチールアルミを採用した。

体の姿勢も確認できる。健康も重要なポイント

これにより、周囲の環境にも馴染み、木のぬくもりを際立たせた。構造上の機能性と、洗練された見栄えの良さ、コストの３方向からの視点で素材を選んでいるが、都会のオフィスには、木と金属のハイブリッドがよく似合う。

木が取り入れられることで、職場環境が向上する。社員のメンタルヘルスが注目される今日、木材の活用に新たな眼差しが注がれる。企業の木材活用が、これまでの環境貢献のためのCSR（企業の社会的責任）的な発想から、社員の健康に配慮し生産性を向上させ、本業に直結できる環境貢献の考え方に転換している。

おしゃれの向こう側にあるもの

都会の暮らしが自然から遠ざかってしまった現在、鉄とコンクリートとプラスチックに囲まれた都市住民にとって、木材は馴染みやすい存在ではない。都会に受け入れられる商品とは何か。09年に岐阜県高山市から岡山県西粟倉村に移ってきた木工房「ようび」に、建築室長の大島奈緒子さんを訪ねた。ショールームには、細身のスタイリッシュなテーブルやイスなどが並び、洗練された雰囲気が漂う。家具が部屋を明くる彩り、都会的な安らぎ空間を引き立てる。合併を頑なに拒み、骨太に生きる村のイメージとは対照的だ。

広葉樹を使った家具を製作していた大島さん夫妻は、村に来てからヒノキの家具を作り始めた。大島さんによると、広葉樹とは質感も扱い方も違い、家具づくりの常識が通じない。ゼロからのスタートだった。作り方は、広葉樹時代と同じ伝統的な木組みが基本。試行錯誤を重ねた。なぜ、あえてヒノキなのか。「世界的に森林が減少しているなか、日本だけ木が余っている。地域の先人が代々、丹念に育てた森林がいま、必要とされていない。守られる対象にすらなっている。伝統技術も同じだ」。大阪出身の大島さんは嘆く。

求められる存在になってほしい。その思いで、夫妻はヒノキを選んだという。そのために自分たちの技術がある、と。作り上げると、意外にも軽くて部屋が明るくなる。高齢者にも使いやすい。

家具は、洋服と違い、見た目も大事だが、50年、100年と暮らしに寄り添うものだという。木を育ててくれた人や自然に感謝し、作家は思いを込めて家具をつくる。しかし、強い思いは作品に投影され、使う人に押しつけがましくなる。夫妻と仲間たちのものづくりは、強調したい角張った思いに磨きをかけ、すっきりと仕上げる作業なのだろうか。

代々、ヤマは引き継がれ、ヤマを守る技術やものづくりの技も、数百年も先人によって継承され、いまがある。それが途絶えようとしている。

「おしゃれの向こう側に、もう一つ上質で大切なものがあると思う」と大島さん。先人と未来の世代、ヤマと使い手。それぞれをつなぐのが、作り手だという。先述した「いのちって」の項目で触れた、引き継がれてきたいのちを未来にめぐらす、バトンの役割を担っているように思える。夫妻らが、思いと技で磨きあげた作品には、生命感が吹き込まれる。だからこそ、洗練された家具は暮らしに溶け込み、木を育みつないできた人の心や思いを滲ませ、傷つきやすい都会の人に、ほんのりとした心地よさを感じさせるのだろう。「やがて風景になる、ものづくり」。夫妻らが目指すものだ。

第６章　都市と里山の交流

お金では得られない価値

金銭に換えられない、新しい価値や新たな使命を求め、まず立ち上がったのは、元気な年配者たちだった。定年を迎えた帰郷者や、新たな活動の舞台を求める移住者など、かつては都市部で活躍し各分野で高度経済成長を支えた人たちがいま、ヤマや地域で生きがいや役割を見出し、都市とつながり、世代をつなぐ活動に乗り出している。

（１）ヤマと里のアクティブシニアが立ち上がる

ヤマも人もいきいき、木の駅プロジェクト

木材や樹木由来の商品が、使う人に安らぎを与える一方、供給するヤマ側の人々には、やりがいや楽しさを提供し、時にはお金を超えた価値を生み出す。序章で紹介した木の駅プロジェクトは、「素人山主でも、チェンソーと軽トラ（ック）があればできる」とあって、全国的に広がりを見せている。しかも、定年退職者や一線を退いて帰郷した定年帰農者ら年配者が多い。「おっちゃんたちが、輝きだした」という。

プロジェクトの仕組みを簡単におさらいすると、プロジェクトの登録者が、伐採した林地残材や間伐材を指定場所に持って行くと、地域にあるプロジェクトの実行委員会が、間伐材の相場（１トン当たり2,000円～3,000円）より高めの１トン当たり4,000円～6,000円で買い取るシステムだ。

木の駅プロジェクトは、全国に広がっている

ただし、登録者には現金の代わりに、地域の契約商店で１枚1,000円分の買い物ができる地域通貨（モリ

券）で支払われる。1トン出せば、モリ券4～6枚が受け取れ、ちょっとした小遣いになっている。モリ券4枚～の原資は、実行委員会に対する寄付金や自治体の補助金や県の環境税などが充てられる。モリ券の使い道は、チェンソー、軽トラの燃料代、仲間との懇親費用が多いというが、生活費の足しに家族に手渡すケースも目立つ。

NPO法人土佐の森・救援隊（高知県）が、「C材運んで晩酌を」を合い言葉に始めた、「モリ券」による林地残材の収集システムを応用した。現在は「兄弟木の駅会議」の丹羽健司代表が、全国どこでも誰でも実施できるようマニュアル化し、一気に広がった。丹羽代表によると、全国65カ所の地域で木の駅プロジェクトが展開されており、年間出荷量の合計は約2万㎥、山口県の素材生産量の1割に匹敵する量だ。素人山主といえども、あなどれない。モリ券の発行総数は約10万枚、1億円が地元商店で使われたことになり、さらに、延べ6万台近い軽トラが参加した。

人に喜ばれ、意欲がわく

間伐材の多くは、林内に放置されているのが現状だが、こうした伐り捨て間伐は、間伐面積の7割にも及ぶ。ヤマに溜まった間伐材をいかに搬出し有効活用するか、が課題だった。さらに、放置された間伐材は、作業の支障になるばかりか、集中豪雨があれば、川をせき止め大洪水を誘発するおそれもある。

なぜ、間伐材は放置されるのか。主な理由は、木材価格が低迷し、間伐しても搬出する経費がないためだ。また、多くの市場が、長さ3m未満の丸太は受け付けないのも、理由の一つ。3m以上の丸太は、軽トラに積むことができず、市場に出す場合、素人山主が気軽に参加するのは無理だ。

「おっちゃんたちが、輝きだした」

売れればいくばくかの利益になる間伐材は、ヤマに大量にある。地域の林業従事者の絶対数は少ないが、定年退職しても元気な年配山主は多い。モノとヒトはあるのだから、あとはカネをどう回すかだ。そこで編み出されたのが、木の駅プロジェクトだが、最大の特徴は、現金による買い取りでなく地域通貨にしたことだ。地域振興が狙いだが、プロジェクトの参加者によると、「現金だと仲間との嫌な競争になり、使い道の多い町外の量販店がもうかるだけ」「地域の役に立ち、少しは環境貢献している、との誇りが持てる」など地域通貨は支持されており、「人に喜ばれるため、さらに意欲がわく」と収入より心理的効果の方が大きいようだ。

木も人も役に立てる

若手の山主に聞いても、会社員が土日林業を始め、持ち山に関心持つようになった。さらに、満足度、充実感をあげる参加者も多い。高知県仁淀川町の年配男性は「家では粗大ゴミ扱いだったのが、プロジェクトに参加しモリ券を渡すと、女房が晩酌してくれるようになった」とはにかんだ。集荷された間伐材が地域の日帰り浴場の薪ボイラーにも利用されている、岐阜県恵那市の高齢男性たちはそれぞれ、「孫と同級生と一緒に風呂に入ったら、孫が同級生たちに、じいちゃんの薪で沸かした風呂だ、と自慢してくれた」、「ほっておかれた木が、人の役に立っているのが、何よりうれしい」と言う。

一部の地域では、森林組合との競合を懸念する声もあるが、集材規模が異なることもあり、森林組合と技術講習会を開催するなどして交流を図れば、間伐に追われる組合の仕事を、プロジェクトの参加者が手伝うなど、連携も可能だろう。また、伝統的な林業地では、大事に育てた木が小間切れにされ、薪として燃やされるとして、プロジェクトを煙たがる林業家もいるという。しかし、自分のヤマに無関心だった山主や地域住民が、ヤマに目を向け地域を考えるようになることで、ヤマが蘇ることを、むしろ歓迎すべきではないだろうか。

「職場で効率や成果に追われる中高年が、心地よく身を置ける、銭カネでない世界がある」(丹羽代表)、木の駅プロジェクト。ヤマは、地域の高齢者にも居場所を与え、現金では得られない価値を生み出している。

市況を見るタブットを持って微笑む西蔭さん

「それぞれに、与えられた役目がある」

先述した上勝町の葉っぱビジネスでは、傍示地区の自宅周辺で20年近く葉っぱを採り続ける西蔭幸代さん（78）の言葉が印象的だ。「後期高齢者というらしいけど、私はまだ、税金払っているの」。赤いエプロンに、タブレット入りのピンクのポシェットを肩からぶら下げ、自重気味にほほ笑む表情は、年齢相応には見えない。出荷に向け、料理を前にした客の姿を思い浮かべ、葉っぱに虫の穴やキズがないよう眼力と指の感触で何度も入念にチェックする。形がよく、きれいなものだけを選ぶのが信条だという。

これまで、国内はもとより、インド、ドイツ、ブータン、トルコなど26カ国から視察が訪れ、感想を書いてもらったノートは大事な宝だ。

10年間介護した夫に2014年に先立たれ、一人暮らしの身だが、「自分には仕事があって、与えられた役目がある」と話し、「百歳まで現役で続ける」と意欲的な西蔭さんは、表情を和らげ、「だって、生きがいだもの」。年収を聞くのはやめた。

森の恵みを受け、地域で暮らす人々は、居場所や役割、役目を見いだし、誇り高く生きている。

（2）次世代につなぐアクティブシニア

都会の子供に苗木づくりを伝授

東京から電車で40分の茨城県つくばみらい市に、これまで何度か紹介した、NPO 法人地球の緑を育てる会の圃場がある。広さ約2 ha。2015年８月、都会に住む子どもらが苗木づくりに挑戦した。やり方を教えるのは、子どもたちに負けないくらい生き生きとした、地元の年配者たちだ。子どもたちは、大人たちの作業を見よう見まねで覚えていく。土を混ぜ合わせて培養土をつくり、トレーの中で芽を出した幼苗を１本ずつ仕分け、ビニール製のポット

シニアと子供たちの交流が始まった苗木づくり

にそれぞれ入れてポット苗をつくる。黙々と作業に専念する女児もいれば、質問を飛ばす男児もいた。作業を終えると、全員でバーベキューを楽しみ、午後は、すでに根付いた別のポット苗を使い、全員が集まり敷地内で植樹作業に汗を流した。

この苗づくりは、全国に会員を持つ植樹愛好家のグループ「まじぇる会」（神奈川県茅ヶ崎市）と育てる会の共催だった。そこに、東京都内の青山と世田谷で書道教室を運営する日本文化書道院玲書館の子供たちも参加、苗づくりの参加者は多彩で、住む地域も年齢層もばらばら、職業も多様だ。所属するグループ以外は、ほとんどが初対面。子供にとっては、緊張する場だが、意外に気楽に交流した。様々な人たちがいた方が、子供たちにはいいようだ。

育てる会は、都内に勤務し退職後に同市に移り住んだ年配の男性や女性、さらに市内の農家の女性ら地元に長く住む老若男女が会員だ。郷土料理など田園地帯に育まれてきた里山の知恵と、都会の洗練された発想が融合し、活動を生き生きさせている。一方、まじぇる会は、都市部の退職者を中心に各地の年配者ら年齢層は比較的高いものの、国内外の植樹祭を飛び回るほど活動的で、地域色も豊かだ。

社会は持ちつ持たれつ

エネルギー関連会社を退職した、まじぇる会の谷衞代表（69）は「森や土や海の恵みを受けて我々は成長してきた。その自然が破壊されつつある」と危機意識を募らせ、「自然へのお礼として、未来への希望を苗木に託し、豊かな自然を次の世代に引き継ぎたい」と苗づくりを企画した。東京・丸の内の銀行を退職し、つくばみらい市に転居した、育てる会の石村章子理事長（72）は「子育てや仕事の責任を果たしたら引退ではなく、新たな使命を持つことが重要で、自分を生き生きとさせる訓練にもなる」と元気の秘訣を説き、「シニアたちの経験を生かし活動する姿は、若い人の刺激にもなる」と力説する。

植樹指導する地球の緑を育てる会の正副理事長

育てる会の須藤隆副理事長（73）は、都内の出版社を退職、会では農作業の技術の普及に努めるが、「世間のお陰で生きてくることができた。自分で収入を得る時代を終えた時、社会に役立つことがしたかった」と活動の動機を説明し、「社会は持ちつ持たれつ。恩恵受けて、ありがたいと感謝する心が引き継がれていくことこそが、いまの時代に求められているのではないか」と話し、次世代につなぐ「順送り」の重要性を強調する。終戦前後に生まれ、都会の第一線で活躍したアクティブシニアがいま、子どもたちを介し、都会と地域を結びつける絆づくりに努めている。

（3）文明と文化つなげる森林業

林業と都市の歩み寄りの動きがでてきた。しかし、自然と都市住民の乖離が進み、林業地を抱える地域と都市の隔たりは大きくなりつつある。過疎化にあえぐ地域は、自然と一体化した和の生活にこだわり、都市は洋風化に走る。「和」と「洋」の対立とともに、地域文化と都市文明の離反が懸念される。人口減少時代を迎え、ヤマは誰が守るのか、が問われるなか、森林業が、地域と都市の仲を取り持ち、文化と文明の交流を促す。

里山の知恵花開く新国立競技場

都市と地域の接近は、勢いを増している。2020年の東京オリンピック・パラリンピックの主会場となる新国立競技場の設計デザインに、建築家の隈研吾さんによる「水と緑のスタジアム」が採用された。技術提案書によると木材と鉄骨を組み合わせたハイブリッド構造で調和を演出し、法隆寺風の縦格子の連続性や植栽、せせらぎを設け里山の安らぎを醸し出すなど、「和」

土壁など日本家屋の知恵が随所に採用される

の文化を強調している。さらに、軒と庇を設けてスタジアム内部への日差しや風量を調節し、軒庇と柱で内部の陰影と外部の木漏れ日を表現するなど日本家屋の構成要素をふんだんに採用している。

注目したいのは、外構緑化だ。冷たい北風が吹き込む北東側には、冬も葉が茂って風を防ぐ常緑中心の常落混交緑化。また、西側には、夏は葉の茂みが西日を遮って涼を醸し出し、冬は逆に落葉して西日を採り入れ暖をとる落葉樹を中心に植栽する。日当たりのよい南側は、コナラやクヌギ、ケヤキなどの大木を配置し、メインストリートを伸ばす。里山の知恵がふんだんに採り入れられている。

里山文化を科学する

隈氏は「無理に和風建築に見せたつもりはない」と「和」の仕立てを否定し、「和の科学」を強調する。和の建築が生む科学的な知恵。庇の機能を例示した。庇を出すことで、下には自然に風が通って自然換気になる。大量の電気を消費する空調はいらない。新国立競技場には、見えないところで、「和の科学」が盛り込まれている。補足すると、夏場の常緑、落葉の広葉樹の茂みが、蒸散作用によって冷気を溜め込む作用があることは、第２部の屋敷林の項目で述べた。大規模建築物のスタジアムの場合は、屋敷林と異なり、空気の流れができる。太陽が高い位置にある夏は、軒や庇が陽光を遮り、茂みの温度上昇を抑える。一方、天井を持たないスタジアム中央部の競技スペースでは、日差しによって暖められた空気が膨張し密度が粗くなるため軽くなり上昇する。その際に気圧が下がるため、周囲の木々の茂みに蓄えられた冷気が、庇の下を伝わって内部に流れ込み、競技と観客席の両スペースを涼しくさせる。

太陽光が斜めに差し込む冬は、落葉樹木は葉を落として遮るものがないため、陽光は奥まで届き、暖まった風が庇の下をくぐってスタジアムの内部を暖める。森と木構造によって、夏涼しく冬は暖かい、日本家屋の知恵が生きる。新国立競技場は、人と自然が共存する里山の知恵を再構築する試みであり、自然循環型の里山文化を科学的に捉えようとする新たな視点が盛り込まれている。文化が科学的に表現された時、里山文化は世界に広がる。また、集成材やCLTも活用し、認証材を極力使う。和風派も洋風派も、互いに敬遠し合うが、和の科学とすることで、両者を超えたものを造ることができる、と可能性に期待をかける。里山の知恵に、集成材やCLTなど文明の知恵を、共存させる和の文化が、ここでも採り入れられている。

隈氏は、新国立競技場を世界に向けたメセージだ、と言う。「小さな自然とそこに生きる人間が循環する里山モデルこそ、世界の工業化社会に代わる、新しいモデルになる」と説明し、「巨大資本やグローバリゼーションの限界を見た人にとっては、里山モデルは一筋の光になるはずだ」と強調する。

都市とエンクロージャー

隈氏が俎上に上げるのは、都市によるエンクロージャー（囲い込み）だ。隈氏によると、都市も生物も、基本的には外に開かれていた。外界の刺激は都市も生物もたくましく鍛え、健康にする。ところが、20世紀以降、都市は囲い込みを始めた。商業地域、住宅地域などと、それぞれ囲い込み、外界の雑音や異物を排除し、囲い込んだ中で完結しようとする。外界に開かれていない。外的刺激がないから、自ら修正する自己治癒力もなく、不健康だ。和風派は和で、洋風派は洋でそれぞれが囲い込む。隈氏は「都市も生物も、他と混じり合うことで生命力を得ていく」と力説する。

隈氏は、木の文化も地域文化も、同じだという。不燃材を例に上げ、「科学技術という文明の知恵で木の文化も地域文化も、鍛えられる。また、文明は地域文化とつながることで、強化される」と強調した。都市と地域、文明と文化がともに接近し、新国立競技場を鍛え上げる。文明が生んだ鉄骨と、林業地域で生産された木材を組み合わせたハイブリッド構造の意味がここにある。

木と金属のハイブリッドが都会に似合う Econifa シリーズ GIOGAIA（イトーキ提供）

地域と都市結ぶ森林業

ところで、木材を取り巻く地域と都市の関係はどうか。「地域が、都市と連携するのであれば、都市に合ったもの、都市部の人が積極的に使えるものを造る必要がある」と主張するのは、「ティンバライズ九州展」を開催したNPO法人チームティンバライズの理事長で、都市の木造化について研究する、東京大学生産技術研究所の腰原幹雄教授だ。ヤマ側の地域にとっては、木の良さや使い方に主張を持ち、都市の感覚とずれが生じる。腰原教授によると、地域はコミュニティを大事にする小さな経済であり小さな社会、一方、都市は経済活動の中でお金を流通させる大きな社会、大消費地だ。ところが、互いが自分を主張し合って歩み寄ろうとしない。

腰原教授は両者が連携することの重要性を指摘する。地域でいま、盛んに言われる「地産地消」ではなく、「地産都消」にすべきだ、と提案する。地域は地域で完結しようとするが、消費する場は都市部が圧倒的に多い。「都市と地域が歩み寄る、そこに和の文化があるのではないか」と強調するのだ。

「東京材」を掲げ、東京チェンソーズが都市に打って出る試みは、「地産都消」の発想だ。都市と地域が接近し、文明と文化が混じり合うことで、また新たな発想が鍛えられ、新しい需要も生み出されていく。その接着役が、林業と里山の知恵を、和の文化で統合させた、「森林業」だと考える。

日本のヤマが投資の対象になる？

ここで考えたいのは、第１部でも触れた、人口減少化の時代に「地域の森林は誰が守るのか」だ。分散型の零細林家やヤマの手入れを事実上放棄した不在村地主、さらに、自身の持ち山の所在さえ分からない素人山持ちが多い中で、森林組合などは懸命に施業林地を集約化し、さらに「長期施業委託」などによって森林の整備に取り組んでいる。ところが、人口が減少し地域のマンパワーが減退すれば、森林組合でも手に負えず、ましてや収益に見合わない条件不利地の整備は置き去りにされ、荒廃が進むことになる。人口減少化によって森林の荒廃が懸念される一方、地球温暖化の防止や防災、環境保全など森林の公益的機能は今後ますます期待される。放置林の土地所有権のあり方も久しく議論されているところだ。

また、日銀が2016年１月に打ち出した国内初の「マイナス金利」の導入も気になるところだ。企業に資金が流れやすくなり、「スギが世界一安い木材」と言われ、木材価格が底値と見るや、ヤマに投資する企業も出てくるかも知れない。よく言われることだが、立木は他の商品と違い時間の経過とともに劣化することもなければ、むしろ日々成長する。しかも、出荷時期を選ばない。マイナス金利の影響と木の成長量を天秤にかけ、外資系企業が投資目的でヤマを買う動きは考えられないだろうか。欧米では、ヤマが他の投資対象と同じように売り買いされ、ヤマの流動化が進む。

公益的機能を持つヤマが投資の対象になることで、自然破壊につながる懸念もないわけではない。しかし、ヤマの価値を考えればヤマの環境を劣化させることは、投資企業にとっても得策ではないはずだ。投資によってヤマが流動化することによるリスクと、このまま人口の減少化によって公益的機能を維持できないヤマが増えるデメリットの双方を考え、自然破壊の抑制策などとともに、ヤマの流動化について検討する時代に来ている。

人口減少、地域のヤマは誰が守るのか

先に述べたように、ウッドファーストは世界の潮流になっているとまで言われ、日本の市場を狙った海外の動きがある一方、人口減少による木材の国内需要の減退見通しによって日本の木材輸出をうかがう動きもある。川中、川下が今後、国際化の波に洗われ競争にさらされる時代になり、ヤマ側も変化が求められる。

国内で、都市と地域が相反している場合ではないように、思える。自然を守り、森林の多面的な機能を最大化させる一方、林業を振興させ木材生産をいかに向上させるか。産業としての林業や林産業は文明的な視点でドラスティックに動くが、地域の環境保全は地域に継承された文化的な要素が欠かせない。

先人から受け継いできた、400年来の豊かな森林資源だ。資源貧国の日本

が手に入れた、貴重な再生可能な資源。都市と地域を連携させ、ヤマをどう守り、活用するか。いかに良質なヤマを次代に引き継ぐか。投資の動きなどをうかがいつつ、いまから対策を練って国内のヤマをグランドデザインする視点がほしい。課題となっている境界線の確定作業や再造林対策、人材育成も、そうした視点のもとで展開してほしいものだ。

石破担当大臣が、林業を地方創生の要だとの認識を持っていることはありがたい。できれば、富国のための地方創生でなく、「消滅自治体」が蓄積する知恵や価値観を活用して地方の底上げと都市の再生を図り、その結果としての富国であってほしい。山村をたたみ地域を効率よく都市化する発想が背後にあるのであれば、それは先人が営々と築いてきた里山の知恵や和の文化と相容れないものだと考える。地域の森林は誰が守るのか。今回の地方創生の行く末にかかっている。

第７章　模索する新たな価値観

（１）チャイムの鳴る森

林業と若者、模索する同士が奈良で交流

２ha の里山に5,000人の若者たち

大阪市の天王寺駅から直線で約15㎞、奈良平野の小さな里山に、5,000人近い若者らが押しかけるイベントが毎年、開かれている。奈良県をはじめ他県からもやってくる。幼児を連れたニューファミリーやカップル、友人同士、学生……。聞けば、なぜ里山に殺到するか、関心があってやって来た若い夫妻もいた。若者が自身で納得できる新たな価値観を、森林に求め出した。

JR 王寺駅から歩いて約20分、奈良県王寺町から上牧町にまたがる、２ha の里山で2015年11月、土日曜日の２日間にわたってイベントが開かれた。その名も「休日うら山フェスティバル――チャイムの鳴る森」。里山は、若者たちの間では「チャイ森」で通る。北半分を占めるコナラやクヌギなどの雑木林に仮設テントが並び、アクセサリーや小物、帽子、木工芸などの「マルシェ」が出店、ほかに、森をイメージした布カバンづくりや手ノコを使った竹切りなどのワークショップやコーヒー、焼き菓子などの飲食ブースもある。

若者たちは一通り見終わると、草むらの陰に座り歓談し、ハンモックや幼児の身の丈大の木彫刻がさりげなく置かれた場所には、子どもたちが自由に遊び、歓喜の声がチャイ森の谷に響く。

谷を挟んだ、南半分のヒノキ林のヤマでは、チェンソーによる伐採作業のデモンストレーションや、高性能林業機械を使った伐採木の玉切り実演も行われ、参加者のほとんどは斜面に座り、作業に見入った。

チャイ森で林業実演を熱心に見入る若者参加者

都市林業

チャイ森のイベントは、近くで営業する喫茶店・ナナツモリが主催し、チャイ森のヤマを所有する谷林業が共催する形で、2014年に始めた。企画した谷林業の谷茂則さん（40）は、日本を代表する伝統的な林業地、奈良県南部の吉野林業（地）で13代続く老舗の谷林業の跡取りだ。谷さんによると、500年の歴史を誇る吉野林業は、第１部で触れたように、密植、多間伐、長伐期施業が特徴で、高収入が得られてきたが、マーケットの縮小で、その高収入が成り立たなくなった。吉野林業（地）でさえ、林業不振の波が及ぶ。谷さんは、林業を取り巻く状況について、木材を必要する社会システムになっていないと現状を分析し、「いろんな人と出合い、林業の可能性を探っている」と模索する。

将来的な林業の展開について考える谷さんが、若者に思いを伝える際の翻訳者として紹介してくれたナナツモリのオーナー、田村広司さん（38）は、林業に課題が多いのであれば、若者らと一緒に考えてもらう必要性を説き、「若者に林業を身近に感じてもらうため、入り口を作ることだ」と谷さんに進言した。「みんなで考えれば、アイデアや新しい発想が生まれてくる」と話す。若者が集まり知恵を結集する入り口が、チャイ森だった。林業の可能性について、谷さんは「林業の中にはなく、外側に開かれた林業の可能性は無限に広がる」と力説し、今では「都市林業」を目指す。加工部門や一般ユーザーなど下流の部門と連携せず、ヤマだけで完結してしまう林業の限界を示し、一般ユーザーなど外部の刺激を受けながら鍛えられる林業が、「都市林業」の考え方だ。建築家の隈研吾さんが主張するエンクロージャーからの脱皮の考え方に似ている。

吉野林業地での家業をしっかり展開しながら、家業と連携する形で、例えば、森のようちえんに場所を貸したり、農家と連携して朝市を開いたり、森の中でのアウトドアシェフによるキッチンイベントもいい。森の空間をさまざまに活用し、チャイ森を常態化したい、と考えている。初年度の2014年は２日間で約5,000人が、15年は約4,000人がチャイ森を訪れた。

林業の可能性×若者の発想

チャイ森の参加者に動機を聞くと、30歳代の女性は「森を見たり、土を触ったり自然を感じたり、と街中の生活では得られない五感の刺激を受けると、自分の体が何を感じて、どう反応するか、楽しみだった」と話した。4,000人も若者が集まる理由について、別の女性は「お金では買えない、心の豊かさを実感できる価値観を求めているのではないか」と推測する。和歌山県紀の川市から夫婦で訪れた会社員の男性（40）は「こんな何もない所に、なぜ、こんなに多くの人が集まるのか、知りたくて来た」と来場の目的を話してくれた。

不思議なのは、マルシェが展開する里山の森に、若者が殺到する以上に、来訪者が林業の実演に興味深く見学していたことだ。林業に関心を抱く若者ならともかく、不特定多数の若者やニューファミリーが熱心に実演に見入る姿を、どう理解していいのか。

（2）ヤマ、里山から響く生の声

文明のほころび

大きな幸せより小さな幸せ

若者や女性たちは、なぜ、森や里山を目指すのか。これまで、会った人たちに聞いた。

林業会社・東京チェンソーズに2013年に入社した大塚潤子さん（31）

「ヤマでみんなと一緒にいい汗かいて、昼寝の時に空を見上げると、幸せを感じる。高度経済成長が終わり、バブル経済が弾けた後が、私たちが育った時代。拡大、成長を追い求める、大きな幸せでなくていい。人や自然とつながり、それを大事にする小さな幸せをみんなで大切にしていきたい」

岡山県西粟倉村の木工房・ようびの大島奈緒子さん

「（西粟倉村ではバイオマスエネルギーの普及に努め、薪ストーブを推奨している）水と熱を持っていることは強み。安心につながる。大阪育ちの私にとっては魅力。都市では、自分の命がすべて人に委ねられている。マンションに住み、地下鉄に乗れば空気まで人に頼っている」

誰かが決めた「大丈夫」を信じた結果は

一次産業に関わる仕事を志している大学２年生の女性（19）

「いい大学、いい会社に入れば大丈夫だと、誰かが決めた、この大丈夫だ、を信じて（周囲の）みんな生きてきた。それが、リーマンショックが起きて、大丈夫ではなくなった。自分が思っていたような納得感が、いまは得られない。食べるもの着るものは、東京ではすべてそろうが、すべて既製品。誰が作ったか分からない。街が人間のエネルギーを吸って、街ばかりが元気になる。違和感がある」

織物を小売店に売り込む営業マンから転職し、静岡県掛川市の山村集落に住み森林整備に取り組む筒井英之さん（38）

「大量に服や布が余っているのに、ファッションが次々に生み出され、さらに新たな服が作り出される。売れ残りを安く売るのではなく、バーゲンやアウトレット専用の服まで新たに作られる。そして、知らぬ間に大量に廃棄される。よい品物であろうがなかろうが、大量に生産し処分するやり方がまかり通っている。職人が思いを込めて伝統の技を駆使した織物は、安く買いたたかれる。これでいいのか」

注目された「なないろサーカス団」のブース

利便性や嗜好性を貪欲なまでに追い求める都市の生活に対し、自身とのつながり、関係性を見出せず、都市生活に漠然とした不安や疑問を感じているようだ。「大きな幸せ」は都市文明で、「小さな幸せ」は地域文化と置き換えたら、上記の発言はどう読めるだろうか。

新しい価値観を森林に求める若者たち

再びチャイ森に戻ろう。若者たちでひしめくチャイ森の雑木林。昆虫を細部まで描いた切り絵が並ぶ「マルシェ」が目を引く。知的障がい者だという男性が、一心不乱に切り絵づくりに専念していた。障がい者を支援するNPO法人なないろサーカス団（奈良県王寺町）のブースだった。座り込んで、切り絵に見入る女性もいた。

中川直美代表（36）は「彼らは、人にほめられたくて作品を制作しているわけではない。楽しいから純粋な気持ちで打ち込んでいる。彼らにしてみれば、誰かに求められる自分になる必要はなく、ありのままの自分を表現しているだけだ」と説明し、「会社で評価されようと殻を被って競争し、疲れていく人が増えるなか、ある意味、注目されている」と話す。障がい者の社会参加の一環か、と思われたが違うようだ。「彼らの純粋な生き方が、新しい価値観を求めてやってくる若者たちの、自分の価値づくりの参考になり、役立つのではないか」と出展の動機を説明した。

里山では、男性たちは特に目立った存在ではなく、自身の役割や居場所を自ら見出し作品づくりに没頭する姿は、周囲の雰囲気に打ち解けている。

これまでの成長経済を支えてきた価値観とは、明らかに異なる価値観が生まれようとしている。「シェア」を、いまの時代のキーワードにあげるのは、全国の植樹祭に出かけ、「森林セラピーガイド」などの資格を持つ、東京都港区の団体職員、蟹田綾乃さん（36）だ。「物欲的な幸せや、より多くを専有する喜びではなく、人も自然も含めて相手を認め、みんなでシェアすることに喜びを感じる若い人たちが増えている」と説明し、「持続性に向けて、そうした感性を求めたい、と欲する時代になっているのではないか」と話す。

シェアは、賃貸マンションの部屋やオフィスを複数の人たちで共有するルームシェアやオフィスシェア、また、乗用車などを共用するカーシェアリング、さらにインターネットのSNSで写真や動画などを友人らと共有するシェアも増えており、「共有」「分配」などの意味で使われる。このほか、「分かち合い」や「分け前」、「役割」「貢献」などの意味も持つ。「みんなが少しずつ我慢し合って助け合い、幸せも喜びも、悲しみもシェアする。そこに心地よさを感じる人が多い」と実感を語る。

ところで、若者たちはなぜ、新たな価値観を模索し、シェアすることにつながるのか。蟹田さんを例に、若者たちが育った時代背景を振り返ってみたい。ヤマで出会った女性たちが口にした、リーマンショック（2008年）や東日本大震災（2011年）あたりが、ターニングポイントになっているようだ。

蟹田さんの幼少時代、プラザ合意（1985年）によるバブル経済に歩調を合わせ、小学校の受験ブームが起きた。「お受験」の言葉が流行し、「競争社会」が取りざたされた。大学卒業を控えた就職活動は、バブル崩壊（1991年）による就職氷河期と「失われた20年」のまっただ中で、非正規雇用が増加した時代。就職戦線の中で多くの学生ら新卒者が、「狭き門」や「買い手市場」から排除されていった。「勝ち組、負け組」の言葉が躊躇なく語られたのも、この頃だ。就職後、間もなくして「格差社会」がクローズアップされ、自殺者が過去最高を記録（３万4,400人、2003年)。リーマンショクが起きると、派遣労働の契約を打ち切る「派遣切り」なる物騒な言葉も生まれた。2010年頃には、「無縁社会」という不気味な語感を帯びる呼び名も登場した。現在の20、30歳代の若手が多感な時代は、「共生」「共助」とは対極にある、漠然とした不安感をそそる時代だった。そこへ、東日本大震災が発生する。

高度成長で途切れた里山の知恵が、シェアの形で復権

「水も電気も使い放題。それより、みんなが謙虚になって、少しずつ我慢して支え合えば、世の中も環境も持続するのではないか」と力を込める蟹田さんは、高度経済成長期の前、自然の豊かな山村地域にまだ多くの人々が暮らしていた時代に言及する。世の中は「持ちつ持たれつ」、困った時は「お互いさま」、余りあるものは「お裾分け」などの言葉が大事にされ、電話もテレビも近所同士で使い合い、米や調味料に困れば、互いに融通し合いシェアした。「元々、日本人にはシェアする考え方があったのではないか」と思いをめぐらす。確かに、第１部の人材育成の項目で触れた「道普請」も、作業や苦労をシェア（役割分担、分かち合い）し、道の完成後は全員で喜びを分かち合い、利益をシェア（共有）した。一人だけが利益を独占したり作業を放棄したりすれば、その分、他者の利益が減り、苦役が増える。共同体（コミュニティー）は成り立たず、永続性は担保されない。

先述した「木守り」も、人間だけが食糧を独占せずに野鳥とシェアし、クマの出産期だけ人が道を譲る「熊の道」は時間と場所を、さらに野生動物と人の棲み分けを図った「シシ垣」は空間を、それぞれシェアする風習とも言える。人間や一部の富裕層だけが富を独占するのではなく、少しずつ我慢して共有するからこそ、共存が可能だった。国際情勢に見る、エネルギーなどをめぐる対立の構図や怨嗟の応酬の対極にある世界観が、そこにある。自然と折り合いを付け支え合って暮らす里山の知恵も、若手が志向する「シェア」も、ともに持続性に向けた知恵であり、根っこは同じだ。「シェア」は、里山の知恵の現代版と言える。

東京農大の宮林教授は「高度成長やバブル経済を知っている世代は、どうしても経済が豊かだった時代が忘れられず、経済の再生、復活にこだわる。ところが、経済成長を知らずにリーマンショックを体験している若い世代は、人や自然とのつながりがいかに重要か、に気づき始めている」と話し、「循環型社会が言われて久しいが、その具体像は、実は我々は明確には見えていなかったのではないか。森林や樹林に抱かれ各地域に継承されてきた里山の知恵に学ぶ、共生型の社会こそが循環型社会であり、より安心で安全な暮らしができることが、ようやく見えてきた」と解説する。

東京都市大の涌井特別教授は「これまでは、科学技術も企業も、より大きく力の強いものを作ることを目指してきた。これからは、持続可能な未来のために、小さく軽いものを集合させる社会をしつらえることが求められていく」と話す。まさに、大きな幸せより、小さな幸せの集合体だ。多様性に対応力がある、里山の知恵の見せ所だ。

コンクリートと鉄のスクラップアンドビルドによって、より大きく力の強いものを大量に生み出し廃棄してきた20世紀。「環境の世紀」と呼ばれる21世紀に入ると、軽くてしなやかで、しかも部分的な継ぎ足しや取り替えが可能な木材が注目されるようになった。メンテナンスが可能で持続性を生む木材は、再生可能な資源でもある。1400年も前に建立され木材の補強、改修を重ねていまにある、世界最古の木造建築物の法隆寺（奈良県斑鳩町、世界文化遺産）がよい例だ。ウッドファーストが世界の潮流になっているのは、よく指摘される、地球環境の保全だけが理由ではないように思える。

森林業が新時代を拓く

「綾の森（宮崎県綾町）」や「白神山地のブナ林」、「明治神宮の森」をはじめ、「吉野林業」や「秋田スギ」「木曽ヒノキ」など、日本の多様性に富んだ森林や林業は、伝統や歴史、地域性を伴って語られることが多く、文化的な存在でもある。多様なだけに分散的で、それらを、和の文化でうまく調整させてきたのだが、それゆえに、機械化されシステム化され、大規模化された欧米型林業の持つ文明の威力に圧倒されてきた。各地域の人口を吸収して拡大、肥大化する大都市と、人口と資材が流出し先細っていった山村との関係に似ている。

ところが、先述したポートランドを例に引くまでもなく、環境保全やコミュニティーの再生、ストレスの緩和など近代都市や都市住民が抱える課題の克服に、地域固有の自然や歴史、文化的な価値が重視されつつあり、世界的な流れにもなっている。チャイ森で、都市に住む若者たちが吉野林業の林

森林業は、ヤマにも都市にも可能性の花を咲かせる

業実演に関心を持つのも、こうした傾向と無関係ではないように思える。

文化的な要素が詰まった各地の地域材を活用する基盤を、地域にどう再生するか。さらに、小規模分散型の地域林業や、固有の製材、加工技術を持つ木材業を統合、連携させて、文明的に拡大する欧米型の林業より優位に展開できる産業に、どう育て上げていくか。そのカギとなり、強さを発揮するのは、我が国が地域で営々と守ってきた多様性と調整力にあるのではないか。多様性は種々のものを認め合うことであり、調整力は種々の価値を集合、結集させる力であり、持続性を担保する力だと考えたい。

人口の減少と地方創生が叫ばれるなかで、様々な山村地域や集落は影がますます薄くなっていく。ところが、その山村や集落の里山に、都市で暮らす若者たちが、確固とした自身の価値を求めてやって来る。中には実際に、移住する子育て中の夫婦や林業を始める若者Ｉターンも目立つ。若い人たちが里山集落を目指す理由を追うと、文明のほころびとともに、教育や防災、メンタルケアにコミュニティーの再生など都市の中に、森林資源に対する多様な需要が見えてくる。

地域性豊かな木材と、文明が光るアルミ脚を組み合わせた、ハイブリッド型の机や椅子が都会のオフィスで目立つようになった。自然共生型の知恵が引き継がれる里山や地域林業と文明を、和の文化で統合させた森林業。地球環境の保全にも貢献できる、新たな森林文化社会が芽生え始めている。

戦後日本林業関連史

◆1945（昭和20）年＝終戦

◆1946（昭和21）年＝軍人復員、民間人引き揚げピーク（８月）

1947（昭和22）年＝林政統一

1948（昭和23）年＝▽はげ山は、岩手県面積に匹敵する150万 ha にも
▽参議院で「国土保全に関する決議」

［木造冬の時代へ（都市不燃化と森林保全）］

1949（昭和24）年＝衆議院で「挙国造林に関する決議」

1950（昭和25）年＝国会で非木造化の法制度成立

⑴ 衆議院が「都市建築物の不燃化の促進に関する決議」

⑵ 建築基準法制定

1950（昭和25）年＝▽「造林臨時措置法」制定　▽植樹行事並びに国土緑化大会（第１回全国植樹祭・山梨県）＝スローガン「荒れた国土に緑の晴れ着を」　▽国土緑化推進委員会発足、緑の羽募金スタート

◆1950年＝朝鮮戦争勃発

1951（昭和26）年＝▽「木材需給対策」閣議決定　▽森林法制定
▽衆議院本会議「国土緑化推進に関する決議」

◆1951年＝サンフランシスコ講和会議

1953（昭和28）年＝北海道の「襟裳砂漠」の緑化事業が本格スタート

1954（昭和29）年＝洞爺丸台風による風倒木の緊急処理
※これを機にチェンソー伐採、トラック輸送が全国に普及

［拡大造林、高度経済成長の時代］

1955（昭和30）年＝「木材資源利用合理化方策」閣議決定

1950年代半ば（昭和30年代）＝燃料革命

1956（昭和31）年＝造林未済地の植林大方完了、はげ山なくなる。

◆1956年＝⑴水俣病公式確認
⑵経済白書が「もはや戦後ではない」

◆1957（昭和32）年＝昭和の大合併ピーク。市町村数は３分の１に
※9,868市町村（1953年）→3,472市町村（1961年）
◆1959（昭和34）年＝伊勢湾台風で甚大な被害
1959（昭和34）年＝日本建築学会が「建築防災に関する決議」
※伊勢湾台風受け「防火、耐風水害のための木造禁止」を提起
1960（昭和35）年＝▽木材輸入の段階的自由化　▽緑の少年団の前身組織が誕生
◆1960年＝所得倍増政策発表（池田内閣）
1960（昭和35）年ごろ＝人件費が全国的に上昇傾向に
※地方の人口を都市が吸収、地方の人余りがなくなる
1962（昭和37）年＝拡大造林がピーク（約30万 ha）
※薪炭林跡の造林対象地が減少、拡大造林減少
◆1962年＝▽東京都が世界初の人口1,000万人都市（メガシティー）になったと発表　▽大阪・千里ニュータウン入居開始　▽レイチェル・カーソンの『沈黙の春』出版
◆1963（昭和38）年＝⑴初のスギ花粉症が報告
⑵三ちゃん農業全盛
1964（昭和39）年＝▽木材輸入完全自由化　▽林業基本法制定
◆1964年＝▽東京オリンピック　▽東海道新幹線開業　▽出稼ぎが全国100万人超え。「半年後家」の言葉も　▽新潟地震。液状化現象が初確認　▽異常渇水で東京都が給水制限。「東京砂漠」の言葉も　▽鎌倉市民による初のナショナル・トラスト運動
1960（昭和35）年代後半以降＝深刻な住宅不足→木材価格高騰
1966（昭和41）年＝集成材の JAS 規定制定
◆1966年＝日本初の商業用原発、日本原子力発電の東海発電所が運転開始
1967（昭和42）年＝国産材供給量のピーク（5,274万㎥）
※減少続け2002年（1,608万㎥）を底にＶ字回復
◆1968（昭和43）年＝▽明治百年　▽東京の高さ147ｍ霞ヶ関ビル完成。初の超高層ビル
1969（昭和44）年＝外材の供給量が国産材を上回る
◆1969年＝▽米アポロ11号、人類初の月面着陸　▽北海道常呂町（当時）の常呂漁協女性部がワッカ原生花園に植樹（漁師の森づくりの先駆け）

1970（昭和45）年＝▽木材需要が１億㎥突破（1955年4,528万㎥）▽木材自給率45.0％

◆1970年＝▽公害国会　▽コメ生産調整（減反）開始　▽大阪・万国博覧会開催　▽足立原貫氏が富山県大山町（当時）に「人と土の大学」開講

◆1971（昭和46）年＝▽環境庁発足（2001年に環境省）▽東京都がゴミ戦争宣言　▽東京・多摩ニュータウン入居開始

◆1972（昭和47）年＝田中角栄通算相（当時）が日本列島改造論発表

［日本の林業に陰り］

1973（昭和48）年＝▽木材需要のピーク（1億1,785万㎥）▽住宅着工数が過去最高191万戸でピーク　▽第１次オイルショックで需要急減、住宅着工数減少

◆1973年＝変動相場制移行

◆1974年＝▽草刈り十字軍の運動始まる　▽東京都の無降水71日間記録。火災相次ぎ、消防庁が非常事態宣言　▽多摩川水害

1970（昭和45）年代後半＝高性能林業機械の本格導入

1975（昭和50）年＝環境庁が初の緑の国勢調査。「国土の８割に開発の波が及び、純粋な自然は２割」▽本州最後の森林鉄道が廃線し森林鉄道の歴史の幕

◆1975年＝▽総理府が「カラーテレビがほぼ全世帯に普及」と発表　▽有吉佐和子著『複合汚染』出版

◆1976（昭和51）年＝山形・酒田大火。タブノキが延焼食い止め、「タブノキ１本消防車１台」の言葉も

1977（昭和52）年＝▽文部省の学習指導要領改訂で小学社会から「林業」が消える（1989年改訂で復活するも、産業としての林業よりも環境関連の記述が中心）▽第１回全国育樹祭が大分県で開催

1980（昭和55）年＝丸太価格がピーク

1981（昭和56）年＝▽建築基準法改正＝新耐震設計基準が導入　▽大工の就業者数、この年を境に減少に転じる

◆1982（昭和57）年＝長崎水害

◆1983（昭和58）年屋久島町永田地区で岳参りが復活

1985（昭和60）年＝プラザ合意、国際森林年

1986（昭和61）年＝▽筑波山麓に石碑「全国緑化行事発祥之地」が建立される　▽徳島県上勝町で葉っぱビジネス始まる

◆1986年＝▽バブル景気（1986年12月～1991年２月）　▽旧ソ連・チェルノブイリ原発事故

1987（昭和62）年＝建築基準法改正（木造制限緩和）＝木造３階建て可能に

1988（昭和63）年＝国土緑化推進委員会が社団法人・国土緑化推進機構に名称変更

◆1988年＝北海道漁協婦人部連絡協議会が「お魚を殖やす植樹運動」開始

1989（平成１）年＝▽「みどりの日」制定、国民の祝日になる　▽割箸論争が始まる

◆1989年＝森は海の恋人運動スタート

［国際的な環境保全、国内では国産化へ技術革新の時代］

1990年代＝⑴ 木材の蓄積で素材生産が増加（国内の人工林が40年～50年生）

⑵ 建築用スギ製材の人工乾燥技術の研究開発が集中展開

⑶ 合板の機械設備、接着剤の技術革新が進展

1991（平成03）年＝林野庁、森林インストラクター制度導入

◆1991年＝バブル崩壊（３月）

1992（平成04）年＝地球サミット（国連環境開発会議）開催

⑴ 気候変動枠組条約を採択、森林の機能が注目

⑵ 生物多様性条約を採択

1992（平成04）年ごろ＝第１次ウッドショック

※環境保護が叫ばれ供給量低下・木材価格急騰

1990（平成02）年代前半＝構造用集成材が本格普及

※品質安定の欧州ラミナ輸入し国内の集成材生産が急増

1993（平成05）年＝▽世界自然遺産に、屋久島と白神山地が同時登録

▽ FSC 森林認証制度発足（森林管理協会）

1995（平成07）年＝▽緑の羽募金が、緑の募金として法制化　▽平成７年度版「環境白書」※環境負荷加え、滅亡した古代文明の教訓に言及

◆1995年＝阪神大震災

1990年代半ば＝▽国内では、針葉樹構造合板の本格生産スタート　▽海外では、CLT（直交集成板）が開発（オーストリア）

1996（平成08）年＝ミニバブル。消費税アップ（97年４月〜）に伴う住宅駆け込み需要

1997（平成09）年＝COP３で京都議定書採択、以後間伐が促進される

◆1998（平成10）年＝▽特定非営利活動促進（NPO）法制定、森林整備に取り組む団体増える　▽バーミンガム・サミットで違法伐採問題議題

1999（平成11）年＝PEFC森林認証制度発足（森林認証プログラム）

◆1999（平成11）年＝福岡豪雨。2000年の東海豪雨で都市型水害顕著に。「都市洪水」の言葉も

［国内は人工林の活用時代、世界はウッドファーストが世界の潮流に］

2000年代〜ヨーロッパで木造の中高層建築物の建設が始まる

2000（平成12）年ごろ＝林地境界の不確定問題が深刻化、トラブルも

2000（平成12）年＝▽建築基準法改正（性能規定を導入）

※大規模建築物を木造で建築可能に

※１時間耐火認定で４階建てまで可能に

▽住宅品質確保促進法（品確法）施行　▽国内初のFSC認証取得（速水林業）

「日本には『環境と共生する文化』の歴史的な素地がある」

2001（平成13）年＝▽森林林業基本法制定（環境重視に転換）

※林業基本法抜本的改正し制定。「森林の多面的機能の持続的発展」を基本理念に、多面的機能発揮を担うものとして林業を位置付け　▽岐阜県立森林文化アカデミー開校（県立林業短期大学校改組）

2002（平成14）年＝▽木材自給率（18.2％）、国産材供給量（1608㎥）底打ち

※人工林蓄積と外材輸入減少でＶ次回復の傾向

▽「バイオマスニッポン総合戦略」閣議決定

※再生可能エネルギーのバイオマスの利用拡大狙う

▽「持続可能な開発のための教育の10年」（DESD）が国連総会で決議

※2005〜2014年。「持続可能な開発に関する世界首脳会議（2002年ヨハネスブルグサミット）」で日本提案

◆2003（平成15）年＝自殺者が最多の３万4,427人

2004（平成16）年＝治山・治水緊急措置法、保安林整備臨時措置法の廃止

※治水三法の目的が100年経て達成

2005（平成17）年＝国産材活用に木づかい運動スタート

◆2005年＝平成の大合併ピーク。市町村は半減

※3,229市町村（1999年）→1,730市町村（2010年）

2006（平成18）年ごろ＝第２次ウッドショック（BRICsブリックス・新興国）による木材消費増加、供給追い付かず木材価格の急騰

2007（平成19）年＝▽「土木における木材の利用拡大に関する横断的研究会」発足（日本森林学会、日本木材学会、土木学会） ▽ロシア政府の針葉樹原木輸出の関税、段階的引き上げ

◆2008（平成20）年＝リーマンショック

［林産業は成長産業へ］＝「コンクリート社会から木の社会へ転換」

2009（平成21）年＝▽「森林・林業再生プラン」発表（12月25日）

※2020年までに国産材自給率50％目標

▽バイオマス活用推進基本法施行　▽国の「新成長戦略基本方針」が閣議決定（12月30日）

⑴ 林業を成長産業として位置づけ

⑵ 基本方針に「森林・林業再生プラン」

▽「学校の木造設計等を考える研究会」設置（文科省・林野庁）

▽ カナダのブリティッシュコロンビア州で「Wood First Act」法が成立（10月）※州政府発注の建築物は木造の検討を義務化

◆2009年＝４年制大学への進学率が50％超える

2010（平成22）年＝▽公共建築物等における木材の利用の促進に関する法律施行。「可能な限り木造化、木質化を図る」 ▽「バイマス活用推進基本計画」閣議決定

※バイオマス活用産業を2020年までに5,000億円規模に

▽林業女子（林業女子＠京都）が京都に誕生。全国的拡大

2011（平成23）年＝▽東日本大震災、東京電力福島第１原発事故　▽国際森林年　▽不燃化木材（耐火集成材）次々に大臣認定（～2014年）
▽経済産業省にヘルスケア課が新設　▽「全国初の山間立地の合板工場」として、岐阜県中津川市に「森の合板工場」稼働　▽若者中心の林業専門会社「東京チェンソーズ」が株式会社化。発足は2006年

2012（平成24）年＝▽再生可能エネルギーの固定価格買取制度（FIT）導入
▽ FIT 第１号のバイオマス発電所として、グリーン発電会津（会津若松市）が稼働　▽再造林支援に基金設立（北海道）　▽京都府立林業大学校開校（只木良也校長）　▽インドのハイデラバードで COP11（生物多様性条約第11回締約国会議）開催
※「自然を守れば、自然が守ってくれる」のスローガン

◆2012年＝国立社会保障･人口問題研究所が、日本の総人口は2060年に9,000万人を割るなどと推計を発表

2013（平成25）年＝▽ CLT 元年
⑴ CLT の JAS 規格が制定
⑵ CLT 構造建築物として、国内初の CLT
住宅（高知おおとよ製材社員寮）が国交大臣認定。完成は2014年３月
▽「林業の成長産業化に向けた方向性」策定（12月）　▽土木分野の木材利用拡大に３学会が共同提案（３月）
※日本森林学会、日本木材学会、土木学会
▽「超高層ビルに木材を使用する研究会」設立（10月）

2014（平成26）年＝▽ＣＬＴの普及環境が急展開
※林業の成長戦略、地方創生の要との期待
⑴ 政府が改訂日本再興戦略と、「まち・ひと・しごと創生総合戦略」の双方に、CLT の推進を明記。国もＣＬＴの本格的な普及に向け積極的に動き出す
⑵ CLT の高知おおとよ製材社員寮が完成
▽ウッドファースト共同宣言（全森連・全木連・10月）　▽日本創成会議の人口減少問題検討分科会が、「消滅可能性都市」を発表　▽政府が地方創生に「まち・ひと・しごと創生本部」設置　▽ NPO 法人

持続可能な環境共生林業を実現する自伐型林業推進協会（通称・自伐協）が設立　▽野生鳥獣被害が2014年度は全国で8800ヘクタール。それまで36年間で2.5倍に

2015（平成27）年＝▽木材自給率31.2%、26年ぶりに30%回復（林野庁9月発表）▽国連気候変動枠組条約第21回締約国会議（COP21）で「パリ協定」採択　▽第3回国連防災会議が仙台市で開催。グリーンインフラが注目される　▽全国植樹祭・育樹祭で持続可能な森づくりをアピール

⑴ 全国植樹祭石川県大会（5月）で木材活用が初のテーマに

⑵ 全国育樹祭岐阜県大会（10月）で皇太子殿下が初の間伐実演

▽ FIT 調達価格改定

※新たに2000kw 未満の小規模発電の区分新設、優遇

▽枠組壁（2×4）工法構造材のJAS 改訂（6月）

※スギ、ヒノキなど国産材3樹種が使いやすく

▽林業大学校の開校相次ぐ（4月）

⑴ 高知県立林業大学校

⑵ 秋田林業大学校

▽林業用種苗の全国需給が、初の苗木不足の見通しに

※最終的に2015年度はかろうじて確保　▽地方創生元年。6月に閣議決定された「まち・ひと・しごと創生基本方針」の中に自伐林業が明記　▽ストレスチェック義務化（労働安全衛生法改正・12月）　▽平成28年度与党税制改正大綱（12月）＝「森林環境税の導入検討」盛り込む

▽［森のようちえん元年］

⑴ 行政が認定制度［鳥取県（3月）長野県（4月）］

⑵ 12知事「日本創生のための将来世代応援知事同盟」が制度構築を緊急提言（7月）

⑶ 日本自然保育学会設立（11月）

⑷緑推が「森のようちえん等社会化に向けた研究会」

2016（平成28）年＝▽森林法の一部改正法案を閣議決定（3月）

▽地方創生の地方版総合戦略がスタート（4月）

▽林業学校の開講続く（4月）

⑴ とくしま林業カレッジ

⑵ 山形県立農林大学校林業経営学科開設
▽ CLT の基準強度、設計法を国が告示（５月）▽山の日（８月11日）が国民の祝日としてスタート

参考文献

[第１部]
日本木材学会編「木の時代は甦る」講談社（2015年）
山本竜隆「自然欠乏症候群」ワニ・プラス（2014年）
長谷川櫂「和の思想」中央公論新社（2009年）
只木良也「新版　森と人間の文化史」日本放送出版協会（2010年）
公益社団法人大日本山林会編「森林の世界へ出かけよう　『なでしこ』からのメッセージ」大日本山林会（2015年）
青木亮輔＆徳間書店取材班「今日も森にいます。東京チェンソーズ」徳間書店（2011年）
木村一義「木造都市への挑戦」致知出版社（2015年）
全国林業改良普及協会編「林業GPS徹底活用術」全国林業改良普及協会（2013年）
中嶋健造編著「New　自伐型林業のすすめ」全国林業改良普及協会（2015年）
丹羽健司「『木の駅』軽トラ・チェーンソーで山も人もいきいき」全国林業改良普及協会（2014年）

[第２部]
千葉徳爾「はげ山の研究（増補改訂）」そしえて（1991年）
太田猛彦「森林飽和」NHK出版（2013年）
安田喜憲、菅原聰編「講座文明と環境第９巻森と文明」朝倉書店（2008年）
戸石四郎「津波とたたかった人―浜口梧陵伝」新日本出版社（2011年）
白岩孝行「魚附林の地球環境学―親潮・オホーツク海を育むアムール川」昭和堂（2011年）
浜井信三「よみがえった都市―復興への軌跡　原爆市長　復刻版」シフトプロジェクト（2011年）
むさしの・多摩・ハバロフスク協会編「シベリア大自然　知られざる山河とタイガの植林」東京新聞出版局（2007年）
柴鐵生「あの十年を語る―屋久杉原生林の保護をめぐって」五曜書房（2007

年）
横山験也「明治人の作法　躾けと嗜みの教科書」文藝春秋（2009年）
進士五十八「ボランティア時代の緑のまちづくり」東京農業大学出版会（2008年）
水木しげる「水木サンの幸福論」角川書店（2010年）
水木しげる「のんのんばあとオレ」筑摩書房（2010年）
養老孟司・日本に健全な森をつくり直す委員会編著「石油に頼らない　森から始める日本再生」下野新聞社（2010年）
岡田康博・NHK 青森放送局編「縄文都市を掘る　三内丸山から原日本が見える」日本放送出版協会（1997年）
鎌倉の自然を守る連合会「鎌倉広町の森はかくて守られた　市民運動の25年間の軌跡」港の人（2008年）
安田喜憲「森林の荒廃と文明の盛衰」新思索社（1995年）
澁澤寿一「山里の聞き書き塾講義録　叡智が失われる前に」山里文化研究所（2010年）
畠山重篤「森は海の恋人」北斗出版（1997年）
畠山重篤「漁師さんの森づくり　森は海の恋人」講談社（2012年）
遠山益「本多静六　日本の森林を育てた人」実業之日本社（2006年）
足立原貫、野口伸「きみ青春の一夏　山へ入って草を刈ろう―『草刈り十字軍』運動の発端と展開」三洋インターネット出版（1997年）
農業開発技術者協会編「土に根ざした20年」桂書房（1990年）
飯田常雄語り「えりも緑化事業の半世紀―あるコンブ漁師の話」えりも岬緑化事業50周年記念事業実行委員会（2003年）
三倉佳境「増補版　えりも岬『森づくりへの挑戦』―風の岬に緑を」えりも岬緑化事業50周年記念事業実行委員会（2003年）
上原敬二「人のつくった森―明治神宮の森［永遠の杜］造成の記録（増補改訂版）」東京農業大学出版会（2014年）
山下文男「昭和東北大凶作―娘身売りと欠食児童」無明舎出版（2001年）
梅原猛「森の思想が人類を救う」小学館（1998年）
イザベラ・バード「日本奥地紀行」平凡社（2006年）
千田智子「森と建築の空間史―南方熊楠と近代日本」東信堂（2002年）
コンラッド・タットマン（熊崎実訳）「日本人はどのように森をつくってき

たのか」築地書館（1998年）
ヨースト・ヘルマント（山縣光晶訳）「森なしには生きられない―ヨーロッパ・自然美とエコロジーの文化史」（2001年）
安達生恒編「奥会津・山村の選択―三島町民による『ふるさと運動』20年の検証」ぎょうせい（平成４年）
山下祐介編著「白神学第１巻」財団法人ブナの里白神公社（2011年）
「季刊東北学第14号」東北芸術工科大学東北文化研究センター（2008年）
太田愛人「辺境に生きる」講談社（昭和60年）
前野和久「へき地は告発する―すずらん給食とその後」野火書房（1970年）

［第３部］

涌井雅之「いなしの知恵―日本社会は『自然と寄り添い』発展する」ＫＫベストセラーズ（2014年）
只木良也「森の文化史」講談社（2004年）
増田寛也編著「地方消滅」中央公論新社（2014年）
谷崎潤一郎「陰翳礼讃」中央公論新社（2011年）
レイチェル・カーソン（青樹簗一訳）「沈黙の春」新潮社（2003年）
レイチェル・カーソン（上遠恵子訳）「センス・オブ・ワンダー」新潮社（2006年）
レスター・ブラウンほか「地球環境　危機からの脱出―科学技術が人類を救う」ウェッジ（2005年）
養父志乃夫「里地里山の文化論　上・下」農山漁村文化協会（2009年）
聞き書き「加子母村に生きて来た人たちの人生」かしも通信社（2014年）
速水亨「日本林業を立て直す　速水林業の挑戦」日本経済新聞出版社（2012年）
横石知二「学者は語れない儲かる里山資本テクニック」SB クリエイティブ（2015年）
「いろどり　おばあちゃんたちの葉っぱビジネス」立木写真館（2008年）
大橋照枝「ヨーロッパ環境都市のヒューマンウェア　持続可能な社会を創造する知恵」学芸出版社（2007年）
K.H. フォイヤヘアト＆中野加都子「先進国の環境ミッション―日本とドイツの使命」技報堂出版（2008年）

藻谷浩介　NHK 広島取材班「里山資本主義―日本経済は「安心の原理」で動く」角川書店（2013年）
後藤伸、玉井済夫、中瀬喜陽「熊楠の森―神島」農山漁村文化協会（2011年）
「TIMBERIZE EXHIBITION PERFECT GUIDE」NPO 法人 team Timberize（2013年）

[第１部～第３部]

清和研二「多種共存の森―1000年続く森と林業の恵み」築地書館（2013年）
筒井迪夫「山と木と日本人　林業事始」朝日新聞社（1988年）
沢畑亨「森と棚田で考えた―水俣発　山里のエコロジー」不知火書房（2005年）
四手井綱英「森林はモリやハヤシではない」ナカニシヤ出版（2008年）
下川耿史編「昭和・平成家庭史年表」河出書房新社（1997年）

『山のきもち』を読んで

涌井史郎（雅之）
東京都市大学・特別教授
岐阜県立・森林文化アカデミー・学長
なごや環境大学・学長
愛知学院大学・経済学部・特任教授
東京農業大学・中部大学・客員教授

●はじめに

東京農大と毎日新聞山本記者が『山のきもち――森林業が「ほっとする社会」をつくる』を企画出版されていると聞き、大いに賛同した。何故ならば実にタイムリーであると考えているからである。その理由は幾つもあるが、とりわけ４つの理由に絞ることができる。

その第一は、言うまでもなく地球環境の悪化に一層拍車がかかり、これまで悉く対立してきた途上国と先進国が各々の立場を主張している間に、事態は一層深刻になってしまった。自然災害の激甚化は、毎年厳しさを増し、途上国の政治経済を揺るがす規模になるに至った。それゆえ、あのテロ事件の直後2015年末にパリで開催されたCOP21で歴史的合意に至り、CO_2の削減に森林への期待が高まりつつある点。理由の第二は、1992年に合意された持続的未来を担保するための二つの戦略的合意。気候変動と生物多様性の相関が先の気候変動の激甚化現象と相俟って、GI（グリーンインフラ）あるいは自然資本財という新たな価値観が、多大な投資を要し、工学的な施設での災害対応を図る「緩和」と称される環境問題への対応策より、その土地に適した伝統的ライフスタイルや自然生態系を活用した「適応」策こそが合理的と考える方向が顕著となりつつあることである。第三の理由は、地方創生というスローガンに反し、実際には少子超高齢社会がもたらす深刻な経済的停滞を予見し、それを打開するためにリニア新幹線をツールとしたスーパーメガリージョン構想や、大規模機能集約型都市といった生産年齢人口の集中策が強力に推し進められようとする中、地方が生き残るためばかりではなく、モザイックに例えられる複雑多岐な自然。自然災害などと自然の恵沢や景観美が背中合わせとなっているGIの基盤である国土の自然資本の管理の担い手に関する論議が放置されている現実の打開。そして４点目が、言うまでもない事。健全な林業が健全な中山間地域の生き残りに直結するという当然にして実現への取り組みが、人工林の平均的齢級から、森林・林業の行く末を決定する最後のチャンスに差しかかっているという現実がその背景にある。

●自然を守れば自然が守ってくれる

「自然を守れば自然が守ってくれる」。この標語はインドのハイデラバードで開催されたCOP11（生物多様性条約締約国会議第11回）のインド政府提案の標語である。

先のCOP10において「自然との共生」を掲げた経緯に関わった経験から、インド政府によりこの標語が掲げられた事は、意外と同時に感激であった。

その傍らで今レジリエンスと言う言葉が今や一般化しつつある。実はこの言葉、あの３・11の後、10月に急遽東京で開催されたGEA（地球環境行動会議）に於けるセッション1において論者が「新しい持続可能な社会のビジョン〜大震災の経験を踏まえた未来像〜」のリード・スピーカーとして登壇した際に用いた「いなし」に端を発している。スピーチの中で、里山等の例を引き強調し「日本の伝統的自然共生の考え方は、自然に逆らわず自然の応力を自然の力を借り最小化する知恵を「いなしの知恵」と紹介し、その「いなし」をめぐる論議の中から米国コーネル大学のキース・デッドボール博士の提言からレジリエンスという表現が生まれた。

その後、レジリエンスが「国土強靭化計画」論に投影され「国土強靭化法」に収斂した。そこには、レジリエンスの本質、GIを考慮した発想を重視するのではなく、従来型の防災対策の公共事業の必要性が強調された側面もあり、多少残念な気がしないでもない。

●産業革命が招いた人類の果てしない欲望と、生存基盤の危機

産業革命は、あの大哲学者デカルトに依る理論武装と共に推進されてきた。結果自然と人間は切り離され、デカルトの方法論学序説に言う「もはや我々は自然と人間の関係にとらわれる事は無く、自然か人間かである……」を進歩として受け入れ当然としてきた。以来自然は無限の存在であり、科学技術はその無限の資源を人間の福利のために活用する手立てと割り切られるよう

になった

やがて時代を経るにつけ、産業国家論に立脚した国家像から、人々のより良い生活権を保証する事にこそ国家の価値があると言う思想に進化を遂げる。その背景には、良質な環境があってこそ私としての個人の幸福の条件が担保されると言った観点と、良質な環境とは等しく人類が未来のために保持するべきものであると言う考え方が、1970年代のローマクラブやストックホルム人間環境会議などで、地球有限論、成長の限界論などがより強い説得力を持ったところにある。その原因には、先の公害問題のみならず、地球の変調傾向が実感として受け止められる日常生活圏における市民の実感値が年々増大したからである。その実感は、レイチェル・カーソンの『沈黙の春』に代弁された。

とはいえそうした警鐘も、国際・国内いずれにおいて政治の主流のテーマとならぬままに時間を重ね、ようやく1992年のリオデジャネイロにおける「国連・環境と開発会合（通称リオサミット）」において「生物多様性条約」と「気候変動枠組み条約」の二つの条約の締約に、ようやく地球環境問題への具体的取り組みが国際政治上の重要課題として結実された。「持続可能な開発」と開発と言う文字を取れないままではあったが、持続可能な地球社会を実現するための一応の成果を得たのである。

それからさらに20年。双方の条約についてのCOPにおいて議論は重ねられながらも、発展途上国と先進国の対立に起因して現実的な成果は得られぬままに推移した。唯一、気候変動枠組みでは「京都議定書」。生物多様性では2050年を目標年とした「愛知目標」そして「国連生物多様性の10年決議」が成果として数えられるものの、地球環境の悪化のスピードから比肩すれば遅々とした動きでしかない。そのために、環境に対して私権を超えた、人類共有の権利、有限な地球の生命圏を失う事無く持続的未来を享受できる権利、つまり公益的権利としての環境権の確立には程遠い状況となっている。

しかし、現実には「環境ストレスは弱者に顕在化する」という言葉そのままに、途上国に深刻な打撃を与え、先進国でも我が国に起きた2011年３月11日の東関東大震災や、つい最近の熊本地震のみならず、世界中で激烈で想定外の降雨強度による洪水被害や、旱魃、そして竜巻や台風などのますます激甚化する風害、例えば死者１万人以上を出した2013年11月瞬間風速105ｍの台風ハイヤンなどが日常的になろうとしている。

●環境革命に

いまわれわれが必要としている哲学、そして世界認識は、１万年前文明の成立に繋がった人類第一の革命と言われている「農業革命」、次いで300年前から今に続く第二の革命「産業革命」を乗り越えた「環境革命」を起こす時期に来ているという認識であろう。何故ならば、地球の資源の未来の限界は近い。地下資源は言うまでもなく、地球それ自体が自律的に平準化をもたらす事が出来る環境容量の限界が近づきつつあるからである。

最早モノ的豊かさを追い求める事により幸福は得られない。さながら蜃気楼を追いかけるさまに似ており、追い求めるタイプの豊かさの限界はさほど遠くない。よって心の中の豊かさを如何に深めるのかが最大の課題であり「吾唯知足」により、無理無駄の少ないライフスタイルを確立する事であろう。

つまり、有限な地球。その限界値を少しでも遠のけ、未来の子孫も我々と同様に生物圏の安定と恵み、生態系サービスを享受できる条件を確保できるような我々自身の内発的なライフスタイルの改造に真摯に取り組み、次世代にも「囲われたエデン（ガーデン）」としての地球を引き継ぐ義務と幸せを感じ取ることである。そしてその基盤こそがいわゆる森林にある。

●我が国奥山林業の課題

国土の７割近くが森林であり、戦後の植林への国民運動と、賛否はあるが政府の針葉樹の拡大造林が相まって、我が国開闢以来の森林蓄積量約60億立方にまで至っている。この蓄積量は世界の森林・林業王国ドイツの２倍に近い。

林業がそれなりに活性化し、年間１億立方の需要があった1960年代の蓄積量は凡そ今の３分の１でしかなく、それでも毎年６千立方を伐採してきた。この需給のアンバランスが、外材輸入につながった。そしてその価格差だけが強調され、以降利益が出ない伐採かあるいは蓄積に任せる林業漂流の時代が今に至るまで続いてきた。結果、戦後40万人以上の林業従事者が、65歳以上の就業者が３割を超えながら僅かに５万人に。このような林業実態が、山村社会の崩壊の引き金を引く。

なにせ、我が国の森林面積に占める「私有林」は約６割、人工林総蓄積の約７割を占めており、林業生産活動に主要な役割を果たしている。しかも保有山林面積が１ha 以上の世帯である「林家」の数は約91万戸。そのうち約９割が10ha 未満の保有であり、約６割は１割強しかない保有山林面積10ha以上の林家の保有である。つまり我が国は、保有山林面積の小さい森林所有者が多数を占める構造なのである。それゆえ儲からぬ林業は、山林放棄に近い状態を生み、ひいては廃業そして集落崩壊につながっていく。

しかし、外材との価格差が縮まろうとしている現在、小規模であるがゆえに農業や他の現金収入手段との兼業型林業が一定の競争力を持ち得る可能性が生まれつつある。専業林家ではないが故に、空いた時間に好きに木を伐る形態が可能であり、兼業故に人件費が圧縮される可能性が高いからである。

後は、フォレスターのみならず、民間型のフォレスターが養成されれば、そうした小規模兼業型の林家に、伐採の選木や、安全対策を含めた技術、将来の経営計画について現場に即した適切なアドバイズなどの人材供給体制と支援処置がためされれば、場当たり的でなく計画的な材の搬出が可能となる。そのための共同化などの体制づくりも有効かもしれない。

問題は専業林家の経営効率と事業性を如何に上げるかである。これまでも言われてきた作業道密度を上げる、あるいは適切な日本の地形に即した林業機械の普及開発にさらなる力を注ぐ等やるべき方策は多様である。しかしそうした直接的な技術や経営基盤の強化に対する支援処置もさることながら、もっと重要なのは、専業林家も兼業林家もともに優れた材を搬出することだけに社会的価値があるのではなく、GI という国土の基盤を支える機能を担い、水源涵養や生物多様性などの多岐に亘る公益性を担っているという社会的価値観の共有とそれに見合う経済的支援がなくてはならない。

もちろんそのためには、ある種の義務を付与し、その機能への基本的な評価と、経年的評価の仕組みを兼ね備え、国民の理解を得られる仕組みも重要となろう。また、内発的な経営努力を支えるために、行政が山元ばかりではなく、林産業・上下流一体型の需給に関するタイムリーな情報交換と技術交流を日常化する事を含めた、広域的な経営マスタープランと情報システムの構築に積極的に取り組む姿勢が必須となる。

いずれにしても健全な GI は、健全な林業とそれを可能とする健康な地域社会が相まって機能することに瞑目する必要がある。

●我が国の里山の健全化

振り返ってみれば、縄文前期の暖温帯落葉広葉樹林から、中期の冷温帯落葉樹林に、そして更に常緑照葉樹林が列島に優先するなど地球規模の気候変動の中で、列島の住人は生き残るためにその森林の恵みを巡る格闘を重ねてきた。

分けても食糧の確保と言う点から見れば落葉樹林よりも乏しい常緑照葉樹林を焼畑等を含めて開墾し、落葉樹林が卓越した二次林を作り出し、畑作を行い、縄文海進の痕跡である平野部の湿地に水田稲作を浸透させていったのが縄文晩期から弥生時代であった。

次第に水田稲作を支えるために、落葉樹林としての里山は、燃料としての薪炭を得るのと同様、肥料を得るためにも必需の存在となり、二次林は列島に拡大をしていく。もとより二次林の森林副産物、例えば木の実やキノコなども貴重な栄養源となった。しかも陽光の入射が豊かであり、林床が明るい二次林には、豊かな林床の植生とそれを支えとした、里山依拠型とでも言うべき多くの動物が生息した。

そうした里山の前哨あるいは後裔に、「野辺」つまり原野としての草地が形成されていった。それは刈り草に動物性の糞尿などを混入して作り出される肥料「刈敷き」や、農耕や運搬のための牛馬の放飼や、飼料そして屋根材を採取するのに必需な空間であった。土屋俊幸によると第2次大戦以後、化学肥料の導入により急速にこうした野辺が失われていったが、それまでは林野に占める原野の割合が10〜15%に達していたとしている。この原野に於ける生物の豊かさはその殆どを喪失した今、惜しんでも惜しみきれぬ多様性を保持していたのである。

このように、「集落」の外縁に、水田や畑つまり「野良」が、そして「里山」あるいは「野辺」がほぼ同心円状に展開したのが典型的な我国田園のシーノグラフィーの展開を見せるランドスケープであった。

そして生物多様性もその同心円状の二次的自然であっても安定したそれに支えられていく。水田には糞が肥料となる事を期待された水鳥や、害虫を食べてくれる野鳥が、里山にはネズミの爆発的増殖を抑え、時には毛皮や食肉とされたキツネやタヌキなど多様な生き物の生息があればこそ安定的食糧生産のシステムが維持できると考える人々の自己了解に基づく人と自然の共生関係が維持された。

また里山あるいは外山の外周には、基本的に人為を拒絶すべしと人々が意図した「奥山」を対置させた。こうして自然を生かし利活用する空間と、人がいたずらに踏む込む事を禁忌とした生態系の母体としての区分が成立し、類稀なる生物多様性が列島に維持されたのである。

人の社会学的なシステムと、自然の社会学的システムが調和してこそ共生つまり恒常的な生態系サービスを得られる基盤を現実化したのである。それは、長年に亘る自然とのせめぎ合いの結果の答えでもあった。こうして里地から里山そして奥山へのシーノグラフィーが完成した。言うまでもなくその思想と文化そして技術の基層は、冒頭に述べた「いなし」の思想の延長線上にあった。生態系サービスを恒常的に得て、自然の応力を最小化すると言う、今日の GI 思想そのものを我国の地形や地勢に従う事により、人々が自然と共に生きるための最良の構図、それが繰り返し述べてきた我が国独特なシーノグラフィーだったのである。

さてこのようなシステムを維持するためには、いわゆる継続的な「手入れ」が欠かせない。放置すれば遷移する林地や草地を、人々が定期的に干渉し、人々に好都合な状態に維持し続ける方策、それが手入れなのである。この手入れは、目的を達成するための物理的作業を超えて、日本人の文化的思想の基層にまでに昇華していく。心を込める。管理と言った単純作業では無く、手入れの対象物と語り合うかのような観察力により、その方法を選択し、作業の時期と干渉量を見極める事が重視され、それが日常のモノや環境を取り扱う一般的な作法に結び付き、文化と言える程生活の隅々にまでその思想と作法が行き亘っていく。お伽噺、つまり説話の冒頭に必ず「おじいさんは山に柴刈りに……」と記述されていたのも、我が国の自然には人々の日常的手入れが不可欠という幼児教育であったように思える。

こうして我国の暮らしの視野に入る原風景は、各々理由のある仕組みを秘めたランドスケープとなっていった。

しかしそうはいっても現実的な側面から、必ずしもそうした理想的な状況を維持する事は出来なった。自然と共生する仕組みをランドスケープに投影したシーノグラフィーが完成すればするほど、安定した食糧生産が整い、その結果人口増を呼んだ。その人口増が、手入れを懸命に試みても里山で支えられる環境容量を人々の消費力が超えてしまったのである。

こうして地域の自己完結型食糧生産の体系は次第に崩壊していく。とりわけ日常生活に不可欠な燃料の入手のために、全国に禿山が多出し、その結果洪水や土砂崩れなどの災害も又頻発した。それでも里山の持つシステムと機能を喪失させないがために、奥山や外山における「お留山」、里山においても又竹木の伐採の禁令等を藩政府が出すなどして、資源保護に努める努力は怠らなった。

第二次大戦後、食糧の輸入の体制が確立し、化学肥料や殺虫剤などが日常化されるに連れて、次第に刈敷に依拠した畑地や水田の土壌涵養は姿を消した。また暮らしのシーンでも、1960年代から軽油や都市ガスに依存した生活様式に変化するに連れ、薪炭の産地としての里山の機能は失われていく。

里山と言う目的的二次林は、すっかり人間の手から解放され、植物遷移の潮流に委ねられてしまった。畑作放棄地には竹林が拡大し、里山の主木であるコナラやクヌギなどは直立して成長し、所によっては常緑照葉樹が侵入する相観を呈した樹林へと変化していく。その結果、里山が本来持っていた農地や暮らしと連携した人間の側の社会学的システムは崩壊し、併せて里山に依拠していた動物世界の生態学的システムも崩壊し、奥山由来の野生生物が、里山と言う二次的自然でフィルターを掛けられる事無く、直接都市に顔を出すような結果に立ち至っている。

●環境革命の時代、奥山・里山の現代的意義を考える

COP10で、「社会生態学的生産ランドスケープ」、里山にその典型を見る事が出来る人が自然に適度に関わる事に依る生態系サービスの温存への評価「SATOYAMA イニシァティブ」が決議された事は記憶に新しい。

工業力に乏しい途上国が自国経済の発展を図るためには、天然資源を開発し、それを先進諸国に輸出する方策が最も近道である。豊かな地下資源に恵まれた国々では原料供給でかなりの収入を得る事が出来るが、地下資源に乏しい国では、勢い地上の生物資源の輸出に頼る結果となる。結果、途上国では急速な生態系の破壊が進行する。そうした状況に対し、消費者としての自己矛盾を覆い隠しながら先進諸国は、途上国の苦悩を余所に、僅かな援助をちらつかせながら教条主義的ともいえる自然保護を強く求める。途上国はこの狭間に苦悩している。そうした途上国に示された第三の方策、つまり自然に継続的に人が適正に関わる事により生態系サービスとしての経済財を恒常

的に得られ、且つ生態系も二次的とはいえ一定の水準のまま推移できると言う里山モデルはまさに干天の慈雨とでも言うべき手法であった。故に、日本政府が提示した、開発・保護の二者択一では無い、第三の方策に対し理解と共感の輪が広がったのである。

しかも世界にこうしたモデルがそれなりに多く存在する。焼畑耕作と水田耕作を連関させたフイリッピンのムヨンや、インドネシアのクブン、そしてフランスのワインの産地におけるテロワール等である。また、途上国自身で試みられ成功を収めている、アグロフォレストリー等もその一部と言うべきモデルであろう。

人が自然に適正に関わる事により、安定的な生態系サービスを享受でき、且つと災害など自然の応力を最小化出来るGIシステムとしてのSATOYAMA。持続的未来にとり重要な切り口ではなかろうか。

我々が里山を大切に考えるのは、単なるアナクロ二ズムと片付ける事ができようか。いや決してそうではない。

先ず第一に、基本的人権思想には、自分の選択した居住地に社会的に安寧な生活を営む権利があり、そうした生活環境に帰属する良質な環境は公共財であって、なかでも自然環境は、現在の世代のみならず将来の世代に贈与するべき公共的便益、つまり社会的資本財として位置付けるべきであり、2千年のオーダーを超える里山と言うシステムは、引く継ぐべき最良の思想であり現実の環境要素である。

第二に、そうした社会的共通資本財としての我国の自然は、いかほど文明の発達、つまり科学技術が如何に発展しても、その手に委ねられるほど簡単な存在ではない。美しい国土のその裏面には、厳しい、ときに過酷とさえ言える程の災害の種などが潜んでいる。例えば、世界の陸地面積の僅かに0.25%の広さしかない国土面積でありながら世界で起きるマグニチュード6以上の地震の2割がこの国土で起きている。また国土面積の6割が世界的な積雪豪雪地帯でもある。また列島であるがゆえに、海流の影響を受けて、北であるから寒冷で南であるから温暖と単純には割り切れない。よって生態系も複雑多岐にわたる。　このような繊細で過敏な自然を相手に列島で暮らしてきた叡智が自然共生の思想を生み出し、自然の特質を読み取り、その自然の力を借りて自然の応力、つまり自然災害を減災し抑制する設え、つまりGIと、それを維持する努力を歴史に刻んできた。

にも拘らず冒頭に述べたように、相変わらず文明の力、例えば20mの津波が来るのであれば30mの防潮堤を建設すればよいと言う誤謬が未だまかり通ろうとしている。人間の力を過信したそうした考え方を否定せねばならない。武田信玄や清正等が「水制」と言ういなしの手法により大きく治水効果を上げたように、柔らかで多重、それも自然の能力を最大限活用した技術思想と近代技術を組み合わせ、減災を目指す古くて新しい発想が欠かせない。里山は、自然を構成する多様な要因が相互に関係し、相互に支え合いつつ、物質とエネルギーの自律的循環を生み出す仕組みを活用した人為の空間である事は繰り返し述べた通りである。人間の利活用に即して時には遷移を留め、時には遷移に委ねると言う「いなし」そのものの空間である。そうした現場を体感し実感する事が出来る奥山・里山は、持続的未来のために自然の仕組みを知り、自然とどのようにかかわればよいのかを知る上で不可欠な実践的な学びの場である。つまり多額の公共財を投入し、災害に対する防備を図るため、将来の維持管理費用も大きい人工物「グレー・インフラ」に頼るばかりではなく、自然を資本財として捉え、その能力を活用する伝統的発想を活かした「グリーン・インフラ（GI）」を再評価し、そのベストミックスを考える方策こそが時代に適合した考え方であろうと思う。

第三に、地球資源は有限である事が眼前に迫っている。しかも地下資源はやがて底をつき、その後は再び生物資源に頼る生活、つまり恒常的に生態系サービスが享受できる技術と方策を確立する以外に、爆発的人口増が続く中、人類が生き延びるすべがない。既に淡水資源・食糧などの基本的条件に危機の傾向は顕著に表れている。奥山や里山がそうした危機に直接的に対処できる存在となる事は無いにしても、そこに潜在する種の多様性は、食糧や医薬品等の未来にとり、貴重な資源となる可能性が高い。現代最先端の技術、自然に学ぶモノづくりとしての「バイオミミクリー」への着目と、それによる資材の開発の進展等はその典型であろう。既に日本ではカタツムリの表面の構造を解明しセラミックの表層に応用し始めている。またつい最近では、ドイツにおける植物性の藻をガラスに封印したバイオリアクターを活用しビルの外壁を覆い、暑熱環境の改善と低炭素に貢献する製品が具体化する等している。

第四に、環境は人々の思惑を超えてダイナミックに変化する事を当然とする。かろうじて維持されている環境の動的平衡状態を人為で歪める事は我々の存亡に係わる事となる。そうした自然の動的平衡状態を里山と言う現実のフィールドで、例えば食物連鎖や日照と植物種や生態系の関係等から体感的に理解し、全ては繋がっているという事実を学び、それに対する認識を深めるには絶好の場となる。その上で動的平衡を求め、遷移転変する生態系に対し、それへの影響を最小化しつつ、どのようなポイントとタイミングで、その動態を一時停止させ、効果的・恒常的に生態系サービスを享受できる干渉手法とはどのようなものなのかと言う勘所が身近に得られるのが里山である。さらに言えば、里山と言っても均質ではないが故に、土地・土地で微妙に干渉のタイミングとその干渉のポイントは異なるのである。

また奥山を生産手段として割り切り、人工林の拡大施策を採った以上、人工林であるが故に当たり前のことではあるが「伐って・植えて・育てる」あるいは「伐って広葉樹との混交を目指す」といった計画的施業と長期にわたる経営計画が必須となる。

それを恐れ多くも皇太子殿下御手ずから実践していただいたのが、2015年10月岐阜県揖斐川町における「全国育樹祭」であった。皇室の禁忌とでもいうべき、鋸という刃物をお持ちいただきヘルメットまでをお召いただき間伐をしていただいた。

いずれにもせよ、二酸化炭素の吸収源であり生態系サービスの母体であり、かつ GI でもある奥山・里山が健全であることは、地域のみならず国全体に計り知れない効用をもたらしていることを、地域社会の経済的利得の重要な手立てである材の生産供給の観点と共に国民等しくその価値の認識を共有すべき時に来ている。

もの言わぬ『山のきもち』を代弁する本書から、その気持ちをめぐって多くの人々が未来のために格闘している有様を読み取ってほしい。

結論に戻るが、そうした意味で実にタイムリーな企画出版である。

おわりに

東日本大震災が発生した2011年と翌2012年は、「当たり前の生活」の基盤の危うさを見せつけられた。東日本大震災では、かつて取材した東京電力福島第一原子力発電所の１号機などが水素爆発した映像に驚嘆し、被災３週間後に現地入りした岩手、宮城両県の沿岸部の惨状には、盛岡、仙台の各支局時代に幾度か訪れていただけに、言葉が出なかった。自然の猛威、凄まじさに比べ、都市のなんと脆いことか。知り合いの顔が脳裏をめぐった。

翌年（2012年）の晩秋のニュースが、追い打ちをかけた。北海道の室蘭地方などで11月下旬に未曽有の暴風雪により送電線が切れ、氷点下となった室蘭市や登別市など６万世帯近くが停電した。電話は不通になり信号機が消え、交通もマヒして大混乱となった。ネットには「冷凍都市」の言葉が踊った。特に、電気に頼るファンヒーターが使えず、避難所に暖を求めた住民も多かったという。

快適なはずの暖房装置も石油もあるのに、電気がないだけで機能しない。規模こそ違え、福島第一原発が、電力が供給できないがためにメルトダウンを起こしたのと同じ構図だ。室蘭地方では、電気を使わない石油ストーブが避難所で喜ばれ、薪のストーブや暖炉のある家には隣人らが身を寄せたという。現在の「当たり前の生活」が当たり前でなくなる時が訪れ、災害が頻発し事故もあるなかで、その「当たり前の生活」自体も見つめ直す時期に来ているのではないか。

東日本大震災で被災した沿岸部では、本文にも書いたが、街全体が破壊されコンクリートの基礎だけが残る傍ら、幹の途中からへし折られたマツが並び、灰色の世界がどこまでも続く不気味な光景のなかで、津波に耐えたマサキの青々とした茂みを見た時には、不思議に安堵感を覚え、力が抜けた。さらに、屋敷林が津波から家屋を守り、沿岸部の木立が住宅や車両を引き潮に流されるのを食い止めている現場も多く、脅威の一方で、人間を守ってくれる自然の有り難みとともに、木の偉大な力も感じた。そういう私も、震災時に東京・霞ヶ関の林野庁にいたのだが、気づいたら庁舎玄関前のトチノキの根元にいた。

利便性を追求したハイテク神話が崩れる一方で、手間暇かかるが人を必要とするローテクが見直されているように思える。なかでも、緑が豊かになった森林や樹木、木材、さらに森林を抱える里山の知恵が注目される。ハイテクもローテクも欠かせない。時代が大きく変わろうとしているのではないか。

「バイオマス元年」「森のようちえん元年」といわれた2015年の１年間、集中的に全国の林業、林産業関連の現場を回り、里山を歩いた。前線情報に多大なるアドバイスをいただいた宮林茂幸・東京農業大学教授をはじめ、速水亨・速水林業代表、伴次雄・元林野庁長官には多くの助言を仰いだ。また、佐藤重芳・全国森林組合連合会会長には多大な協力を賜り、吉条良明・全国木材組合連合会会長にも快く取材に応じていただいた。さらに、涌井史郎・東京都市大学特別教授（岐阜県立森林文化アカデミー学長）は繁忙な折りに何度も相談に乗って、あとがきまで執筆して下さった。林野庁職員の皆さんにはデータ収集など手を煩わせ、NPO 法人や関連企業の方々にも多くの協力をお願いした。

何より、公益社団法人国土緑化推進機構の梶谷辰哉専務理事と青木正篤常務理事には本書を世に出すきっかけを作っていただくとともに、幾多のご教示を賜った。本書の書き下ろしは予想を超える作業となり、助言、協力いただいた方々の支えがなければ、本書は日の目を見ることはなかった。この場を借りてお礼を申し上げたい。また、森林法の改正や森林林業基本計画など重要な法案や政策決定が原稿締め切り後に相次いでなされ、その都度、修正等多大なるご迷惑をおかけした一般社団法人東京農業大学出版会の袖山松夫さんにはひとかたならぬお世話になった。

放置されてきた森林が活用されることで、生き生きと森が蘇り、豊かな森林となって後世に引き継がれること、さらに森林や木の内に秘めた力が発揮され、都市や地域の住民の生活向上にこれまで以上に貢献することを切に願いたい。本書が、若者や都市に暮らす人々が森林や木材に関心を持ち、豊かな生活を指向する際の参考になれば、幸いである。最後に、幾多の労苦を乗り越え、日本の森林再生に尽力され、また里山の知恵をつないでこられた、先人の方々に深く感謝を申し上げたい。

2016年8月11日の国民の祝日「山の日」を前に

山本　悟

山本　悟（やまもと さとる）

毎日新聞記者。1958年生まれ。1986年毎日新聞社入社。盛岡支局を振り出しに過疎化や無医村の問題などを取材。東京社会部時代は、農水省や通産省（現・経済産業省）を担当し、林野庁の国有林問題やJCOの臨界事故、原発問題などを取材。中部本社（名古屋市）の総合事業部長時代に、毎日新聞の創刊135年記念事業として、植樹キャンペーン企画を提案したのを契機に、東京本社に戻り、2006年に始めた植樹キャンペーンを担当。以来、植樹や間伐、人工林での山仕事など森林整備活動を企画、実施し紙面発信しながら、森林の重要性や林業の新たな動きなどを報道している。

山のきもち
——森林業が「ほっとする社会」をつくる

2016(28)年7月30日　　第1版第1刷発行

著　者　山本　悟
発行者　一般社団法人東京農業大学出版会
代表理事　進士 五十八
〒156-8502 東京都世田谷区桜丘1−1−1
Tel 03-5477-2666　Fax 03-5477-2747

印刷／東洋印刷　製本／積信堂
ISBN978-4-88694-464-1 C3061 ¥1600E